Lambacher Schweizer 6

Mathematik für Gymnasien – G9

Niedersachsen

herausgegeben von
Matthias Janssen

erarbeitet von
Ilona Bernhard
Klaus-Peter Jungmann
Karen Kaps

Ernst Klett Verlag
Stuttgart · Leipzig

Inhalt

Training Basiswissen 3

Natürliche Zahlen und Größen 3
Körper und Figuren 4
Rechnen mit natürlichen Zahlen 5
Flächen 6
Rauminhalte 7
Brüche und Anteile 8
Brüche und Dezimalbrüche 9

I Teilbarkeit 10

Teiler und Vielfache (1) 10
Teiler und Vielfache (2) 11
Teilbarkeitsregeln 12
Primzahlen 13
Gemeinsame Teiler und gemeinsame Vielfache 14
Training 15

II Kreis und Winkel 17

Kreise 17
Winkel 18
Winkel messen, zeichnen und schätzen (1) 19
Winkel messen, zeichnen und schätzen (2) 20
Figuren aus Kreisen und Winkeln 21
Training 22

III Addieren und Subtrahieren von Brüchen und Dezimalbrüchen 24

Addieren und Subtrahieren von Brüchen (1) 24
Addieren und Subtrahieren von Brüchen (2) 25
Addieren und Subtrahieren von Dezimalbrüchen (1) 26
Addieren und Subtrahieren von Dezimalbrüchen (2) 27
Vorteile beim Rechnen – Rechenregeln 28
Runden und Überschlagen von Dezimalbrüchen 29
Training 30

IV Winkelsummen, Abbildungen und Symmetrien 32

Winkelbeziehungen an Geraden 32
Winkelsumme im Dreieck und Viereck (1) 33
Winkelsumme im Dreieck und Viereck (2) 34
Achsenspiegelungen 35
Drehungen 36
*Verschiebungen 37
Eigenschaften von Dreiecken und Vierecken 38
Training 39

V Multiplizieren und Dividieren von Brüchen und Dezimalbrüchen 41

Vervielfachen und Teilen von Brüchen 41
Multiplizieren von Brüchen (1) 42
Multiplizieren von Brüchen (2) 43
Dividieren durch Brüche (1) 44
Dividieren durch Brüche (2) 45
Multiplizieren von Dezimalbrüchen 46
Dividieren von Dezimalbrüchen (1) 47
Dividieren von Dezimalbrüchen (2) 48
Abbrechende und periodische Dezimalbrüche 49
Vorteile beim Rechnen – Rechenregeln 50
Training 51

VI Daten 53

Relative Häufigkeiten und Kreisdiagramme 53
Mittelwert, Modalwert und Spannweite (1) 54
Mittelwert, Modalwert und Spannweite (2) 55
Training 56

* Dieser Inhalt geht über das Kerncurriculum hinaus.

Natürliche Zahlen und Größen

1 Markiere die Zahlen auf dem Zahlenstrahl und ordne sie der Größe nach einmal von klein nach groß und einmal von groß nach klein.

a) 89 | 98 | 78 | 87 | 70

_____ < _____________________

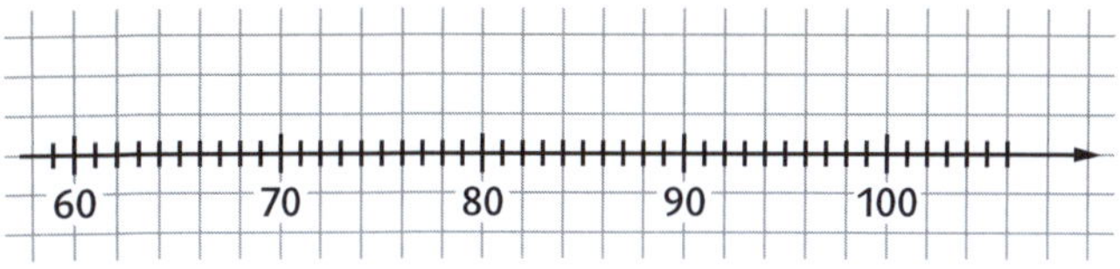

b) 350 | 530 | 300 | 500 | 250

_____ > _____________________

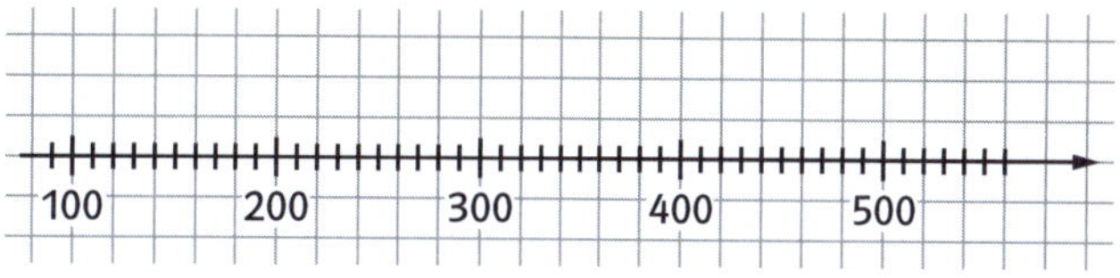

2 Runde die Zahlen auf Zehntausender.

a) 874 635 ≈ ________ b) 39 500 ≈ ________ c) 9572 ≈ ________ d) 975 ≈ ________

3 Gib die Größen in der vorgegebenen Einheit an.

a) Eine Kugel Eis kostet 70 ct

= ______ €

b) Die Marathon-Strecke ist 42 km 195 m

= ______ m

c) Ein Tischtennis-Ball wiegt etwa 2,7 g

= ______ mg

d) Die Kochzeit für ein hartes Frühstücksei beträgt 7 min

= ______ s

e) Ein Fingernagel wächst pro Jahr etwa 44 mm

= ______ cm

f) Der Mensch verbringt auf dem Klo pro Jahr etwa 2880 min

= ______ h

g) Beim 100-Yard-Lauf läuft man 9144 cm

= ______ m

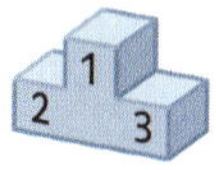

h) Ein Elefant wiegt etwa 5 t

= ______ kg

4 Erstelle aus den Angaben ein Säulendiagramm. Runde vorher die Zahlen geeignet. Zeichne zwei Kästchen für 1 Million Einwohner.

Bundesland	Einwohner in 1000
Niedersachsen (NI)	7914 ≈ 7900 (7,9 Mio.)
Hessen (HE)	6092 ≈
Sachsen (SN)	4137 ≈
Schleswig-Holstein (SH)	2838 ≈
Hamburg (HH)	1799 ≈
Rheinland-Pfalz (RP)	3999 ≈
Saarland (SL)	1013 ≈

5 Ordne die Fachbegriffe richtig zu:
Minuend, Divisor, Differenz, Subtrahend, Dividend, Quotient.

100 − 37 = 63   91 : 13 = 7

________ ________ ________ ________ ________ ________

1 Zeichne drei Geraden h, i und j, für die gilt:
g ⊥ h, i ⊥ j und h ⊥ j.
Welche der vier Geraden sind parallel zueinander?

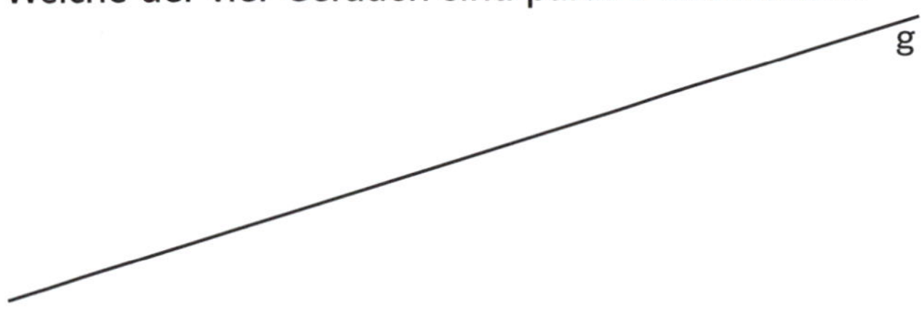

____ ‖ ____ , ____ ‖ ____

2 a) Zeichne alle parallelen Geraden von g, die den Abstand 1,5 cm von g haben.

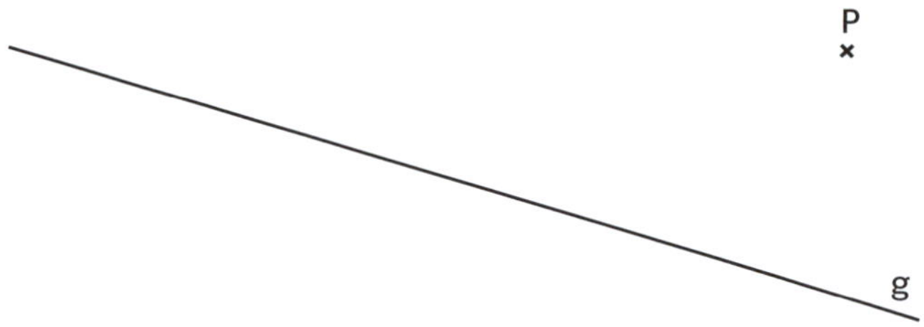

b) Bestimme den Abstand von P und g: ____________

3 Welche der Figuren besitzen Symmetrieachsen, welche besitzen ein Symmetriezentrum? Zeichne jeweils alle möglichen Symmetrieachsen und Symmetriezentren farbig ein.

a)

b)
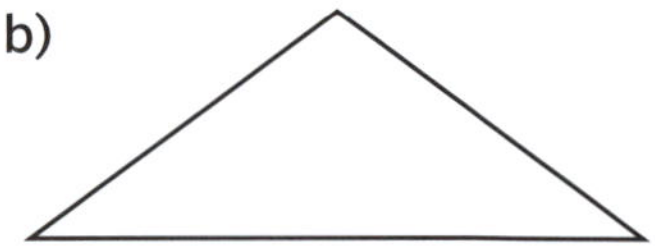
c)
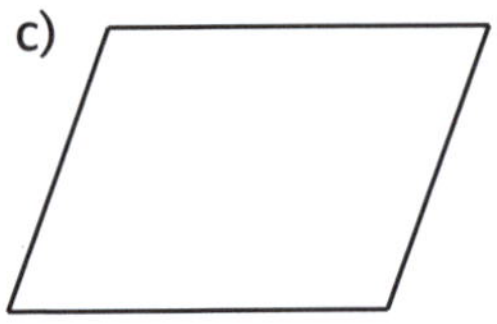
d)

e)
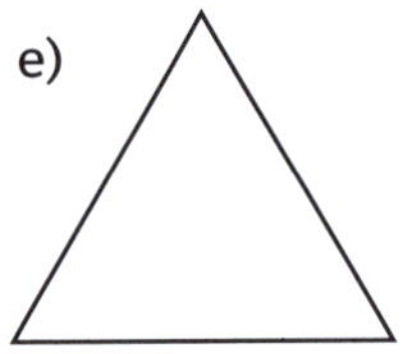
f)
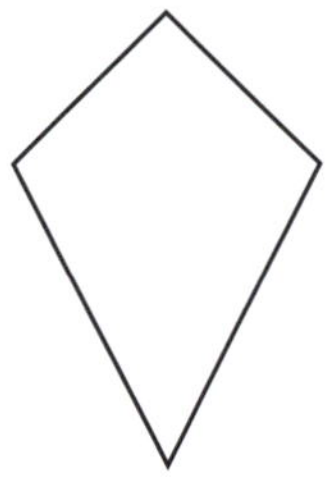
g)
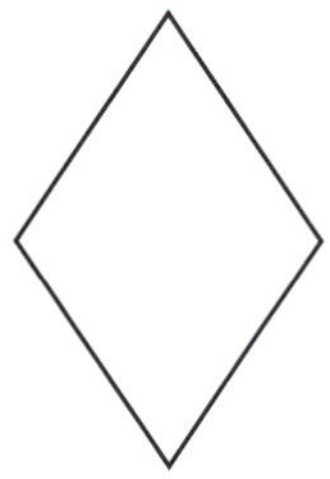

4 a) Ergänze die Figur so, dass eine punktsymmetrische Figur entsteht. Zeichne das Symmetriezentrum ein.

A
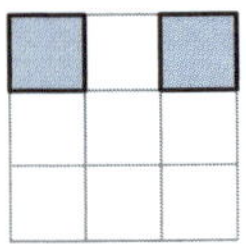
B
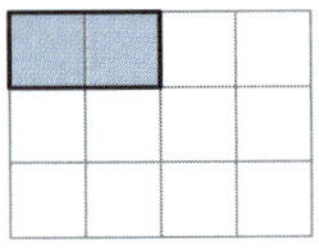
C
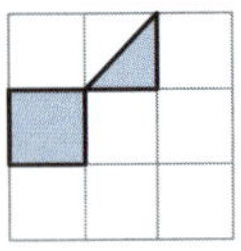
D
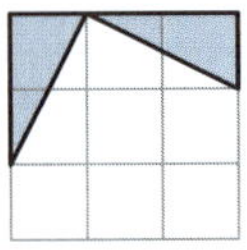
E
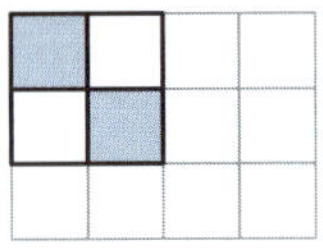
F
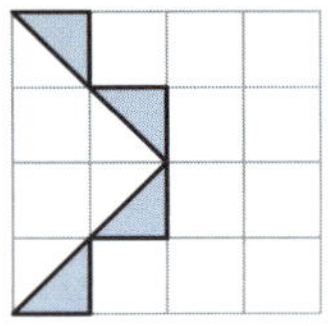
G
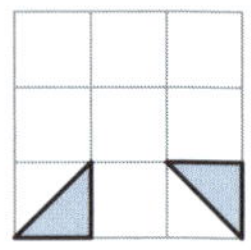

b) Welche der ergänzten Figuren sind auch achsensymmetrisch? ____________

5 a) Gib die Koordinaten der Punkte an.

A(___ | ___), B(___ | ___), C(___ | ___),
D(___ | ___), E(___ | ___), F(___ | ___).

b) Zeichne die Punkte G(2|1), H(9|0) und I(8|6) ein.
c) Zeichne die Gerade g durch F und B sowie die Gerade h durch C und D ein. Gib die Koordinaten des Schnittpunkts von g und h an:
J(___ | ___).

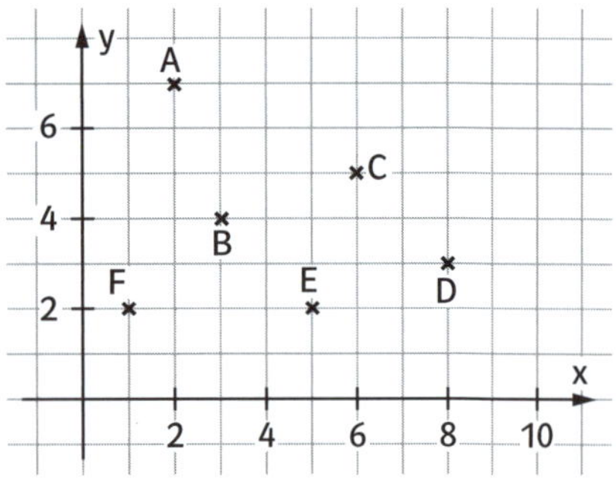

6 Vervollständige das Netz so, dass ein Würfel oder ein Quader daraus gefaltet werden kann.

a)
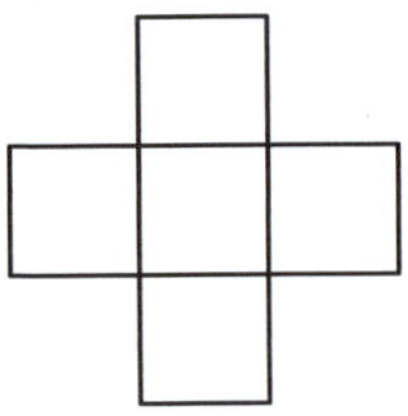
b)
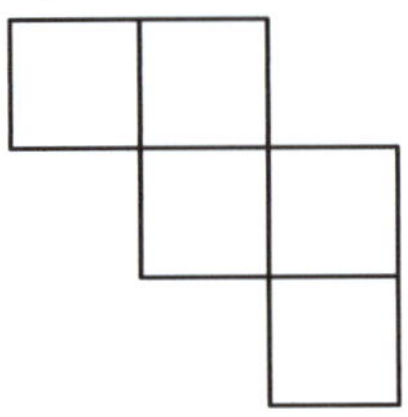
c)
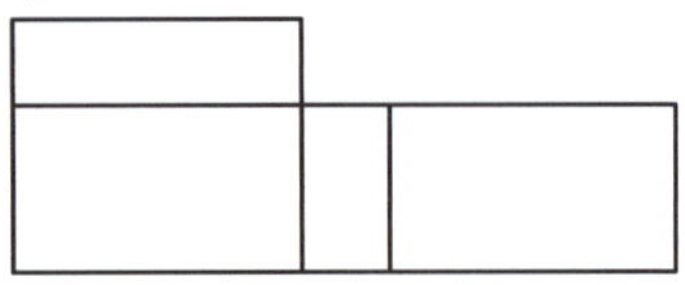

1 Berechne geschickt durch Vertauschen der Summanden bzw. Faktoren. Gib dabei einen Zwischenschritt an.

a) 123 + 269 + 37
= ______
= ______

b) 56 + 77 + 23 + 44
= ______
= ______

c) 5 · 37 · 20
= ______
= ______

d) 25 · 16 · 5 · 4
= ______
= ______

2 Wende das Distributivgesetz an, indem du ausklammerst.

a) 12 · 8 + 12 · 12
= 12 · (____ + ____)
= ____ = ____

b) 56 · 13 − 56 · 3
= ______
= ____ = ____

c) 37 · 6 + 83 · 6
= ______
= ____ = ____

d) 46 · 12 − 16 · 12
= ______
= ____ = ____

3 Überlege, welcher Fehler gemacht wurde, und rechne dann richtig.

3 + 7 · 3 = 10 · 3
= 30

2 · 3 + 7 · 3
= 2 · 10 · 3 = 60

5 · (12 − 7)
= 60 − 7 = 53

$2^4 = 8$

4 Berechne schriftlich.

a) 4012 · 35

b) 6450 · 42

c)
  9091
+ 7654
+ 8888

d)
  8705
− 2222
− 3456

5 Ergänze die schriftlichen Divisionsaufgaben.

a)
14641 : 11 = 1___
− 11
  36
  __
  __
  __
  __
   0

b)
2047 : 89 = 2_
− 178
  26_
  ___
    0

c)
89380 : ___ = 2__
− 872
  21_
  ___
    0

d)
1296 : 3_ = _6
− 108
  216
− 216
    0

6 Die 30 Kinder der Klasse 6 c gewinnen bei einem Wettbewerb einen Besuch in der Eisdiele „Mathematica". Aus der Eiskarte wählen 15 Schüler ein Spaghetti-Eis zu 4,90 €, fünf Schüler nehmen den „Coppa Borussia" zu 5,90 €. Die restlichen zehn Kinder teilen sich jeweils zu zweit den 9,90 € teuren Freundschaftsbecher „Amici". Berechne, was die Klasse hätte bezahlen müssen. (Tipp: Rechnung in Cent, Ergebnis in Euro)

7 Ordne die Kärtchen richtig zu. Zwei Kärtchen müssen noch passend ausgefüllt werden.

14^2 | 5^3 | 169 | 144 | 4^4 | 6^3 | 12^2 | ____ | 125 | 216 | 256 | 2^7 | ____ | 128

1 Berechne den Flächeninhalt A und den Umfang U der Figur. Miss die Seitenlängen in cm bzw. mm.

a) 

b) 

2 Wandle in die angegebene Flächeneinheit um.

a) $23\,dm^2$ = ______ cm^2 b) 5 ha = ______ a c) 3000 a = ______ km^2 d) $1\,cm^2$ = ______ mm^2

e) $10\,m^2$ = ______ a f) $2500\,dm^2$ = ______ m^2 g) $1\,km^2$ = ______ cm^2

3 Wandle in die nächstgrößere Flächeneinheit um.

a) $200\,dm^2$ = ______ b) $1500\,m^2$ = ______ c) $40\,mm^2$ = ______ d) 1 a = ______

4 Ordne die Flächen der Größe nach. Wandle zunächst alle Größen in m^2 um.

$0{,}000\,456\,78\,km^2$ = ______ ; 0,456 78 ha = ______ ;

$456\,780\,000\,cm^2$ = ______ ; $45\,678\,000\,dm^2$ = ______ ;

Ergebnis: ______ < ______ < ______ < ______

5 Zerlege die Figur geschickt und berechne anschließend ihren Flächeninhalt und ihren Umfang.

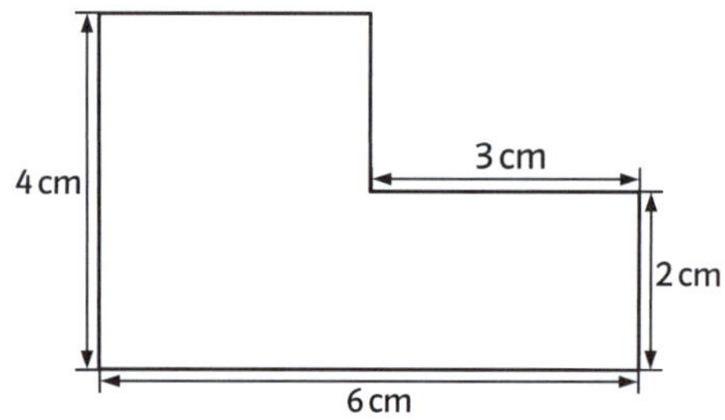

6 Schätze, wie groß der Fußabdruck auf dem Bild ungefähr ist. Benutze dabei die quadratischen Bodenfliesen als Hilfe.

„Mit der Platzierung des *Ökologischen Fußabdrucks von Berlin* im Foyer des Abgeordnetenhauses machten die Agenda-Akteure Parlamentarier darauf aufmerksam, dass die Stadt – jeder von uns – ‚auf zu großem Fuß' und damit auch auf Kosten anderer lebt: wir heute auf Kosten der nächsten Generation, die reichen Länder auf Kosten der armen. Insgesamt beansprucht die Weltbevölkerung 2,5-mal mehr, als die Erde dauerhaft zu bieten hat." (berlinagenda.de)

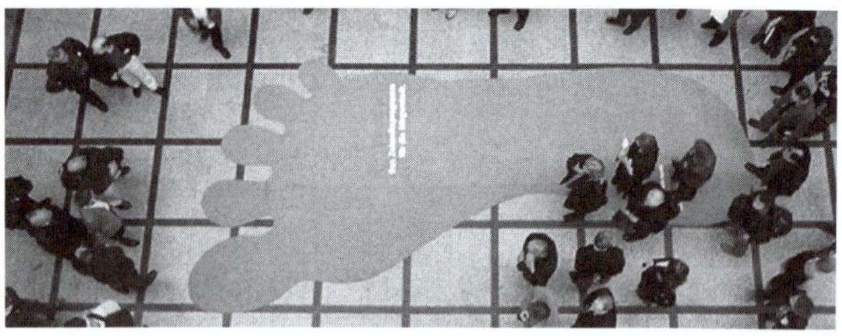

Meine Schätzung ist: ______ m^2 = ______ dm^2. Mein eigener Fuß ist schätzungsweise ______ dm^2 groß, also ist der Fußabdruck auf dem Bild ungefähr ______ -mal so groß wie mein eigener Fußabdruck.

1 Berechne das Volumen und den Oberflächeninhalt des Quaders mit den Kantenlängen a, b und c.

a = 2 dm, b = 7 dm, c = 1 m   V = ______

O = ______

______

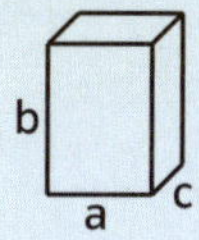

$V = a \cdot b \cdot c$
$O = 2 \cdot a \cdot b + 2 \cdot b \cdot c + 2 \cdot a \cdot c$

2 Schreibe in der nächstkleineren Einheit.

a) $8\,m^3$ = ______ b) $3{,}6\,cm^3$ = ______ c) 0,2 l = ______

d) $1{,}035\,m^3$ = ______ e) $2{,}1\,dm^3$ = ______ f) $0{,}002\,cm^3$ = ______

3 Schreibe in der nächstgrößeren Einheit.

a) $97\,000\,cm^3$ = ______ b) 350 l = ______ c) $2762\,dm^3$ = ______

d) $34\,cm^3$ = ______ e) $4{,}2\,mm^3$ = ______ f) 0,7 ml = ______

4 a) Vervollständige das Schrägbild des Quaders, der einen Swimmingpool darstellt.
b) Wie viel Liter Wasser fasst der Swimmingpool?

c) Der Pool soll innen einen neuen Anstrich bekommen. Die Spezialfarbe kostet 12 € pro m^2. Was kostet die Farbe?

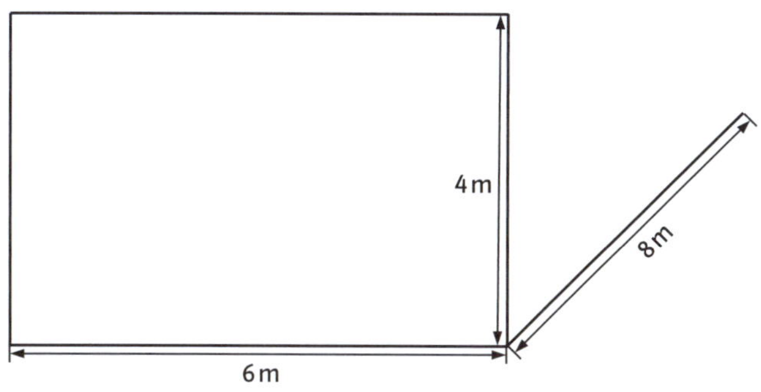

5 Berechne das Volumen und den Oberflächeninhalt des Körpers.

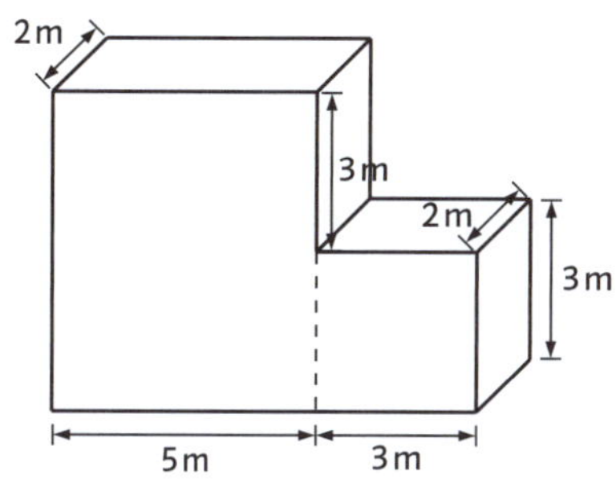

1 Welcher Anteil ist dargestellt?

a) 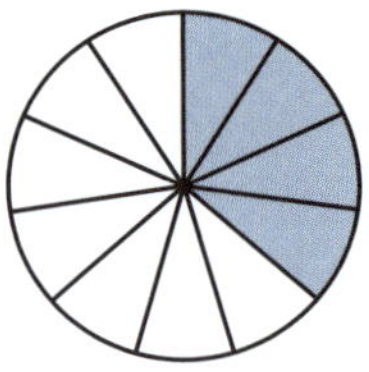

b) 

c) 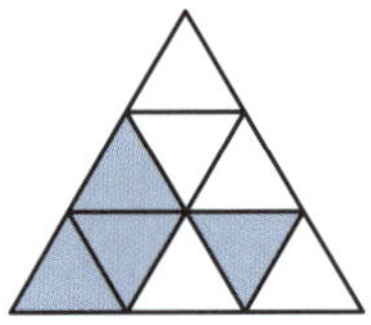

d) 

e) 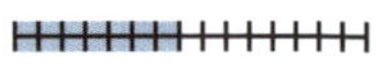

2 Welcher Anteil ist blau eingefärbt (b) und welcher ist weiß (w)?

a) b: w: 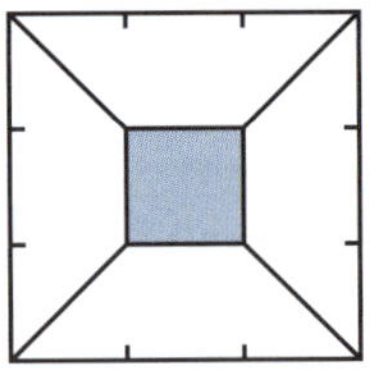

b) b: w: 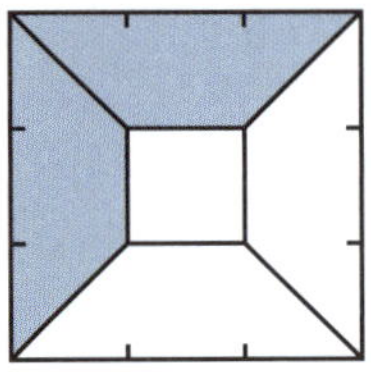

c) b: w: 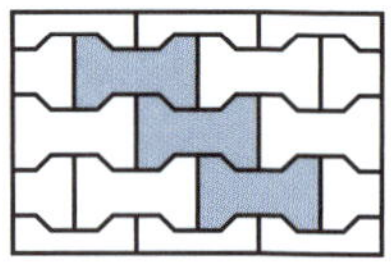

3 Markiere den angegebenen Anteil farbig.

a) $\frac{5}{9}$ 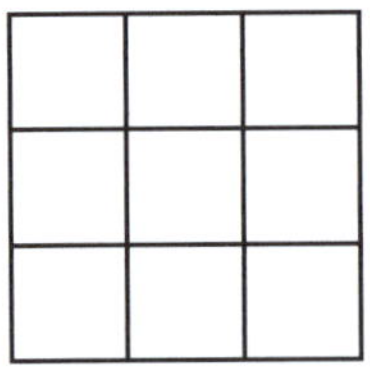

b) $\frac{7}{18}$ 

4 Von einem Rechteck ist nur der angegebene Anteil dargestellt. Ergänze die Figur zum ganzen Rechteck.

a) $\frac{3}{8}$ 

5 Berechne wie im Beispiel. Wandle in eine kleinere Einheit um.

a) $\frac{2}{6}$h = $\frac{2}{6}$ von 60 min = 20 min b) $\frac{2}{5}$€ = ______ = ______ c) $\frac{7}{10}$a = ______ = ______

d) $\frac{2}{3}$Tag = ______ = ______ e) $\frac{5}{8}$km = ______ = ______ f) $\frac{7}{20}$l = ______ = ______

6 Welcher Bruchteil des Nagelbretts ist durch das Gummiband umspannt?

a) 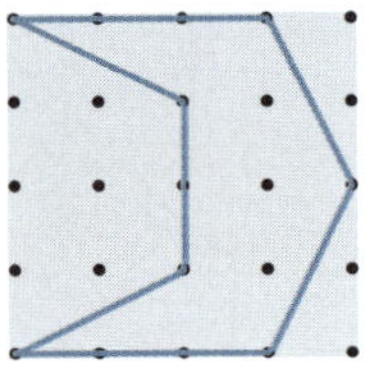

b) 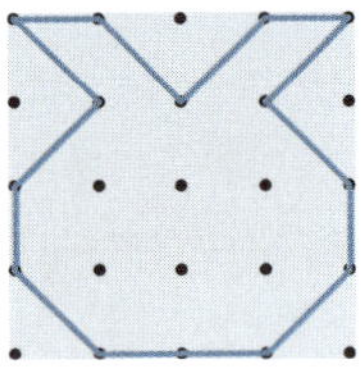

c) 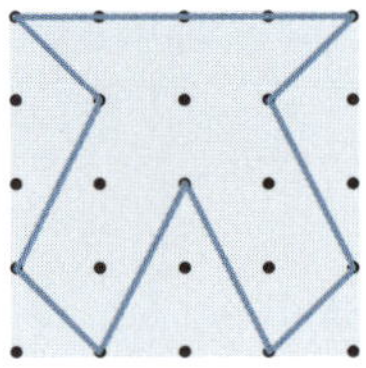

d) 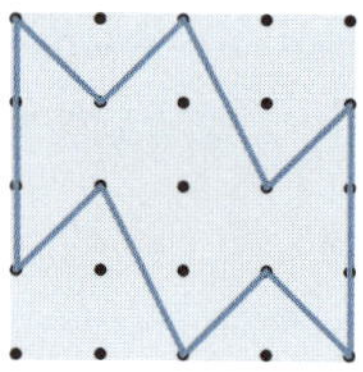

7 Notiere als Bruch einer größeren Einheit.

a) 75 ct = $\frac{3}{4}$€ b) 45 min = ______ c) 500 ml = ______ d) 375 ml = ______

8 Von 28 Fischen sind die Hälfte Neons, $\frac{1}{4}$ Guppys und $\frac{1}{14}$ Welse. Die restlichen Fische im Aquarium sind Zebrafische.

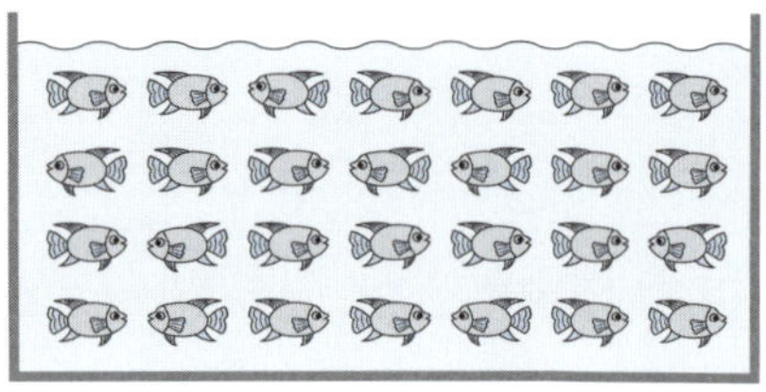

a) Wie viele Fische von jeder Art sind im Becken?

______ Neons, ______ Guppys, ______ Welse, ______ Zebrafische

b) Welchen Anteil am Bestand haben die Zebrafische? ______

1 Bestimme, welcher Anteil der Figur gefärbt ist. Schreibe mit einem vollständig gekürzten Bruch.

a)

Anteil: $\frac{\square}{\square}$

b)

Anteil: $\frac{\square}{\square}$

c)
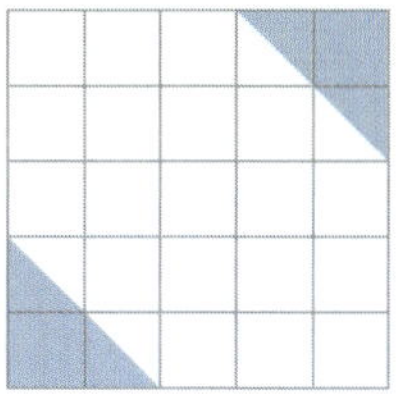
Anteil: $\frac{\square}{\square}$

d)
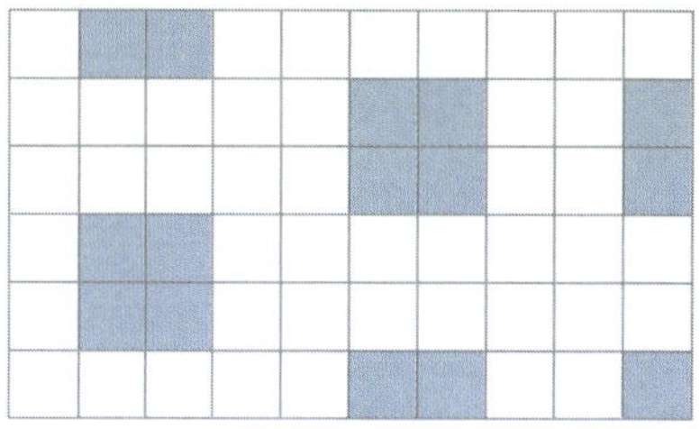
Anteil: $\frac{\square}{\square}$

2 Schreibe den Bruch als Dezimalbruch, indem du ihn zunächst so erweiterst oder kürzt, dass der Nenner eine Zehnerpotenz (10; 100; 1000; …) ist.

a) $\frac{7}{20}$ = ______ b) $\frac{63}{300}$ = ______ c) $\frac{49}{50}$ = ______ d) $\frac{49}{700}$ = ______

3 Ergänze die Brüche durch Kürzen oder Erweitern.

a) $\frac{8}{12} = \frac{\square}{3} = \frac{48}{\square}$ b) $\frac{\square}{5} = \frac{21}{35} = \frac{24}{\square}$ c) $\frac{63}{\square} = \frac{\square}{40} = \frac{7}{8} = \frac{\square}{96}$ d) $\frac{20}{\square} = \frac{\square}{27} = \frac{4}{\square} = \frac{16}{36}$

4 Zu Fuß muss Mara $\frac{7}{8}$ km (______ m) laufen, um ihre Freundin zu besuchen.
Für die Strecke benötigt sie $\frac{1}{5}$ Stunde (______ min). Wenn sie sich beeilt, schafft sie die Strecke auch in $\frac{1}{12}$ Stunde (______ min), dann verliert sie aber mindestens $\frac{1}{4}$ Liter Körperflüssigkeit (______ ml).

5 Finde eine geeignete Unterteilung, um alle Zahlen darzustellen. Markiere sie mit einem Pfeil und dem Buchstaben. Bei richtiger Reihenfolge erhältst du ein Lösungswort.

$\frac{2}{3}$ | A 0,8 | C 1,3 | N $\frac{7}{6}$ | O $\frac{3}{5}$ | F 0,3 | T $\frac{5}{6}$ | T 1,1 | I 0,2 | A $\frac{1}{10}$ | S $\frac{1}{2}$ | S $\frac{13}{30}$ | I

6 Setze passend <; > oder = ein:

a) $\frac{85}{123}$ ☐ $\frac{80}{123}$ b) $\frac{13}{20}$ ☐ $\frac{27}{40}$ c) 0,1257 ☐ 0,21 d) 0,123123 ☐ 0,1223

7 Luca lädt aus dem Internet eine Datei herunter. Der gefärbte Balken zeigt an, wie viel schon heruntergeladen worden ist.

a) Welcher Anteil der Datei wurde bereits heruntergeladen? ______

b) Es sind bereits 11 Sekunden verstrichen, wie lange dauert der gesamte Download? ______

c) Es sind bereits 22 MB heruntergeladen worden. Die gesamte Datei ist ______ MB groß.

Teiler und Vielfache (1)

1 Setze ein | (teilt) oder ∤ (teilt nicht).

a) 6 ___ 45 b) 18 ___ 9 c) 36 ___ 108 d) 15 ___ 120 e) 19 ___ 95

f) 18 ___ 108 g) 17 ___ 68 h) 21 ___ 105 i) 14 ___ 119 j) 12 ___ 108

2 Entscheide, ob die Aussage wahr (✓) oder falsch (f) ist.

a) 6 ist ein Teiler von 54 ☐ b) 98 ist ein Vielfaches von 7 ☐ c) 12 | 92 ☐

d) 56 teilt nicht 8 ☐ e) 72 ist teilbar durch 4 ☐ f) 76 teilt 4 ☐

g) 13 ∤ 78 ☐ h) 8 ist ein Vielfaches von 112 ☐ i) 5 ist ein Teiler von 172 ☐

3 Notiere zuerst in der Produktschreibweise. Schreibe dann die Teilermenge auf.

a) Teiler von 30

$30 = 1 \cdot 30$

$30 =$ ___

___

___

$T_{30} = \{$ ___ $\}$

b) Teiler von 105

___

___

___

___

$T_{105} = \{$ ___ $\}$

c) Teiler von 54

___

___

___

___

$T_{54} = \{$ ___ $\}$

d) Teiler von 42

___

___

___

___

$T_{54} = \{$ ___ $\}$

e) Markiere nun in einer Farbe die gemeinsamen Teiler von 30 und 105 und in einer anderen die von 54 und 42.

4 Trage die Teiler jeweils so ein, dass in der Mitte die gemeinsamen Teiler beider Zahlen stehen.

a) T_{12} 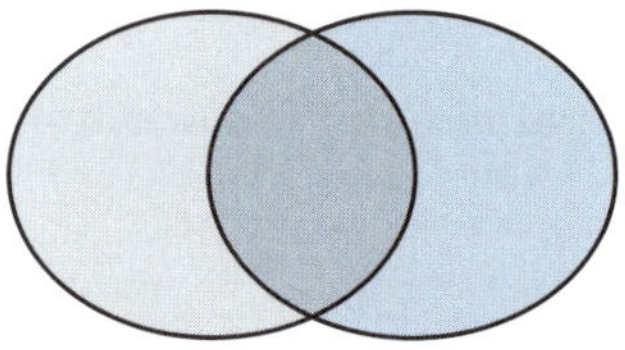 T_{20}

b) T_{12} 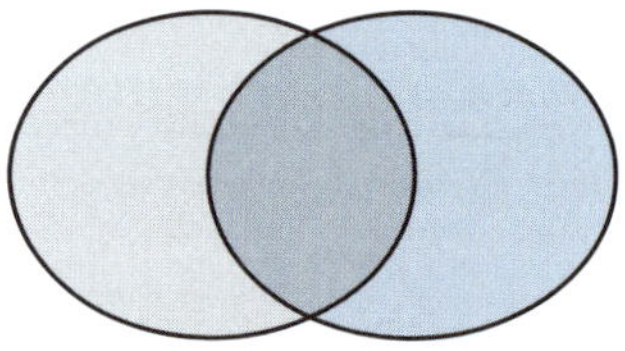 T_{20}

c) T_{14} 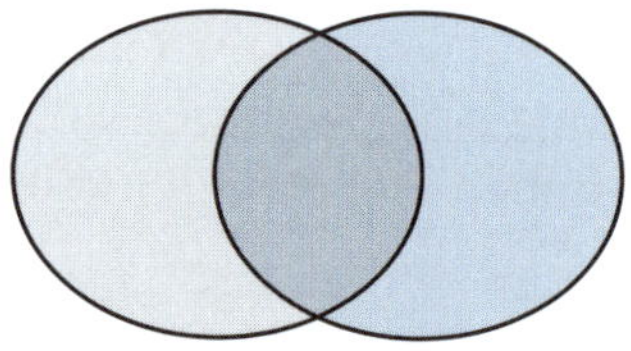 T_{33}

5 Notiere jeweils die Vielfachen kleiner als 100. Markiere dann die gemeinsamen Vielfachen.

a) $V_{12} = \{$12; 24; 36; 48; 60; 72; 84; 96; …$\}$

$V_{15} = \{$ ___ ; …$\}$

b) $V_{14} = \{$ ___ ; …$\}$

$V_{20} = \{$ ___ ; …$\}$

c) $V_{18} = \{$ ___ ; …$\}$

$V_{24} = \{$ ___ ; …$\}$

d) $V_{16} = \{$ ___ ; …$\}$

$V_{48} = \{$ ___ ; …$\}$

6 Überprüfe die Richtigkeit. Streiche Fehler durch und berichtige, falls nötig.

a) $V_{27} = \{27;$ ~~56~~$; 81; 108; 135; 162; \ldots\}$ 54

b) $V_{14} = \{14; 28; 35; 42; 56; 70; 84; \ldots\}$ ___

c) $V_{17} = \{17; 34; 51; 68; 95; 102; \ldots\}$ ___

d) $T_{40} = \{1; 2; 4; 5; 8; 10; 20; 30; 40\}$ ___

e) $T_{18} = \{1; 2; 3; 4; 6; 9; 18\}$ ___

f) $T_{36} = \{1; 2; 3; 4; 6; 8; 12; 18; 36\}$ ___

Teiler und Vielfache (2)

1 Prüfe auf Teilbarkeit mithilfe der Zerlegung in der Klammer.
Setze dann ein Zeichen | oder ∤ richtig ein.

a) 9 ___ 297 (270 + 27) b) 7 ___ 1435 (1400 + 35)

c) 12 ___ 694 (600 + 94) d) 8 ___ 4744 (4800 − 56)

e) 11 ___ 8966 (8800 + 166) f) 13 ___ 1160 (1300 − 140)

2 Zerlege geschickt. Setze dann ein Zeichen | oder ∤ richtig ein.

a) 6 ___ 354 (300 + ___) b) 6 ___ 492 (___)

c) 8 ___ 672 (___) d) 12 ___ 680 (___)

e) 7 ___ 4351 (___) f) 11 ___ 2354 (___)

g) 13 ___ 27570 (___) h) 17 ___ 5780 (___)

3 Beurteile Carlottas Aussage.

___

___

___

4 Gib jeweils die kleinste Zahl an, damit die Aussage stimmt.

a) 5 | (534 + ___) b) 7 | (725 + ___) c) 11 | (489 + ___) d) 15 | (480 + ___)

e) 19 | (5740 − ___) f) 23 | (4640 − ___) g) 18 | (3795 − ___) h 17 | (5290 − ___)

5 Bei einem Kartenspiel können 2, 3, 4, 5, 6 und 8 Personen gleichzeitig spielen, ohne dass beim Verteilen ein Rest entsteht. Wie viele Karten müssen mindestens vorhanden sein?

___

___. Es müssen mindestens ___ Karten im Spiel sein.

6 Um 8:00 Uhr fahren die U-Bahnlinien 8 und 9 gleichzeitig ab.
U-Bahn 8 fährt alle 15 Minuten und U-Bahn 9 alle 18 Minuten.
Zu welchen Uhrzeiten bis 12:00 Uhr fahren sie jeweils gleichzeitig ab?

___

___

___

7 Zum 50-jährigen Jubiläum soll der 112 m mal 64 m große Sportplatz mit möglichst großen quadratischen Planen in den Farben des Vereins abgedeckt werden. In welcher Größe müssen die Planen angefertigt werden?

___

___

Antwort: ___

1 Notiere jeweils die ersten fünf Zahlen zwischen 49 und 91, die durch

a) 2 teilbar sind: ____________________

b) 4 teilbar sind: ____________________

c) 5 teilbar sind: ____________________

d) 10 teilbar sind: ____________________

2 Kreuze an.

	46	60	110	96	107	55
teilbar durch 2						
teilbar durch 4						
teilbar durch 5						
teilbar durch 6						

3 Bestimme die Quersumme und kreuze an.

	Quersumme	teilbar durch	
		3	9
1434	1 + 4 + 3 + 4 = 12		
2637			
13 245			
43 748			
538 467			
1 478 691			

4 Setze jeweils in die Lücken Ziffern ein, sodass die entstehende Zahl durch die vorne stehende Zahl teilbar ist. Gesucht ist zum einen die kleinstmögliche Zahl, zum anderen die größtmögliche Zahl.

Teilbar durch	Kleinste Zahl	Größte Zahl
3	348 _ 8	348 _ 8
2	1 200 _	1 200 _
5	1 _ 005	1 _ 005
4	24 _ 4	24 _ 4
9	_ 576	_ 576

5 Markiere alle Zahlen, die durch 2, 3 oder 5 teilbar sind. Ordnest du diese Zahlen nach ihrer Größe, ergeben die angehängten Buchstaben das Lösungswort.

E | 35   O | 68   D | 27   A | 29   N | 51   S | 57   P | 63

U | 23   K | 55   B | 41   T | 85   G | 59   M | 77   R | 74

Lösungswort: _ _ _ _ _ _ _ _ _

6 Male alle Bereiche, die durch 6 oder 4 teilbar sind, mit Buntstift aus. Benutze zwei unterschiedliche Farben.

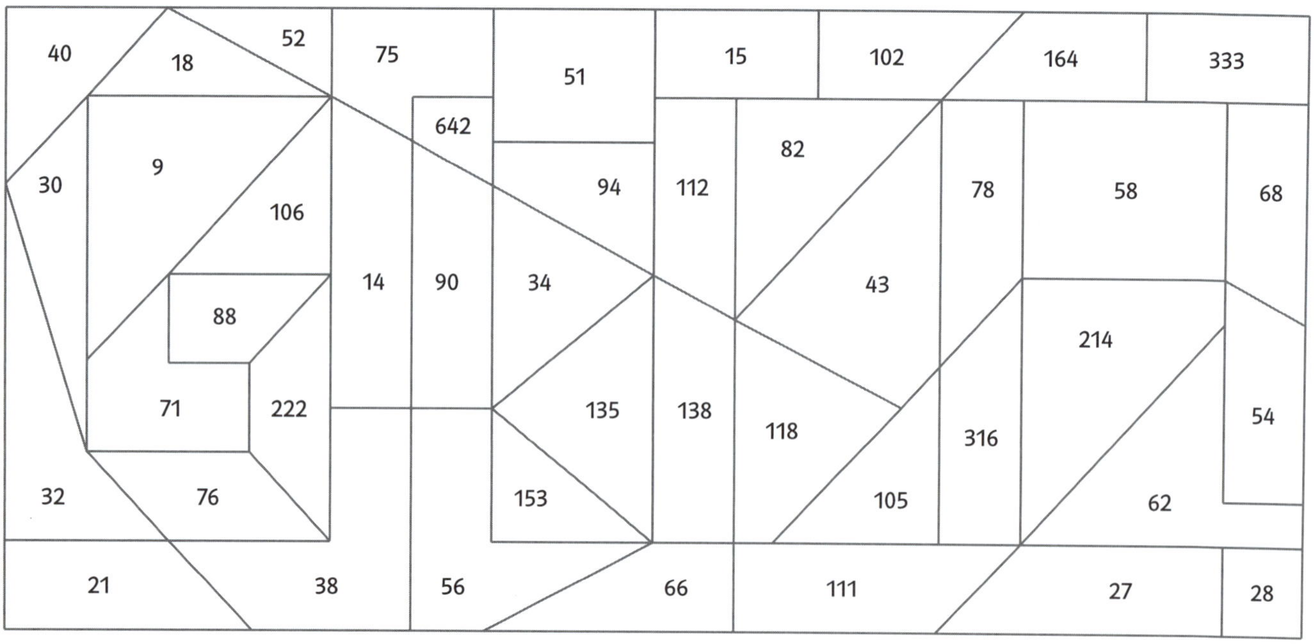

Primzahlen

1 a) Streiche in dem Hunderterfeld:
- alle echten Vielfachen von 2
- alle echten Vielfachen von 3
- alle echten Vielfachen von 5
- alle echten Vielfachen von 7
- alle echten Vielfachen von 11

b) Umkreise anschließend alle Primzahlen.

c) Markiere dann vier aufeinander folgende Zahlen, die keine Primzahlen sind.

~~1~~	2	3	4	5	6	7	8	9	10
11	12	13	14	15	16	17	18	19	20
21	22	23	24	25	26	27	28	29	30
31	32	33	34	35	36	37	38	39	40
41	42	43	44	45	46	47	48	49	50
51	52	53	54	55	56	57	58	59	60
61	62	63	64	65	66	67	68	69	70
71	72	73	74	75	76	77	78	79	80
81	82	83	84	85	86	87	88	89	90
91	92	93	94	95	96	97	98	99	100

2 Peter soll zu vorgegebenen Zahlen Teiler angeben. Streiche die Zahlen durch, die dort nicht hingehören.

Teiler von 36: 1 | 2 | 3 | 13 | 36

Teiler von 51: 1 | 3 | 17 | 51

Teiler von 102: 1 | 2 | 3 | 4 | 6 | 12 | 51 | 102

Teiler von 333: 1 | 3 | 9 | 11 | 33 | 57 | 111 | 333

Teiler von 512: 1 | 2 | 4 | 8 | 16 | 32 | 64 | 128 | 256 | 512

3 Paul hat versucht alle Primzahlen (PZ) zwischen 100 und 132 herauszufinden.

a) Warum hat er nur ungerade Zahlen aufgeschrieben? ______________________________

b) Er hat drei Fehler gemacht, korrigiere diese.

$101 = 3 \cdot 34$
103 PZ
$105 = 3 \cdot 5 \cdot 7$
107 PZ
109 PZ
111 PZ
113 PZ
$115 = 5 \cdot 23$
$117 = 3 \cdot 3 \cdot 13$
$119 = 7 \cdot 17$
$121 = 12 \cdot 12$
$123 = 3 \cdot 41$
$125 = 5 \cdot 5 \cdot 5$
127 PZ
$129 = 3 \cdot 43$
131 PZ

4 Suche alle Zahlen heraus, die durch 12 und 9 teilbar sind. Der Größe nach geordnet ergeben die Buchstaben den Namen eines berühmten Mathematikers.

990 | S, 108 | E, 129 | A, 914 | W, 324 | U, 432 | K, 540 | L, 1080 | I, 9900 | D, 702 | M, 9824 | T, 219 | B, 404 | N

Der Mathematiker heißt _ _ _ _ _ _ .

5 Die Schülerin Lena sagt: „Der Altersunterschied zwischen meinem kleinen Bruder und mir beträgt fünf Jahre. Sein Alter ist eine Primzahl, mein Alter ist ein Vielfaches von vier. In einem Jahr ist mein Alter eine Primzahl und sein Alter durch sechs teilbar."

Lena ist heute ________ Jahre alt,

ihr Bruder ________ Jahre.

6 Betrachte die Zahlen. Streiche eine Ziffer, sodass die so erhaltene Zahl eine Primzahl ist.

5~~0~~ | 34 | 112 | 177 | 631 | 26

863 | 451 | 235 | 967 | 169 | 493

1 Bestimme den größten gemeinsamen Teiler (ggT) und das kleinste gemeinsame Vielfache (kgV).

a) ggT (18, 24) = ______ b) ggT (28, 42) = ______ c) ggT (5, 27) = ______ d) ggT (21, 66) = ______

kgV (18, 24) = ______ kgV (28, 42) = ______ kgV (5, 27) = ______ kgV (21, 66) = ______

2 Paul hat in jeder Spalte genau eine Zahl falsch eingetragen. Finde diese und korrigiere die Fehler.

ggT	12	25	64	200
10	2	5	4	10
16	~~8~~ 4	2	16	8
24	12	1	8	48

kgV	12	25	36	140
5	50	25	180	140
28	84	700	72	280
60	60	600	180	420

3 Markiere jeweils zwei Zahlen, ihren ggT und ihr kgV in einer Farbe. Du erhältst drei Quartette, bei einem musst du die fehlende Zahl noch eintragen.

7 3 14 9 15 5 30 ☐ 12 36 35 10

4 Die Rechtecke sollen mit Quadraten genau ausgefüllt werden. Zeichne das größtmögliche Quadrat ein. Gib die Länge der Grundseite a an (in mm). Wie viele Quadrate werden benötigt, um die Fläche auszufüllen?

a) a = ______ ______ Stück b) a = ______ ______ Stück c) a = ______ ______ Stück

5 Trude Strauß, Harry Huhn und Benno Fasan gehen spazieren. Aufgrund ihrer Größe haben sie unterschiedliche Schrittlängen (Trude: 50 cm, Harry: 15 cm und Benno: 20 cm).

__________ muss also am schnellsten einen Fuß vor den anderen setzen. Folgt man den Spuren, sieht man, dass Trude und Harry nach ______ cm wieder nebeneinander aufgetreten sind, bei Harry und Benno geschieht das alle ______ cm. Alle drei treten nach ______ cm wieder nebeneinander auf. Trude hat dann ______ Schritte zurückgelegt, bei Harry waren es ______ und bei Benno ______.

6 Louise hat Clowngesichter auf drei Zahnräder geklebt. Die Zahnräder haben 54, 90 und 135 Zähne. Der linke Clown muss sich ______ mal drehen, bis sich alle drei Clowns wieder in der Ausgangsposition befinden.

○ **1** a) Färbe an allen Geschenken, deren Zahl Teiler einer Zahl im Luftballon sind, eine Schleife. Verwende für jede der drei Luftballonzahlen eine andere Farbe.

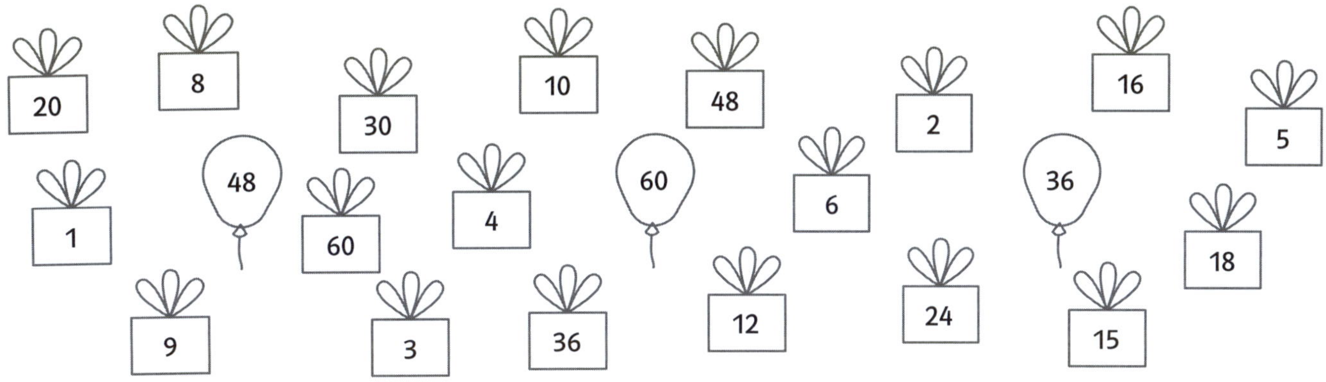

b) Notiere die Teilermengen: T_{48} = { ______ };

T_{60} = { ______ }; T_{36} = { ______ }

c) Die gemeinsamen Teiler der drei Zahlen sind: ______, der ggT lautet ______.

○ **2** Gib die ersten fünf Vielfachen an.

V_9 = { ______ }; V_{13} = { ______ }

V_{18} = { ______ }; V_{19} = { ______ }

◒ **3** In der linken Spalte stehen Zahlen. Kreuze ihre Teiler an.

	2	3	4	5	6	9	10	25	50
198									
390									
648									
1000									
1575									
3150									
6480									

◒ **4** Fülle die Lücken.

a) kgV (4; 6) = ______
b) ggT (4; 6) = ______
c) kgV (5; ______) = 35
d) ggT (60; ______) = 15
e) kgV (30; ______) = 60
f) ggT (20; ______) = 10
g) kgV (35; ______) = 1050
h) kgV (10; ______) = 20
i) kgV (11; 13) = ______
j) ggT (11; 13) = ______

◒ **5** Löse das Kreuzzahlrätsel (pro Kästchen eine Ziffer).

Waagrecht: b) Vielfaches von 25
c) Teiler von 10
d) Teiler von 450
f) Teiler von 39

Senkrecht: a) Teiler von 64
b) Vielfaches von 6
e) Teiler von 42
g) Vielfaches von 103

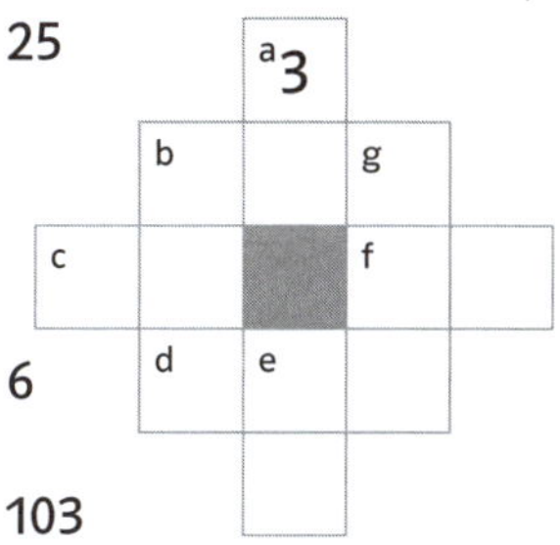

◒ **6** Sind diese Zahlen Primzahlen? Wenn nicht, notiere einen Teiler, der nicht 1 oder die Zahl selbst ist.

3 | 15   ___ | 127   ___ | 91   ___ | 51   ___ | 67   ___ | 97   ___ | 59   ___ | 123   ___ | 57

7 Setze eine Ziffer so ein, dass beide Bedingungen (Spalten- und Zeilenkopf) erfüllt sind.

Teilbar durch	3	2	5	4	9	2 und 4	3 und 5	2, 3 und 9
kleinste Zahl	348 ☐ 8	1200 ☐	1 ☐ 005	24 ☐ 4	☐ 576	127 ☐	739 ☐ 0	639 ☐
größte Zahl	348 ☐ 8	1200 ☐	1 ☐ 005	24 ☐ 4	☐ 576	127 ☐	739 ☐ 0	639 ☐

8 Fülle die Tabelle aus.

a	b	Teiler von a	Teiler von b	Gemeinsamer Teiler	ggT	kgV
32	40					
33	44					
34	45					
35	50					
36	66					

9 a) Färbe jeweils die Karte mit einer Zahl und die Karte mit ihrer Primfaktorzerlegung in derselben Farbe.
b) Die Karten mit Potenzschreibweise gehören zu den Paaren von Teilaufgabe a). Fülle die Lücken und färbe passend ein.

75 | $2 \cdot 2 \cdot 3 \cdot 3$ | $3 \cdot 5 \cdot 5$ | $1 \cdot 2 \cdot 2 \cdot 2 \cdot 3 \cdot 5$ | 117 | $9 \cdot 13$ | $1 \cdot 3 \cdot 5 \cdot 5$ | $3 \cdot 3 \cdot 13$

120 | $3 \cdot 3 \cdot 4$ | 36 | $2 \cdot 2 \cdot 2 \cdot 3 \cdot 5$ | $\square^3 \cdot 3 \cdot 5$ | $3^{\square} \cdot 13$ | $2^{\square} \cdot 3^2$ | $3 \cdot \square^2$

10 a) Zerlege die Zahlen auf den Kärtchen in Primfaktoren. Schreibe in der Potenzschreibweise.

Z | 198	T | 33	K | 266	E | 36
$2 \cdot 3^2$			

O | 18	I | 154	P | 15	N | 45

b) Zerlege 1980 in Primfaktoren. Prüfe mithilfe der Primfaktorzerlegungen aus a), welche der Zahlen auf den Kärtchen Teiler von 1980 sind. Wenn du die Teiler der Größe nach sortierst, ergibt sich ein Lösungswort.

1980 = ______________ Lösungswort: ______________

11 Familie Gruber saniert ein altes Haus. Die bisherigen Treppen hatten verschiedene Stufenhöhen. Gut begehbare Treppenstufen sollten eine Höhe von 16 – 19 cm haben. Eine einheitliche Höhe hat zudem den Vorteil, dass die Treppe dadurch günstiger wird. Welche einheitliche Höhe bietet sich für die neuen Stufen an?

Es bietet sich eine einheitliche Höhe von ______ cm an.

Für die 1. Etage werden also ______ Stufen, für die 2. Etage werden ______ Stufen und für die 3. Etage ______ Stufen benötigt.

Kreise

1 Zeichne in das Koordinatenkreuz um A(4 | 3) jeweils einen Kreis mit dem Radius 5 mm, 1 cm und 1,5 cm. Um B(5 | 3) zeichnest du einen weiteren Kreis mit dem Radius 2 cm, die Linie soll aber nur oberhalb der x-Achse verlaufen. Schließlich zeichne einen letzten Kreis um M(8 | 7) mit dem Durchmesser d = 1 cm. Es darf angemalt werden!

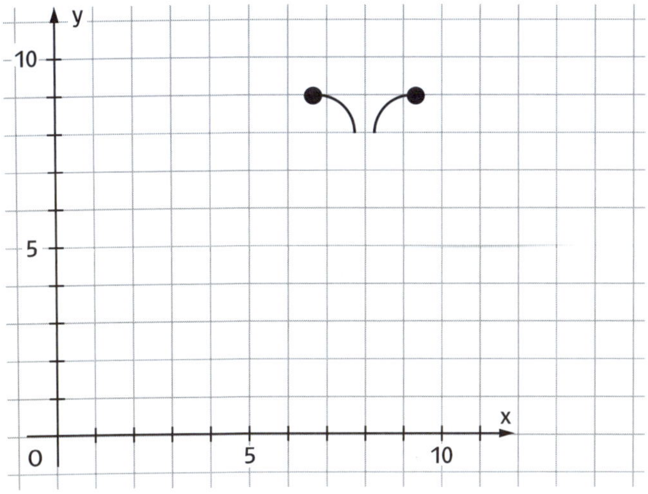

2 a) Ein Eichhörnchen sucht nach seinen versteckten Nüssen. Wie viele Nüsse kann es in einem Umkreis von 3 m von seinem Baum finden? ____________
b) Bis zu welchem Abstand vom Baum muss es suchen, um 14 Nüsse zusammenzubekommen?

____

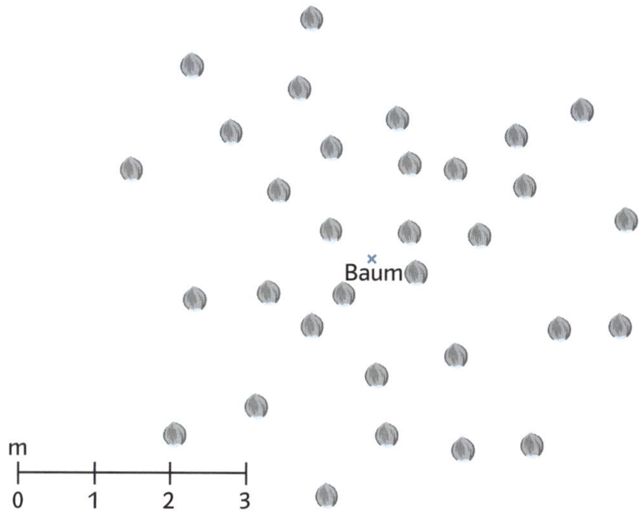

3 Hier lernst du, eine Spirale aus Halbkreisen zu konstruieren. Zeichne einen ersten Halbkreis um M (nach oben) mit dem Radius 0,5 cm, dann einen nächsten Halbkreis um M′ (nach unten) mit Radius 1 cm, dann einen Halbkreis um M (nach oben) mit Radius 1,5 cm …
Finde selbst heraus, wie es weiter geht, und zeichne so viele Umdrehungen wie möglich.

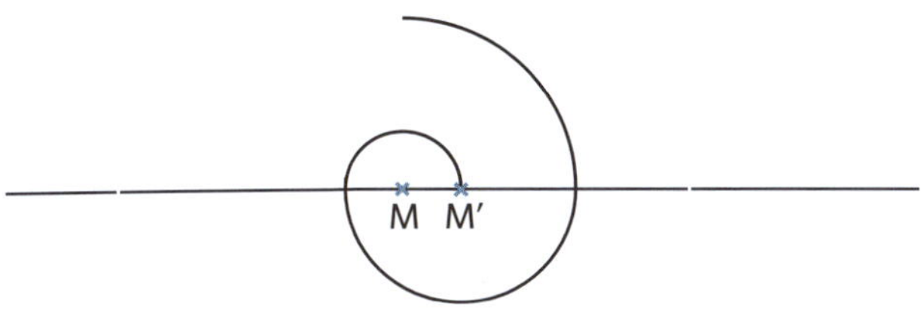

4 Ali und Tobias fahren mit dem Fahrrad zu einem gemeinsamen Treffpunkt. Ali startet in A-Stadt und muss weniger als 12 km radeln, Tobias aus B-Stadt hat es nach weniger als 10 km geschafft.
In welchem Ort treffen sie sich?

____

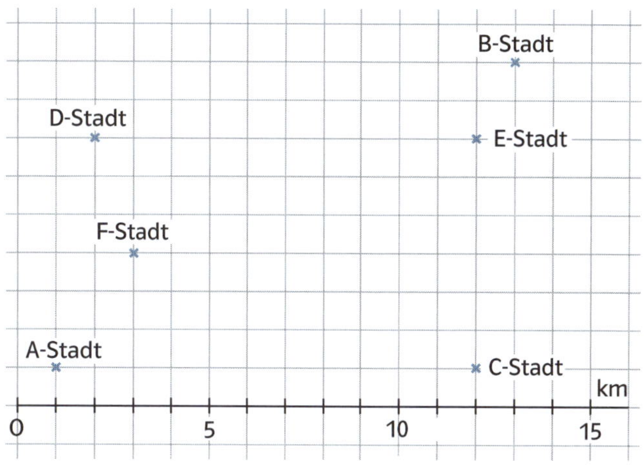

5 Zeichne das Kreisornament weiter bis zum Rand des Blattes.

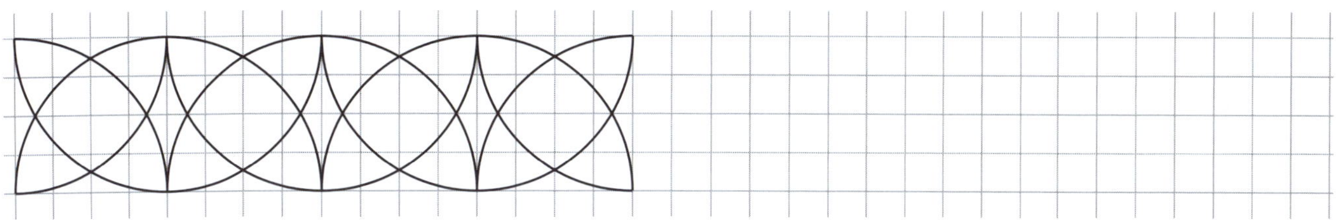

1 a) Trage die folgenden Winkel in die Figur ein.

∢ hg = α
∢ hi = β
∢ ki = γ
∢ mk = δ
∢ nm = ε

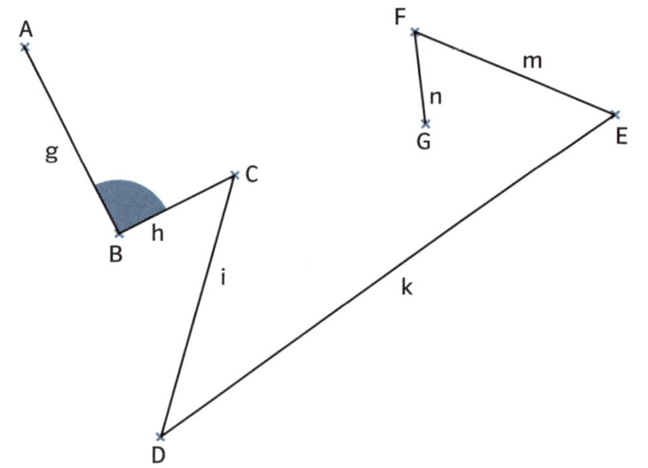

b) Notiere alle Winkel mithilfe der Punkte.

α = ∢ CBA ________ β = ________

γ = ________ δ = ________

ε = ________

2 Welchen Winkel überstreicht der Minutenzeiger einer Uhr in

5 Minuten? ________

10 Minuten? ________

15 Minuten? ________

20 Minuten? ________

30 Minuten? ________

45 Minuten? ________

Zeichne die Winkel ein.

3 a) Zeichne die Punkte A(9 | 6), B(13 | 13) und C(15 | 7) in das Koordinatensystem ein.
b) Zeichne nun den Winkel α = ∢ CAB ein.
c) Wiederhole das Gleiche mit den Punkten D(5 | 13), E(17 | 3) und F(5 | 3); β = ∢ EFD.

Welcher Winkel ist größer, α oder β? ________

d) Zeichne nun γ = ∢ BAC und δ = ∢ DFE ein.

Welcher Winkel ist nun der größere? ________

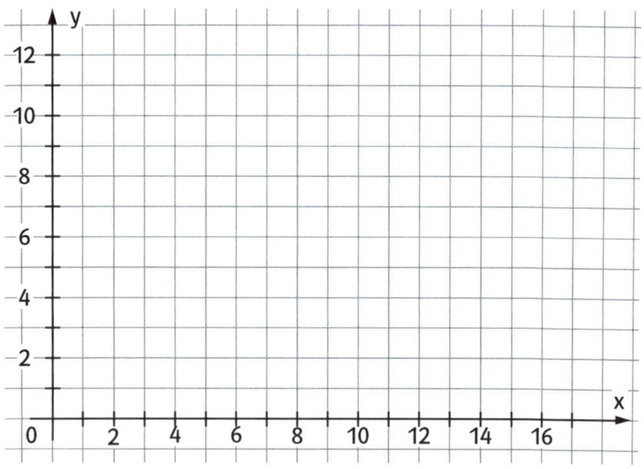

4 a) Fülle die Lücke: Der Kreis wird in ________ gleiche 1°-Winkel geteilt.

b) Bestimme die Größe der markierten Winkel wie im Beispiel.

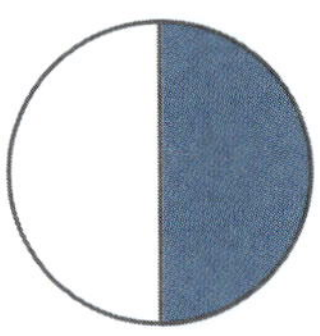
360° : 2
= 180°

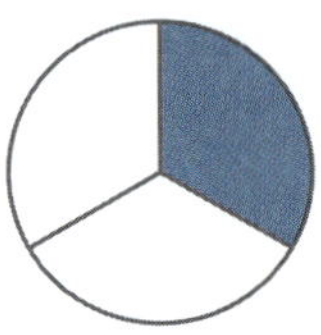
360°
____

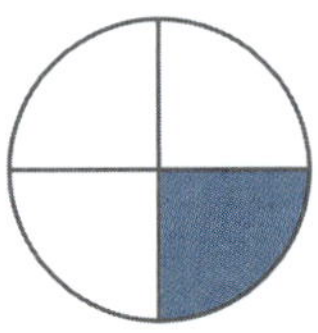
____
____

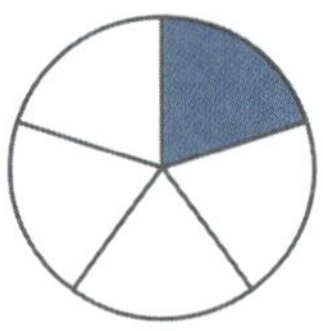
____
____

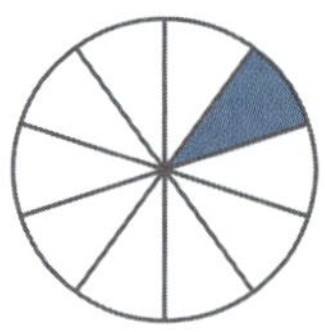
____
____

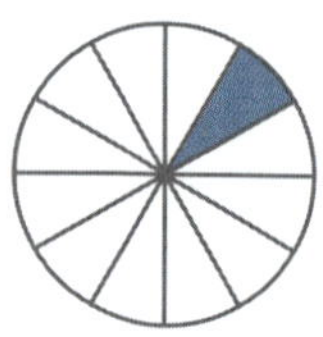
____
____

1 Fülle die Tabelle aus.

a) Trage erst die Winkelarten der Villa Schiefistschick in die Tabelle ein.

b) Schätze dann die Größe der Winkel und trage ein.

c) Überprüfe deine Schätzkunst dann durch Messen der Winkel.

Winkel	Winkelart	Geschätze Größe	Gemessene Größe
α_1			
α_2			
α_3			
α_4			
β_1			
β_2			
β_3			
β_4			

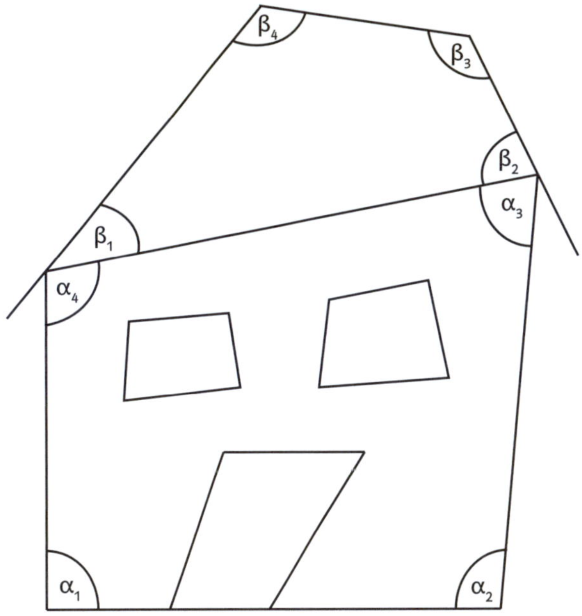

2 Hier siehst du den Scheitelpunkt S.

a) Zeichne Winkel von 10°, 35°, 60°, 80°, 90°, 115°, 120°, 160° ein. Ein Schenkel ist bereits gezeichnet (durch B).

b) Die zweiten Schenkel schneiden jeweils einen Buchstaben. Alle zusammen ergeben ein Lösungswort.

Lösungswort: B ______________

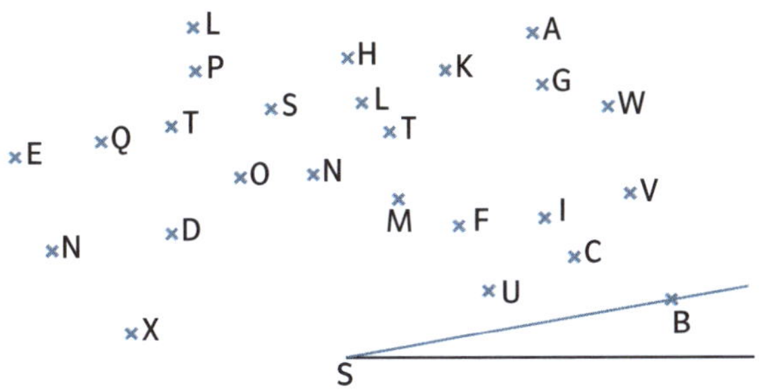

3 Winkel messen und berechnen.

a) Trage ins Koordinatensystem die Punkte A(2 | 14), B(1 | 7), C(8 | 9), D(4 | 2), E(12 | 4), F(14 | 13) und G(15 | 6) ein.

b) Verbinde die Punkte in alphabetischer Reihenfolge zu einem Streckenzug.

c) Zeichne nun alle angegebenen Winkel ein und fülle dann die Tabelle aus.

Gemessener Winkel	Berechneter Winkel
∢ ABC =	∢ CBA =
∢ BCD =	∢ DCB =
∢ DEF =	∢ FED =
∢ EFG =	∢ GFE =

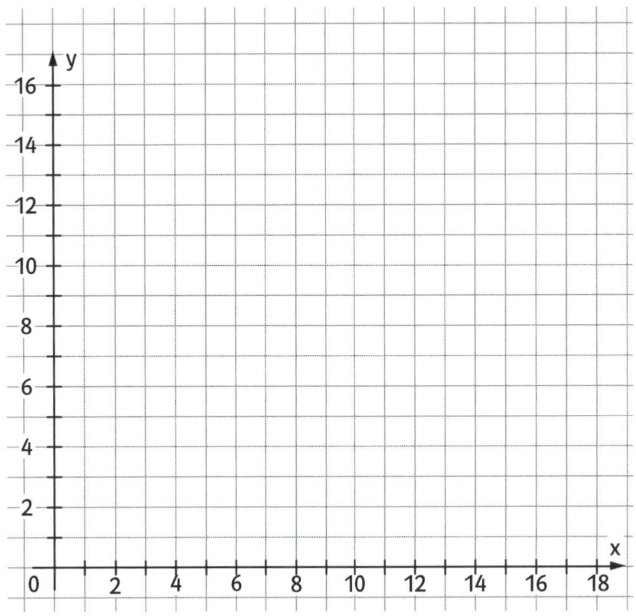

1 Miss zuerst die Seitenlängen und die zugehörigen Winkel. Übertrage die Figur dann exakt.

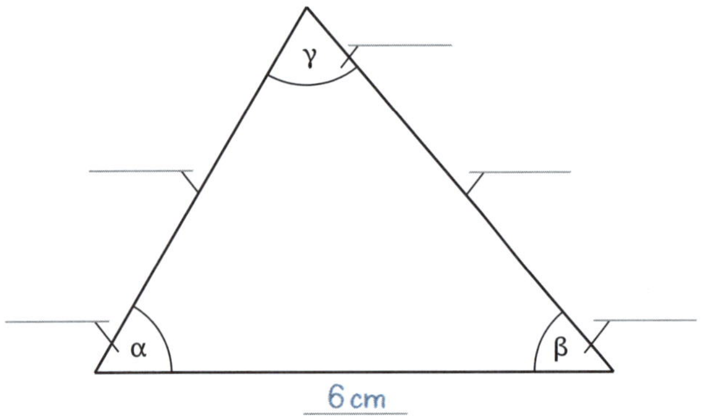

2 Wenn du die angegebenen Strecken läufst, ergeben die erreichten Buchstaben jeweils ein Lösungswort. Du beginnst jeweils bei „Start“ mit der Blickrichtung nach Osten.
Die angegebenen Richtungen beziehen sich immer auf den vorangegangenen Streckenabschnitt.

Beispiel: 45° rechts / 2,1 cm → 45° rechts / 1,5 cm → 65° links / 3,3 cm → 117° links / 1,5 cm → 90° rechts / 1,5 cm → 45° links / 2,1 cm

Lösungswort: Anfang

a) 90° rechts / 1,5 cm → 90° links / 3 cm → 45° links / 2,1 cm → 45° rechts / 1,5 cm → 72° rechts / 4,7 cm → 162° links / 4,5 cm

Lösungswort: G

b) 0° / 1,5 cm → 45° rechts / 2,1 cm → 45° links / 1,5 cm → 63° rechts / 3,3 cm → 63° links / 1,5 cm → 90° links / 1,5 cm

Lösungswort:

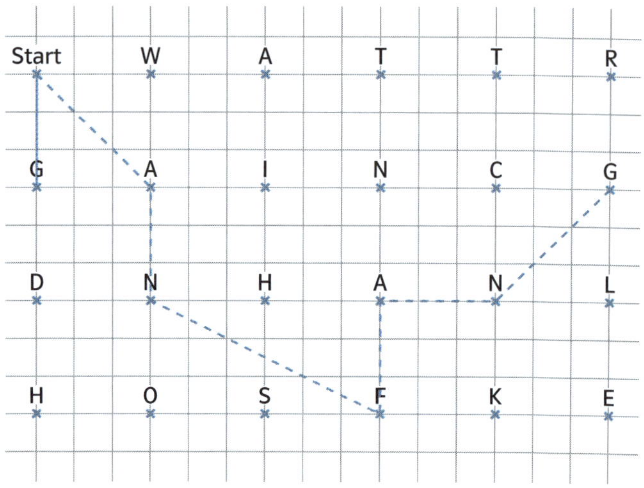

3 a) Unter welchem Winkel kann Spieler A das Tor treffen?

b) Welche Winkel stehen den Spielern B, C und D zur Verfügung?

B: , C: , D:

c) Wer von den Vieren hätte die besten Torchancen?

Spieler

d) Wie ändert sich der Winkel, wenn Spieler A sich dem Tor nähert?

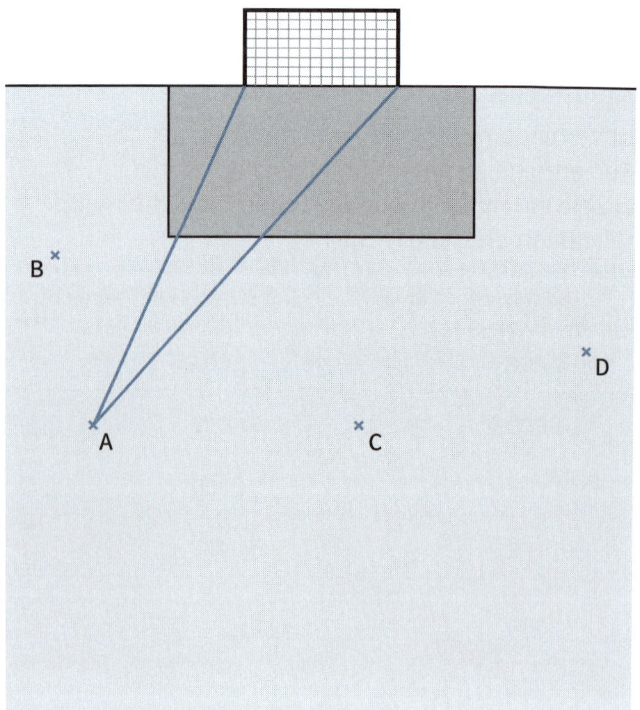

1 Notiere zuerst die benötigten Mittelpunktswinkel. Zeichne in die vorgegebenen Kreise
a) ein regelmäßiges Fünfeck. b) ein regelmäßiges Neuneck. c) ein regelmäßiges Sechseck.

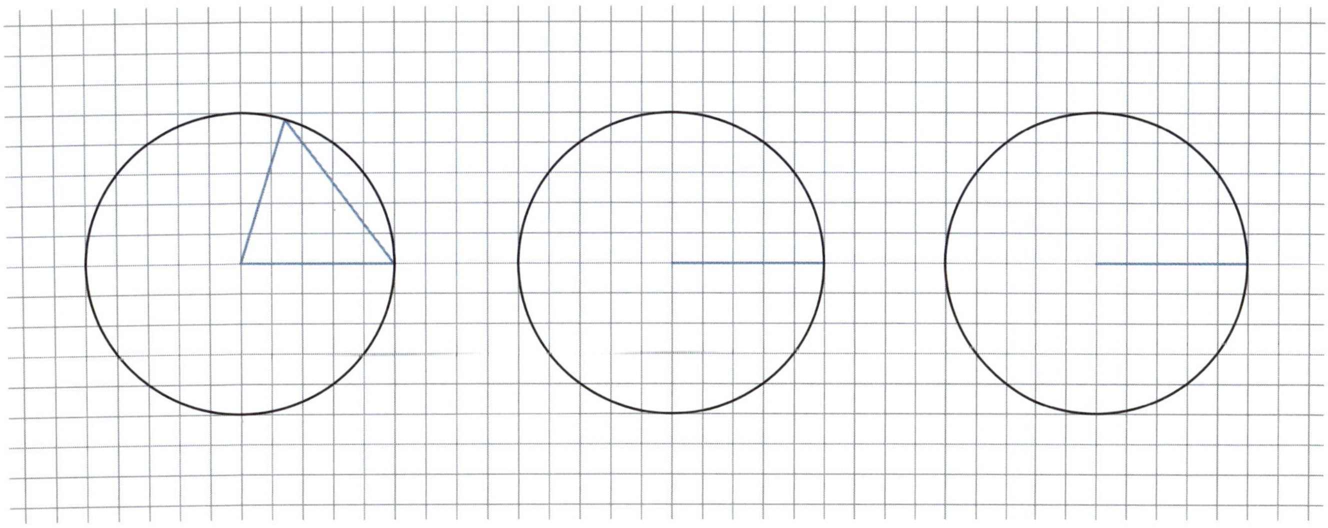

d) Zeichne nun in die Vielecke farbig Sterne ein. Diese sollen so viele Spitzen haben, wie die Vielecke jeweils Ecken besitzen.
Tipp: Benutze Verbindungslinien von Eckpunkten zu gegenüberliegenden Eckpunkten als Hilfslinien.

2 Ein Viertel des Mandalas ist bereits fertig. Schaffst du den Rest?

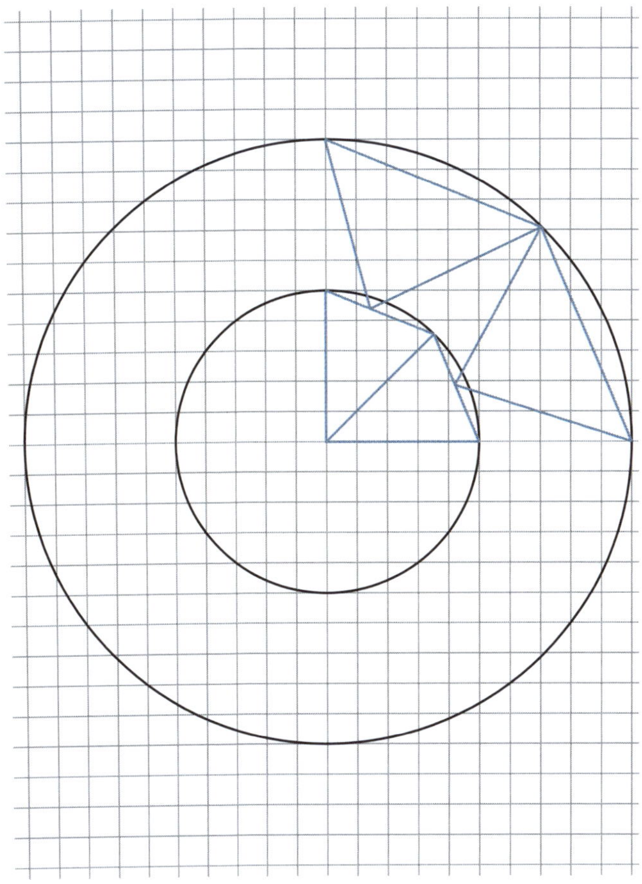

3 Übertrage den Stern in die vorgegebenen Kreise.

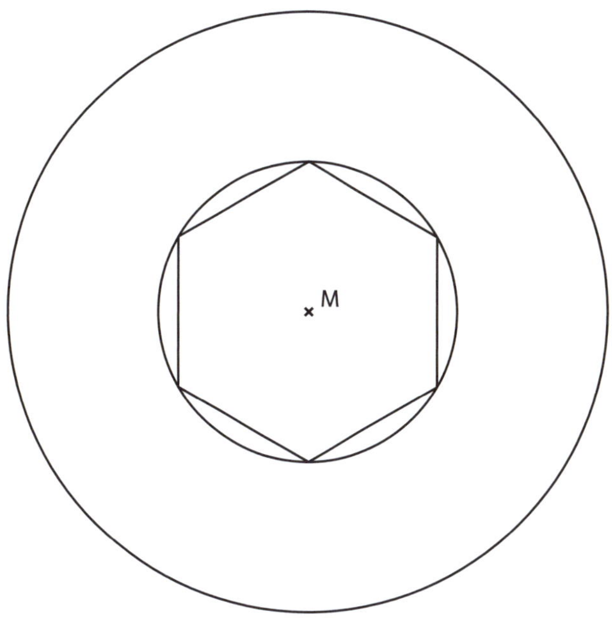

○ **1** Übertrage die Kreisfigur.

Der Durchmesser des Kreises beträgt ______ cm.

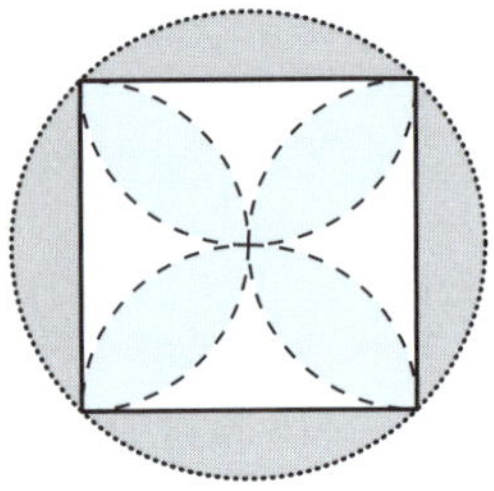

○ **2** Notiere die Winkel der Figur mithilfe der Eckpunkte. Achte dabei auf den Drehsinn. Wenn du sie nacheinander liest, erhältst du ein Lösungswort. Miss dann die Größe dieser Winkel.

α = ∢ ______________ = ______________ °

β = ∢ ______________ = ______________ °

γ = ∢ ______________ = ______________ °

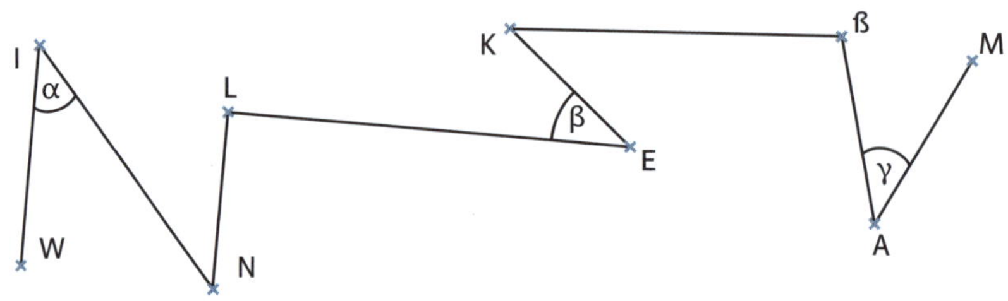

◒ **3** Notiere die Winkel wie im Beispiel. Schätze die Größe eines Winkels. Miss dann nach.

Winkel	α	β	γ	δ	ε
Winkel	∢ ae				
geschätzt					
gemessen					

spitzer Winkel ______ rechter Winkel ______

stumpfer Winkel ______ überstumpfer Winkel ______

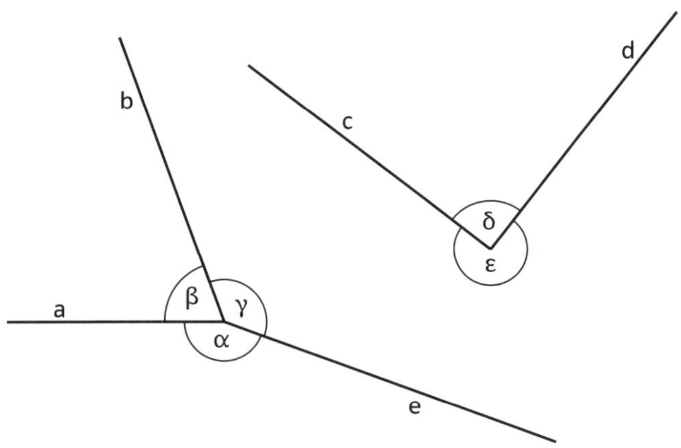

◒ **4** a) Markiere die Innenwinkel der Figur.
b) Miss die Größe der markierten Winkel und notiere.

∢ BAF = ______________ ° ______________

______________ ______________

______________ ______________

c) Berechne die Größe der Außenwinkel.

______________ ______________

______________ ______________

______________ ______________

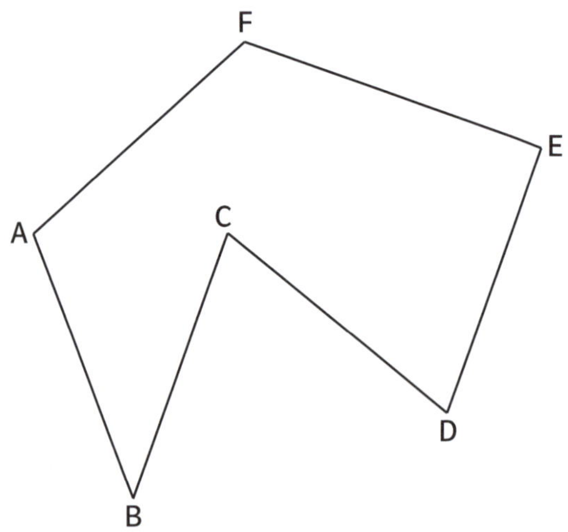

5 Auf ihrer Lieblingswiese fliegt eine Biene von Blume zu Blume. Die Flugbahn wird aus ihrer Blickrichtung beschrieben:

30° links (l); 6 m → 160° links (l); 7 m → 60° (r); 2 m → 135° (r); 5 m → 170° (l); 5 m → 130° (r); 1,5 m → 60° (r); 6 m.

1 cm in der Zeichnung entspricht 1 m auf der Wiese. Male alle Blumen, auf denen die Biene landet, bunt an.

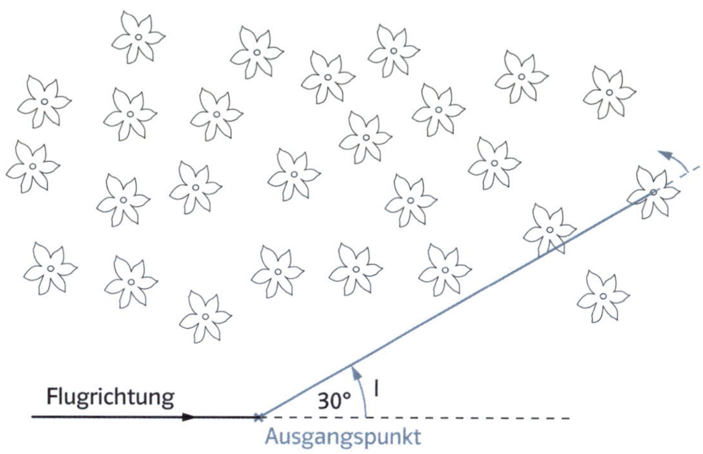

6 Die Punkte A, B, C und D sind die Sendestationen von Radiosendern. Sender A sendet 44 km weit, bei Sender B sind es 60 km, bei C 30 km, und Sender D wird in 36 km Entfernung noch gehört. Klaus kann drei Sender hören. Färbe das Gebiet, in dem Klaus wohnt, grün. Nina kann nur den Sender A hören. Färbe dieses Gebiet grau. Mareike kann genau zwei Sender hören. Färbe die Gebiete, die in Frage kommen, in einer weiteren Farbe.

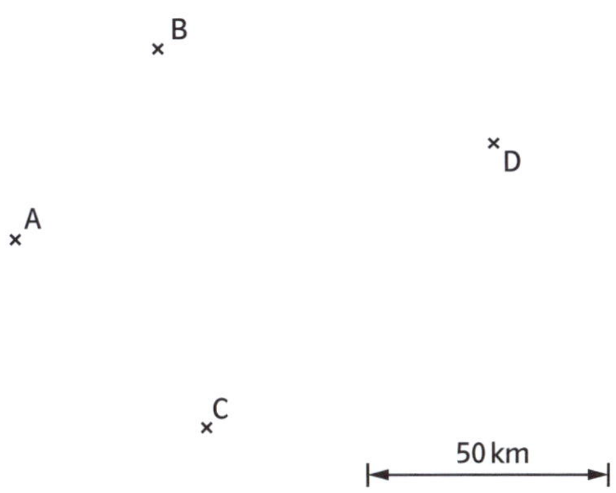

7 Ordne die Zeichnungen richtig zu. Leider sind einige Winkelangaben verwischt; ergänze sie. Wenn du alles richtig gemacht hast, erhältst du ein

Lösungswort: __ __ __ __ __

a) 120°; 240° : ______

b) 190°; 1 __ 0° : ______

c) 110°; 80°; 170°: ______

d) 210°; 85°; ____°: ______

e) ____°; 80°; 200°: ______

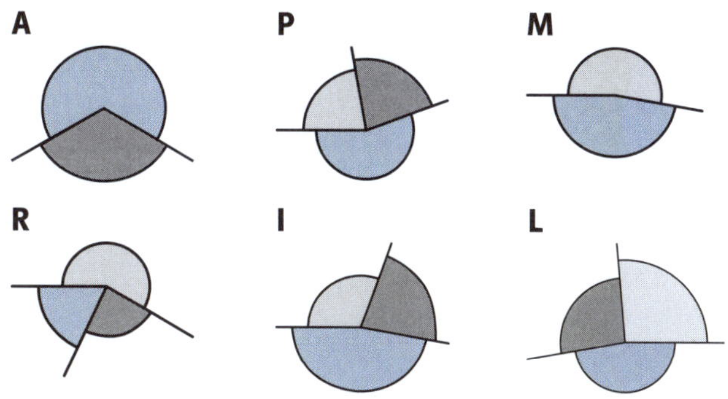

8 a) Markiere alle Punkte grün, die von A 2 cm und von B 1,5 cm entfernt liegen.
b) Markiere alle Punkte grau, die von C 1 cm bis 2 cm und von D mindestens 3 cm entfernt liegen.

Addieren und Subtrahieren von Brüchen (1)

1 Markiere zuerst die Anteile. Notiere, wie groß der gefärbte Anteil insgesamt ist.

a) Fünf Achtel in Hellgrün und zwei Achtel in Dunkelgrün.
Insgesamt sind ______ gefärbt.

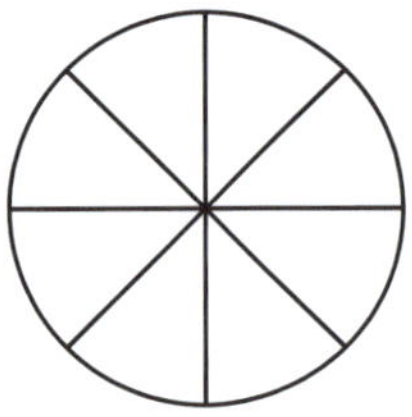

b) Sieben Zwölftel in Hellgrün und vier Zwölftel in Dunkelgrün.
Insgesamt sind ______ gefärbt.

2 Berechne.

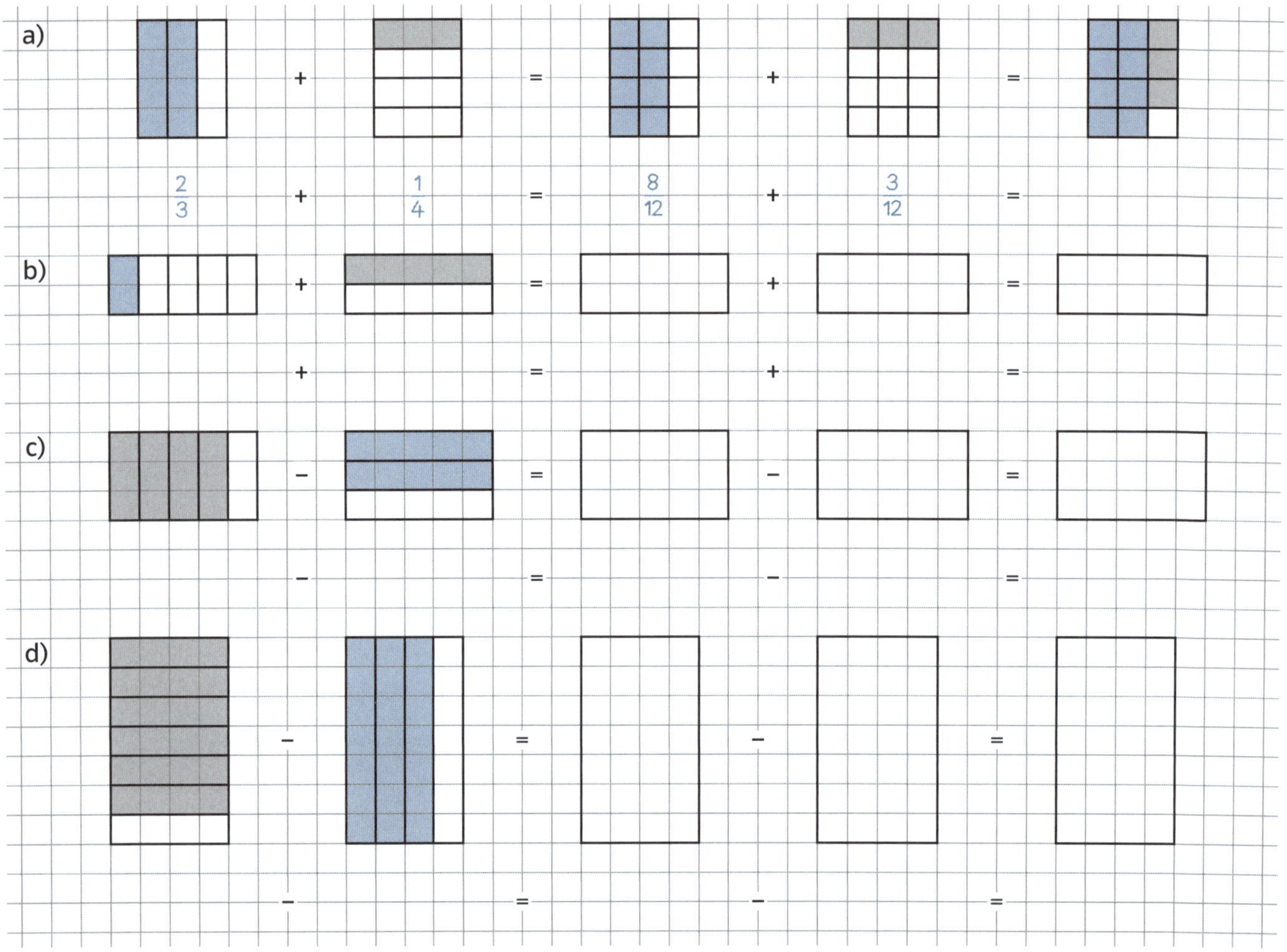

3 Berechne und wandle das Ergebnis, wenn möglich, in eine gemischte Zahl um. Wenn du hinter jedem Ergebnis den Lösungsbuchstaben notierst, ergeben sich von oben nach unten gelesen zwei Hauptstädte.

a) $\frac{3}{5} + \frac{3}{10}$ = ______ ______

b) $\frac{5}{8} + \frac{3}{16}$ = ______ ______

c) $\frac{3}{4} - \frac{1}{6}$ = ______ ______

d) $\frac{3}{5} - \frac{1}{3}$ = ______ ______

e) $\frac{1}{2} + \frac{5}{6}$ = ______ ______

f) $\frac{3}{4} - \frac{2}{5}$ = ______ ______

g) $\frac{5}{6} + \frac{4}{5}$ = ______ ______

h) $\frac{4}{5} - \frac{4}{7}$ = ______ ______

i) $\frac{6}{7} - \frac{1}{4}$ = ______ ______

j) $\frac{5}{8} + \frac{3}{5}$ = ______ ______

P | $\frac{13}{16}$ E | $1\frac{19}{30}$ R | $\frac{7}{20}$ A | $\frac{9}{10}$ A | $\frac{4}{15}$ T | $\frac{7}{12}$ H | $1\frac{1}{3}$ N | $\frac{17}{28}$ I | $\frac{8}{35}$ S | $1\frac{9}{40}$

1 Ergänze die Rechenschlange. Notiere die Brüche vollständig gekürzt.

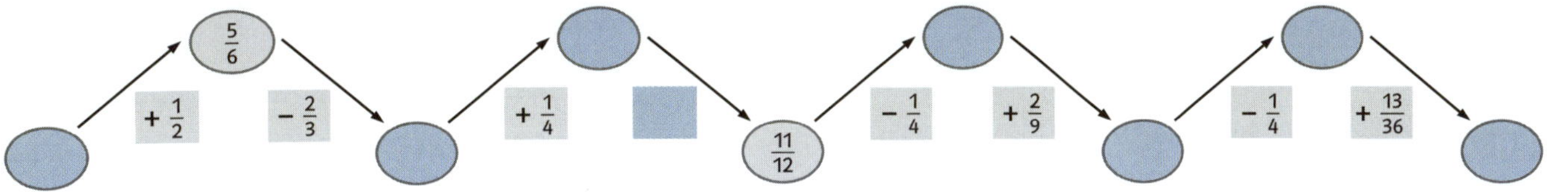

2 Markiere die richtigen (✓) und falschen Ergebnisse (f) und berechne diese richtig.

a) $\frac{1}{5}+\frac{2}{3}=\frac{13}{15}$ ☐ ______

b) $\frac{5}{9}+\frac{1}{6}=\frac{6}{15}$ ☐ ______

c) $\frac{8}{11}-\frac{1}{2}=\frac{7}{9}$ ☐ ______

d) $\frac{3}{8}-\frac{1}{4}=\frac{1}{8}$ ☐ ______

e) $\frac{1}{8}+\frac{2}{3}=\frac{19}{24}$ ☐ ______

f) $\frac{5}{6}-\frac{3}{5}=\frac{2}{30}$ ☐ ______

g) $\frac{4}{5}-\frac{2}{7}=\frac{18}{35}$ ☐ ______

h) $\frac{5}{7}+\frac{1}{4}=\frac{12}{28}$ ☐ ______

Als Lösung erhältst du eine Hauptstadt: ______

3 Auf einem Vereinsfest sind an verschiedenen Ständen Pizzastücke übrig geblieben.

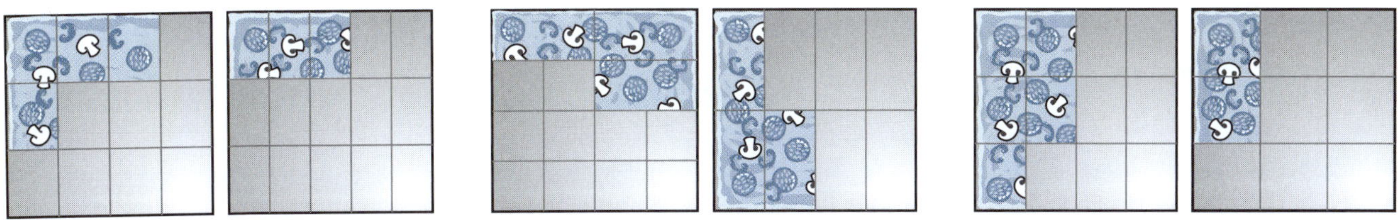

a) Die Pizza jedes Stands wird auf ein Blech zusammengelegt. Welcher Anteil ist insgesamt jeweils übrig?

Stand 1: ______ Stand 2: ______ Stand 3: ______

b) Welcher Stand hat am meisten Pizza übrig? ______ Welcher Stand am wenigsten? ______

c) Stand 3 hat ______ Pizza mehr verkauft als Stand 2.

4 Berechne die Aufgabe. Kürze das Ergebnis so weit wie möglich. Jeder Bruch steht für einen Buchstaben, den die Tabelle angibt (Zähler: Spalten; Nenner: Zeilen).

a) $\frac{2}{3}+\frac{1}{4}$ = ______

b) $\frac{1}{8}+\frac{1}{24}$ = ______

c) $\frac{1}{6}+\frac{1}{4}$ = ______

d) $\frac{1}{2}-\frac{1}{3}$ = ______

e) $\frac{2}{5}-\frac{1}{60}$ = ______

f) $\frac{3}{4}-\frac{2}{3}$ = ______

g) $\frac{3}{5}+\frac{1}{6}$ = ______

h) $\frac{1}{2}-\frac{1}{9}$ = ______

i) $\frac{2}{3}-\frac{1}{4}$ = ______

j) $\frac{1}{5}+\frac{1}{6}$ = ______

k) $\frac{4}{5}-\frac{5}{12}$ = ______

l) $\frac{2}{15}-\frac{1}{60}$ = ______

m) $\frac{2}{9}+\frac{1}{18}$ = ______

	1	5	7	11	23
6	E	M	H	B	I
12	M	H	N	G	K
18	R	T	C	E	L
30	A	S	O	R	S
60	P	U	F	D	I

Lösungswort: __ __ __ __ __ __ __ __ __ __ __ __ __

Addieren und Subtrahieren von Dezimalbrüchen (1)

1 Suche Zahlenpaare, deren Summe oder Differenz eine ganze Zahl ist. Notiere die Aufgabe mit der Lösung.

4,9502 | 4,475 | 0,9877 | 234,002 | 1,002 | 0,0123 | 3,87 | ~~6,655~~ | 14,870 | ~~0,345~~ | 0,0498 | 5,525

6,655 + 0,345 = 7;

2 Fülle das Zahlenhaus aus.

a)

1	
0,25	+0,75
0,099	
0,1234	

b)

100	
87,23	
1,11	
0,099	

c)

1000	
987,001	
568,769	
765,09	

3 Finde die Fehler. Schreibe die Rechnung dann korrekt daneben.

a)

	4	5	6,	0	9
+		9,	0	1	3
+					6
	1			1	
	5	4,	6	2	8

b)

	9	8	2,	5	1
−			2,		2
−		1	3	4,	8
−		2	9		
	9	3	8,	0	1

4 Löse das Zauberdreieck. Nebeneinander liegende Felder im Dreieck werden addiert.

a)

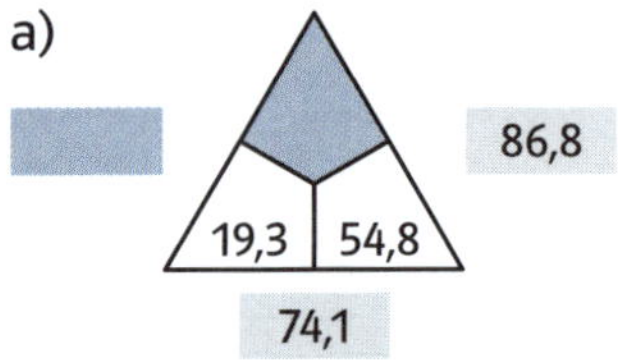

b)

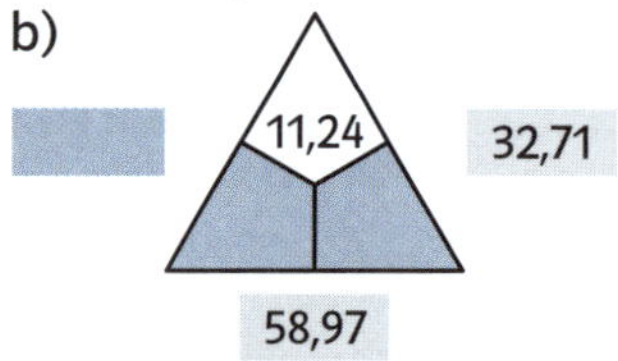

c)

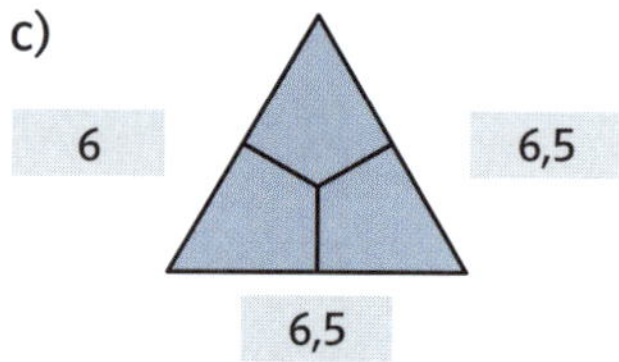

5 a) Hier siehst du die Wasseruhr von Familie Holten. Lies den jeweiligen Stand ab.

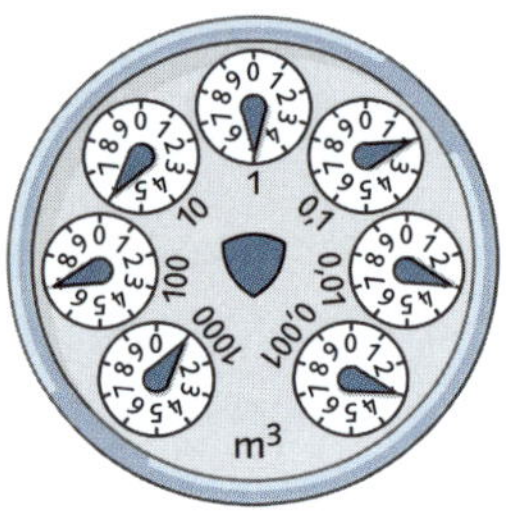
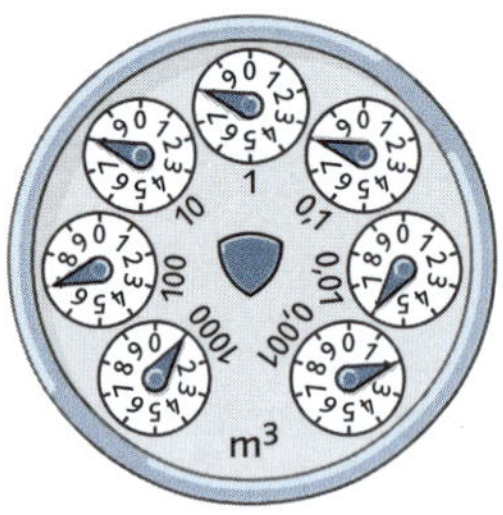
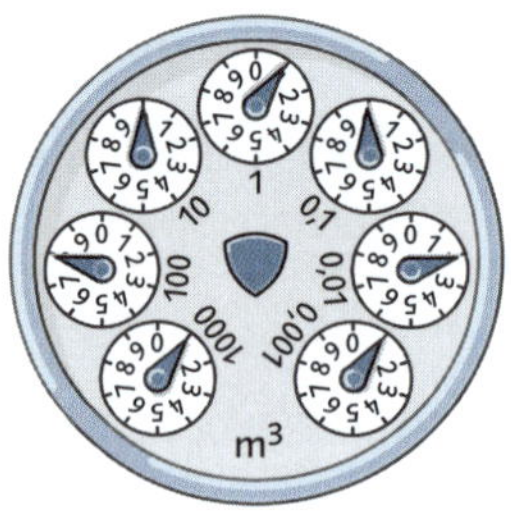
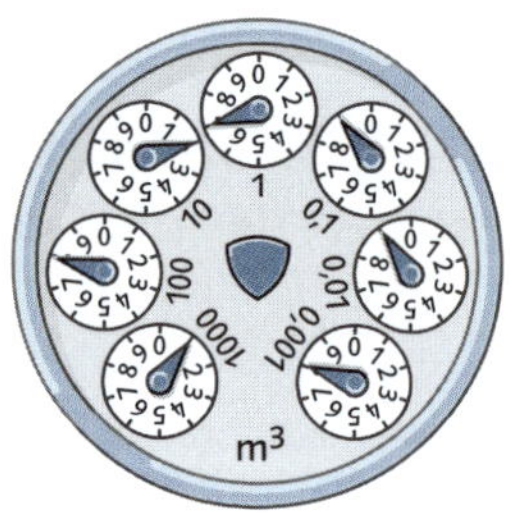

1. Januar: ________ m^3 1. Februar: ________ m^3 1. März: ________ m^3 1. April: ________ m^3

b) Familie Holten hat im Januar ________ m^3 Wasser verbraucht.

c) In den ersten drei Monaten des Jahres hat sie ________ m^3 verbraucht.

d) Im Monat ________ hat sie am meisten verbraucht.

e) Am Ende des Jahres wird die Wasseruhr vermutlich ca. ________ m^3 anzeigen.

Addieren und Subtrahieren von Dezimalbrüchen (2)

1 Fülle die Lücken in der Rechenkette. Löse diese Aufgabe im Kopf.

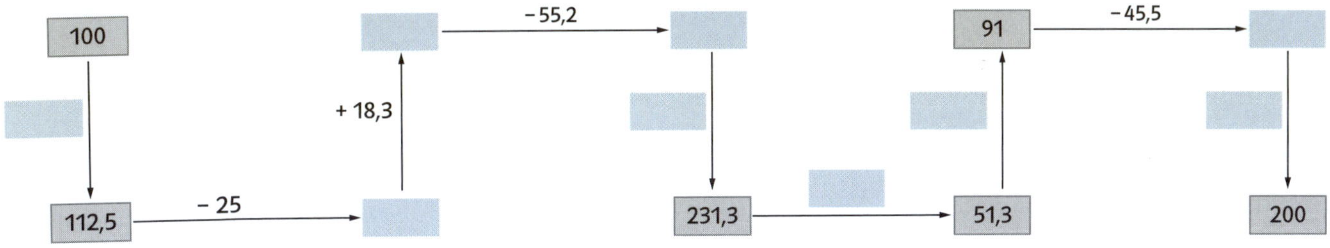

2 Lena hat zu jeder Aufgabe einen Überschlag (Ü) gemacht. Schreibe in der Zeile darunter einen besseren Überschlag.

a) 37,365 + 199,67
Ü: 40 + 190 = 230

b) 341,34 − 128,31
Ü: 300 − 100 = 200

c) 2,0981 + 1,0104
Ü: 2,1 + 1,1 = 3,2

d) 10238,034 − 4678,335
Ü: 10200 − 4600 = 5600

3 Fülle die Lücken in den schriftlichen Rechnungen. Achte dabei auch auf den Übertrag.

a)

		3	0	,	1	8	7
+	2	5	5	,			
+	1		0	,	4	1	9
	1				1		
	5	5		,	6	6	6

b)

	1	0		,	4	6	
+			0	,	8	9	7
+		2	1	,	0	9	7
						1	
			3	,	4		6

c)

	3	9	9	,			
−		8		,	7	0	3
−			6	,	4	7	
	1		1				
	1	2	0	,	0	1	2

d)

	7	1	3	2	,	9	9	5
−			5	7	,	6	8	
−			3	5	,		0	8
	1	1	1				1	
		2			,	0	0	0

4 Bei den Weltmeisterschaften im Rennrodeln 2013 im kanadischen Whistler gingen vier deutsche Frauen an den Start. Die Tabelle zeigt die Zeiten des ersten und zweiten Laufs der sechs besten Rodlerinnen.

a) An wen gingen die Medaillen? Notiere die Gesamtzeiten und die erreichten Plätze.

Rodlerin	Land	Laufzeiten in s 1. Lauf	2. Lauf	Gesamtzeit	Platz
Tatjana Hüfner	Deutschland	36,787	36,747		
Natalie Geisenberger	Deutschland	36,688	36,740		
Anke Wischnewski	Deutschland	36,812	36,846		
Alex Gough	Kanada	36,788	36,758		
Erin Hamlin	USA	36,924	36,932		
Aileen Frisch	Deutschland	36,959	36,856		

b) Die Siegerin war ______________________. Sie war ________ Tausendstel Sekunden schneller als die Gewinnerin der Silbermedaille.

c) Ermittle die Rodlerin mit dem größten Zeitunterschied zwischen dem ersten und zweiten Lauf.

____

d) Ermittle die Rodlerin mit dem geringsten Zeitunterschied zwischen dem ersten und zweiten Lauf.

____

1 Berechne möglichst vorteilhaft durch Vertauschen. Setze, wenn nötig, Klammern.

a) $12{,}6 + 2{,}5 + 3{,}4 + 3{,}5$ = $12{,}6 + 3{,}4 + 2{,}5 + 3{,}5$

= ______ = ______

b) $87{,}7 - 23{,}9 - 4{,}7 + 1{,}9$ = ______

= ______ = ______

c) $12{,}9 + 13{,}2 - 7{,}5 - 2{,}4$ = ______

= ______ = ______

d) $43{,}53 - 23{,}65 - 11{,}35$ = ______

= ______ = ______

e) $\frac{12}{6} - \frac{4}{6} + \frac{8}{6} - 1$ = ______

= ______ = ______

f) $\frac{7}{8} - \frac{2}{16} - \frac{1}{4} - \frac{1}{2}$ = ______

= ______ = ______

2 Bilde passende Aufgaben mit den Kärtchen, sodass die Ergebnisse stimmen.
Einige Kästchen musst du mehrfach verwenden.

13,42 | 1,05 | 52,75 | 17,5 | 43,21 | 2,75 | 21,58 | 1,8 | 98,05 | 2,2 | 4,08 | 12,9 | – | +

a) 52,75 ☐ ☐ = 50

b) 98,05 ☐ ☐ = 97

c) 52,75 ☐ ☐ = 55,5

d) ☐ ☐ ☐ ☐ ☐ = 0

e) 98,05 ☐ ☐ ☐ ☐ = 63,05

f) ☐ ☐ ☐ ☐ ☐ = 51,05

3 Fülle die Tabelle aus.

Aufgabe	Rechenausdruck	Ergebnis
a) Subtrahiere 12,5 von der Summe aus 22,3 und 44,2.		
b) Addiere −31,69 zu der Differenz aus 44,87 und 13,18.		
c) Vermindere $\frac{11}{6}$ um die Summe von $\frac{2}{3}$ und $\frac{1}{4}$.		

4 Frau Müller führt jeden Monat ein Haushaltsbuch. Berechne ihre Ausgaben für die erste Maiwoche möglichst geschickt.

a) Überschlage zuerst. Überschlag: ______

Frau Müller hat in dieser Woche ungefähr ______ € ausgegeben.
Wie viel Euro bleiben etwa übrig, wenn ihr 700 € für diesen Monat zur Verfügung stehen? ______ €

b) Berechne nun genau.

Frau Müller hat in dieser Woche ______ € ausgegeben und hat für den Monat Mai noch ______ € zur Verfügung.

Lebensmittel	99,55 €
	42,34 €
	33,45 €
Tankstelle/Benzin	87,66 €
Abendessen Restaurant	55,00 €
Reparaturkosten Auto	115,00 €

Lambacher Schweizer

Mathematik für Gymnasien – G9

Lösungen

6

Niedersachsen

herausgegeben von
Matthias Janssen

erarbeitet von
Ilona Bernhard
Klaus-Peter Jungmann
Karen Kaps

Ernst Klett Verlag
Stuttgart · Leipzig

Natürliche Zahlen und Größen

1 Markiere die Zahlen auf dem Zahlenstrahl und ordne sie der Größe nach einmal von klein nach groß und einmal von groß nach klein.

a) 89 | 98 | 78 | 87 | 70

70 < 78 < 87 < 89 < 98

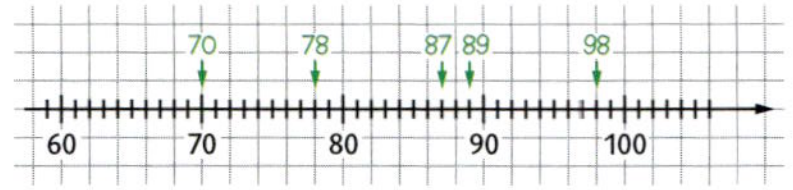

b) 350 | 530 | 300 | 500 | 250

530 > 500 > 350 > 300 > 250

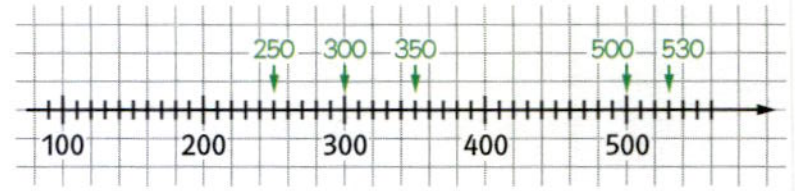

2 Runde die Zahlen auf Zehntausender.

a) 874 635 ≈ 875 000 b) 39 500 ≈ 40 000 c) 9572 ≈ 10 000 d) 975 ≈ 0

3 Gib die Größen in der vorgegebenen Einheit an.

a) Eine Kugel Eis kostet 70 ct = 0,70 €

b) Die Marathon-Strecke ist 42 km 195 m = 42 195 m

c) Ein Tischtennis-Ball wiegt etwa 2,7 g = 2700 mg

d) Die Kochzeit für ein hartes Frühstücksei beträgt 7 min = 420 s

e) Ein Fingernagel wächst pro Jahr etwa 44 mm = 4,4 cm

f) Der Mensch verbringt auf dem Klo pro Jahr etwa 2880 min = 48 h

g) Beim 100-Yard-Lauf läuft man 9144 cm = 91,44 m

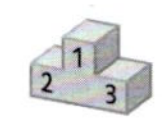

h) Ein Elefant wiegt etwa 5 t = 5000 kg

4 Erstelle aus den Angaben ein Säulendiagramm. Runde vorher die Zahlen geeignet. Zeichne zwei Kästchen für 1 Million Einwohner.

Bundesland	Einwohner in 1000
Niedersachsen (NI)	7914 ≈ 7900 (7,9 Mio.)
Hessen (HE)	6092 ≈ 6100 (6,1 Mio.)
Sachsen (SN)	4137 ≈ 4100 (4,1 Mio.)
Schleswig-Holstein (SH)	2838 ≈ 2800 (2,8 Mio.)
Hamburg (HH)	1799 ≈ 1800 (1,8 Mio.)
Rheinland-Pfalz (RP)	3999 ≈ 4000 (4 Mio.)
Saarland (SL)	1013 ≈ 1000 (1 Mio.)

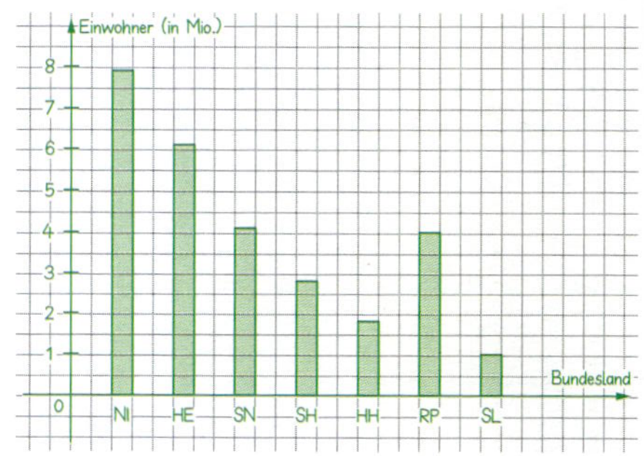

5 Ordne die Fachbegriffe richtig zu:
Minuend, Divisor, Differenz, Subtrahend, Dividend, Quotient.

100	–	37	=	63	91	:	13	=	7
Minuend		Subtrahend		Differenz	Dividend		Divisor		Quotient

1 Zeichne drei Geraden h, i und j, für die gilt:
g ⊥ h, i ⊥ j und h ⊥ j.
Welche der vier Geraden sind parallel zueinander?

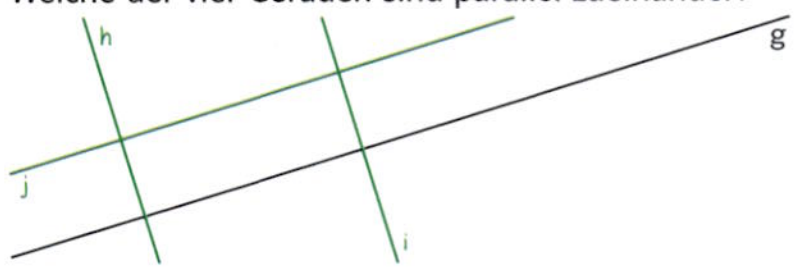

g ∥ j , h ∥ i

2 a) Zeichne alle parallelen Geraden von g, die den Abstand 1,5 cm von g haben.

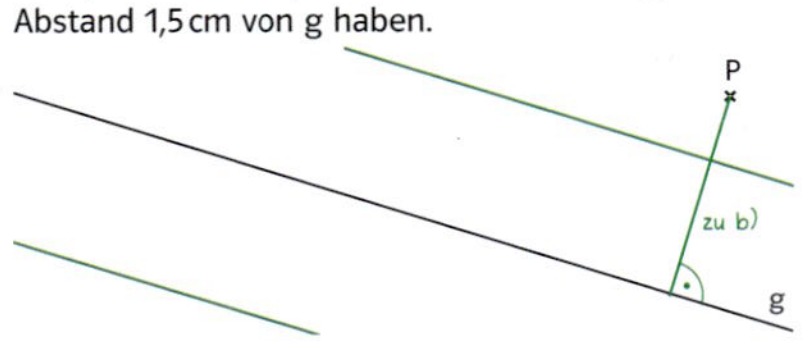

b) Bestimme den Abstand von P und g: 2,2 cm

3 Welche der Figuren besitzen Symmetrieachsen, welche besitzen ein Symmetriezentrum? Zeichne jeweils alle möglichen Symmetrieachsen und Symmetriezentren farbig ein.

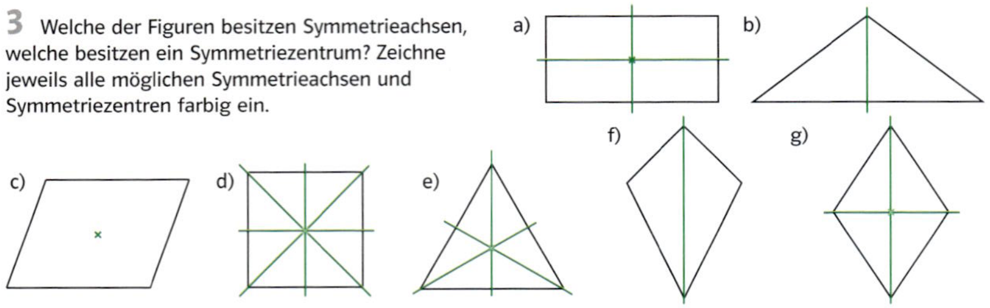

4 a) Ergänze die Figur so, dass eine punktsymmetrische Figur entsteht. Zeichne das Symmetriezentrum ein.

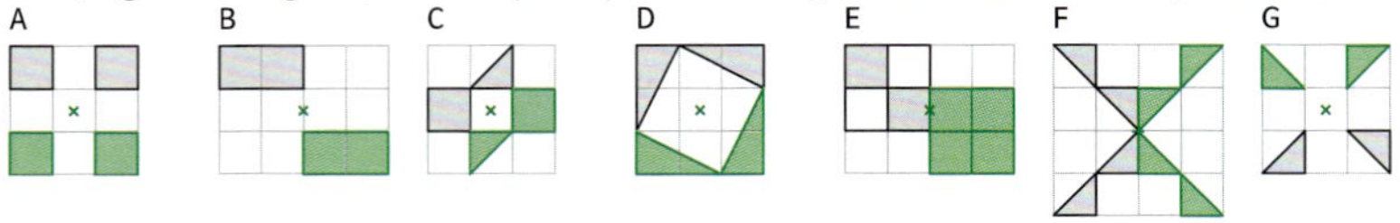

b) Welche der ergänzten Figuren sind auch achsensymmetrisch? A, F

5 a) Gib die Koordinaten der Punkte an.
A(2 | 7), B(3 | 4), C(6 | 5),
D(8 | 3), E(5 | 2), F(1 | 2).
b) Zeichne die Punkte G(2|1), H(9|0) und I(8|6) ein.
c) Zeichne die Gerade g durch F und B sowie die Gerade h durch C und D ein. Gib die Koordinaten des Schnittpunkts von g und h an:
J(5 | 6).

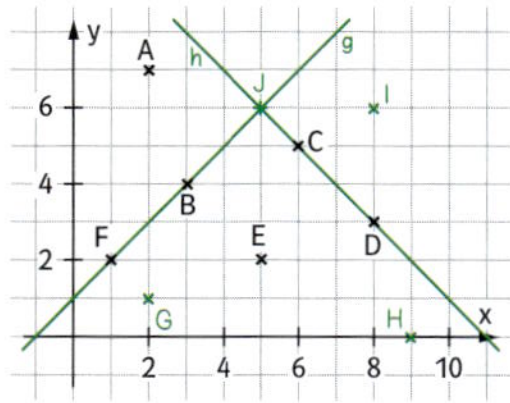

6 Vervollständige das Netz so, dass ein Würfel oder ein Quader daraus gefaltet werden kann.

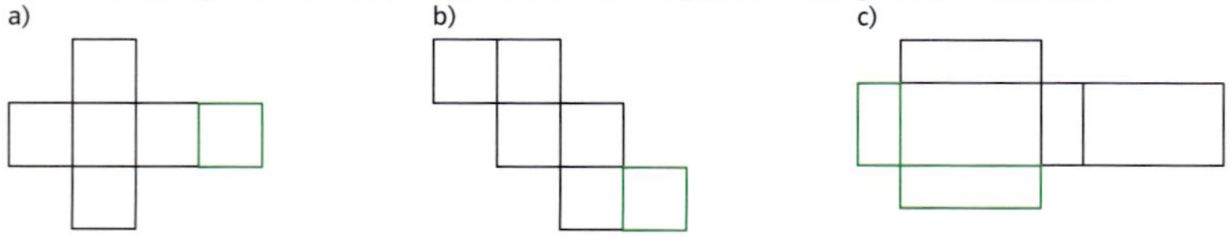

(Auch andere Lösungen sind möglich.)

1 Berechne geschickt durch Vertauschen der Summanden bzw. Faktoren. Gib dabei einen Zwischenschritt an.

a) 123 + 269 + 37	b) 56 + 77 + 23 + 44	c) 5 · 37 · 20	d) 25 · 16 · 5 · 4
= 123 + 37 + 269	= 56 + 44 + 77 + 23	= 37 · 5 · 20	= 25 · 4 · 16 · 5
= 160 + 269 = 429	= 100 + 100 = 200	= 37 · 100 = 3700	= 100 · 80 = 8000

2 Wende das Distributivgesetz an, indem du ausklammerst.

a) 12 · 8 + 12 · 12	b) 56 · 13 − 56 · 3	c) 37 · 6 + 83 · 6	d) 46 · 12 − 16 · 12
= 12 · (8 + 12)	= 56 · (13 − 3)	= (37 + 83) · 6	= (46 − 16) · 12
= 12 · 20 = 240	= 56 · 10 = 560	= 120 · 6 = 720	= 30 · 12 = 360

3 Überlege, welcher Fehler gemacht wurde, und rechne dann richtig.

3 + 7 · 3 = ~~10 · 3~~	2 · 3 + 7 · 3	5 · (12 − 7)	2^4 = ~~8~~
~~= 3 0~~	~~= 2 · 1 0 = 3 = 6 0~~	~~= 6 0 − 7 = 5 3~~	
= 3 + 2 1 = 2 4	= (2 + 7) · 3 = 9 · 3 = 2 7	= 6 0 − 3 5 = 2 5	2^4 = 1 6

4 Berechne schriftlich.

a) 4012 · 35
  12036
  20060
 140420

b) 6450 · 42
  25800
  12900
 270900

c) 9091
+ 7654
+ 8888
 25633

d) 8705
− 2222
− 3456
 3027

5 Ergänze die schriftlichen Divisionsaufgaben.

a) 14641 : 11 = 1331
−11
 36
−33
 34
−33
 11
−11
 0

b) 2047 : 89 = 23
−178
 267
−267
 0

c) 89380 : 436 = 205
−872
 2180
−2180
 0

d) 1296 : 36 = 36
−108
 216
−216
 0

6 Die 30 Kinder der Klasse 6 c gewinnen bei einem Wettbewerb einen Besuch in der Eisdiele „Mathematica". Aus der Eiskarte wählen 15 Schüler ein Spaghetti-Eis zu 4,90 €, fünf Schüler nehmen den „Coppa Borussia" zu 5,90 €. Die restlichen zehn Kinder teilen sich jeweils zu zweit den 9,90 € teuren Freundschaftsbecher „Amici". Berechne, was die Klasse hätte bezahlen müssen. (Tipp: Rechnung in Cent, Ergebnis in Euro)

490 · 15 = 490 + 2450 = 7350
590 · 5 = 2950
990 · 5 = 4950
7350 + 2950 + 4950 = 15250

Sie hätten 152,50 € bezahlen müssen.

7 Ordne die Kärtchen richtig zu. Zwei Kärtchen müssen noch passend ausgefüllt werden.

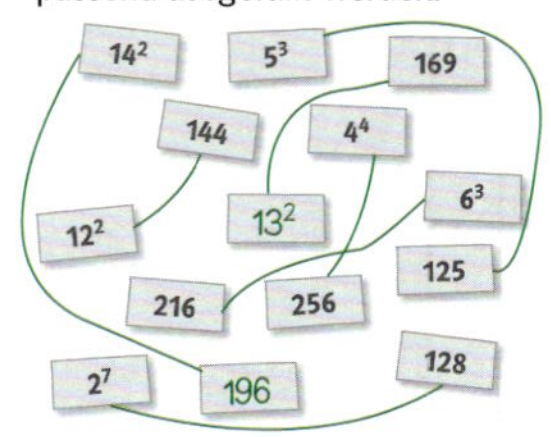

1 Berechne den Flächeninhalt A und den Umfang U der Figur. Miss die Seitenlängen in cm bzw. mm.

a) 

$A = 3\,cm \cdot 2\,cm = 6\,cm^2$

$U = 2 \cdot 3\,cm + 2 \cdot 2\,cm = 6\,cm + 4\,cm = 10\,cm$

b) 

$A = 15\,mm \cdot 15\,mm = 225\,mm^2 = 2{,}25\,cm^2$

$U = 4 \cdot 15\,mm = 60\,mm = 6\,cm$

2 Wandle in die angegebene Flächeneinheit um.

a) $23\,dm^2$ = 2300 cm^2 b) 5 ha = 500 a c) 3000 a = 0,3 km^2 d) $1\,cm^2$ = 100 mm^2

e) $10\,m^2$ = 0,1 a f) $2500\,dm^2$ = 25 m^2 g) $1\,km^2$ = 10 000 000 000 cm^2

3 Wandle in die nächstgrößere Flächeneinheit um.

a) $200\,dm^2$ = $2\,m^2$ b) $1500\,m^2$ = 15 a c) $40\,mm^2$ = $0{,}4\,cm^2$ d) 1 a = 0,01 ha

4 Ordne die Flächen der Größe nach. Wandle zunächst alle Größen in m^2 um.

$0{,}00045678\,km^2$ = $456{,}78\,m^2$; 0,45678 ha = $4567{,}8\,m^2$;

$456780000\,cm^2$ = $45678\,m^2$; $45678000\,dm^2$ = $456780\,m^2$;

Ergebnis: $456{,}78\,m^2$ < $4567{,}8\,m^2$ < $45678\,m^2$ < $456780\,m^2$

5 Zerlege die Figur geschickt und berechne anschließend ihren Flächeninhalt und ihren Umfang.

$A = 2\,cm \cdot 3\,cm + 6\,cm \cdot 2\,cm = 18\,cm^2$

$U = 6\,cm + 2\,cm + 3\,cm + 2\,cm + 3\,cm + 4\,cm$

$= 20\,cm$

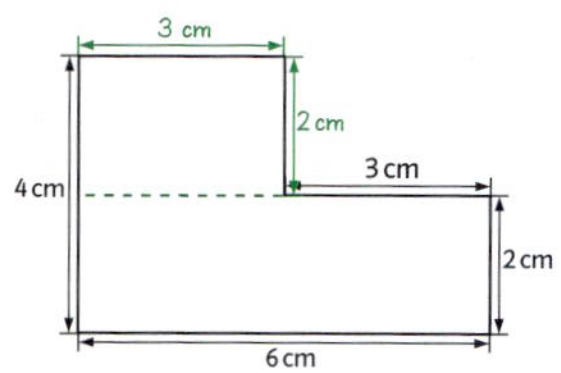

6 Schätze, wie groß der Fußabdruck auf dem Bild ungefähr ist. Benutze dabei die quadratischen Bodenfliesen als Hilfe.

„Mit der Platzierung des *Ökologischen Fußabdrucks von Berlin* im Foyer des Abgeordnetenhauses machten die Agenda-Akteure Parlamentarier darauf aufmerksam, dass die Stadt – jeder von uns – ‚auf zu großem Fuß' und damit auch auf Kosten anderer lebt: wir heute auf Kosten der nächsten Generation, die reichen Länder auf Kosten der armen. Insgesamt beansprucht die Weltbevölkerung 2,5-mal mehr, als die Erde dauerhaft zu bieten hat." (berlinagenda.de)

Meine Schätzung ist: 10 – 30 m^2

= 1000 – 3000 dm^2. Mein eigener Fuß ist schätzungsweise 1 – 3 dm^2 groß, also ist der Fußabdruck auf dem Bild ungefähr 1000 – 3000 -mal so groß wie mein eigener Fußabdruck.

1 Berechne das Volumen und den Oberflächeninhalt des Quaders mit den Kantenlängen a, b und c.

a = 2 dm, b = 7 dm, c = 1 m $V = 2\,dm \cdot 7\,dm \cdot 10\,dm = 140\,dm^3$

$O = 2 \cdot 2\,dm \cdot 7\,dm + 2 \cdot 2\,dm \cdot 10\,dm + 2 \cdot 7\,dm \cdot 10\,dm$

$= 28\,dm^2 + 40\,dm^2 + 140\,dm^2 = 208\,dm^2$

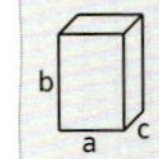

$V = a \cdot b \cdot c$
$O = 2 \cdot a \cdot b + 2 \cdot b \cdot c + 2 \cdot a \cdot c$

2 Schreibe in der nächstkleineren Einheit.

a) $8\,m^3$ = $8000\,dm^3$ b) $3{,}6\,cm^3$ = $3600\,mm^3$ c) 0,2 l = 200 ml

d) $1{,}035\,m^3$ = $1035\,dm^3$ e) $2{,}1\,dm^3$ = $2100\,cm^3$ f) $0{,}002\,cm^3$ = $2\,mm^3$

3 Schreibe in der nächstgrößeren Einheit.

a) $97000\,cm^3$ = $97\,dm^3$ b) 350 l = 3,5 hl c) $2762\,dm^3$ = $2{,}762\,m^3$

d) $34\,cm^3$ = $0{,}034\,dm^3$ e) $4{,}2\,mm^3$ = $0{,}0042\,cm^3$ f) 0,7 ml = 0,0007 l

4 a) Vervollständige das Schrägbild des Quaders, der einen Swimmingpool darstellt.
b) Wie viel Liter Wasser fasst der Swimmingpool?

$V = 6\,m \cdot 4\,m \cdot 8\,m$ $24 \cdot 8 = 192$

$= 192\,m^3 = 192000\,dm^3$

Der Swimmingpool fasst 192 000 l.

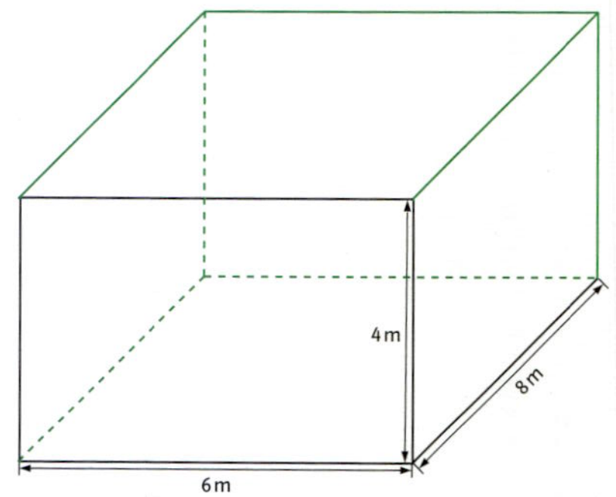

c) Der Pool soll innen einen neuen Anstrich bekommen. Die Spezialfarbe kostet 12 € pro m^2. Was kostet die Farbe?

$6\,m \cdot 8\,m = 48\,m^2$

$2 \cdot 4\,m \cdot 8\,m = 64\,m^2$

$2 \cdot 6\,m \cdot 4\,m = 48\,m^2$

$48\,m^2 + 64\,m^2 + 48\,m^2 = 160\,m^2$

$160 \cdot 12$: 160 + 320 = 1920

Die Farbe für den Anstrich kostet 1920 €.

5 Berechne das Volumen und den Oberflächeninhalt des Körpers.

$V = 5\,m \cdot 6\,m \cdot 2\,m + 3\,m \cdot 3\,m \cdot 2\,m = 60\,m^3 + 18\,m^3 = 78\,m^3$

$O = 8\,m \cdot 2\,m + 6\,m \cdot 2\,m + 5\,m \cdot 2\,m + 3\,m \cdot 2\,m + 3\,m \cdot 2\,m + 3\,m \cdot 2\,m$

$+ 2 \cdot 5\,m \cdot 6\,m + 2 \cdot 3\,m \cdot 3\,m$

$= 16\,m^2 + 12\,m^2 + 10\,m^2 + 6\,m^2 + 6\,m^2 + 6\,m^2 + 60\,m^2 + 18\,m^2$

$= 134\,m^2$

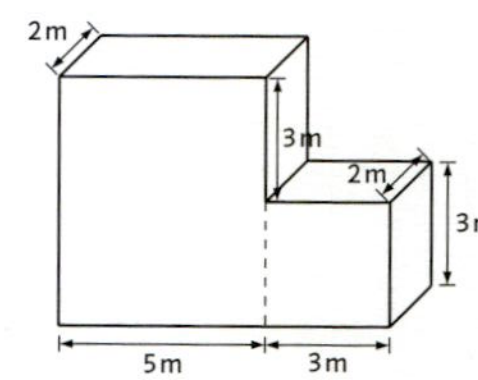

1 Welcher Anteil ist dargestellt?

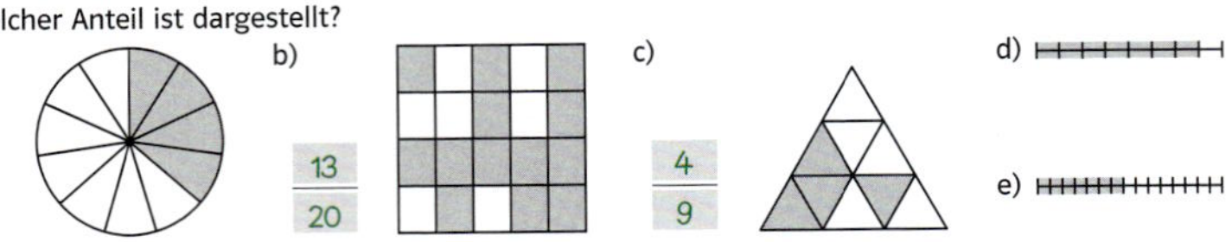

a) $\frac{4}{11}$ b) $\frac{13}{20}$ c) $\frac{4}{9}$ d) $\frac{7}{8}$ e) $\frac{7}{15}$

2 Welcher Anteil ist blau eingefärbt (b) und welcher ist weiß (w)?

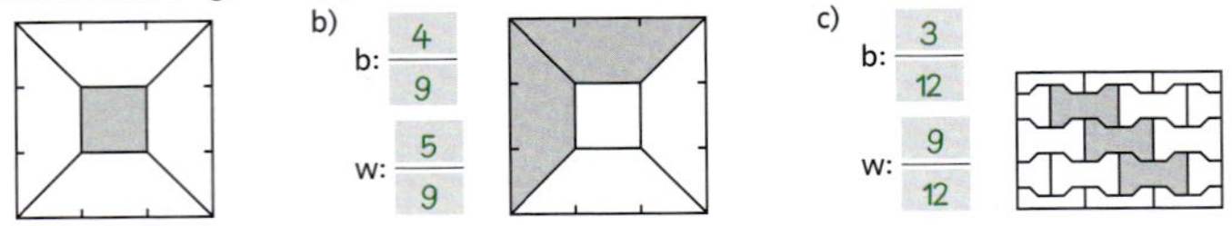

a) b: $\frac{1}{9}$ w: $\frac{8}{9}$ b) b: $\frac{4}{9}$ w: $\frac{5}{9}$ c) b: $\frac{3}{12}$ w: $\frac{9}{12}$

3 Markiere den angegebenen Anteil farbig.

a) $\frac{5}{9}$ b) $\frac{7}{18}$

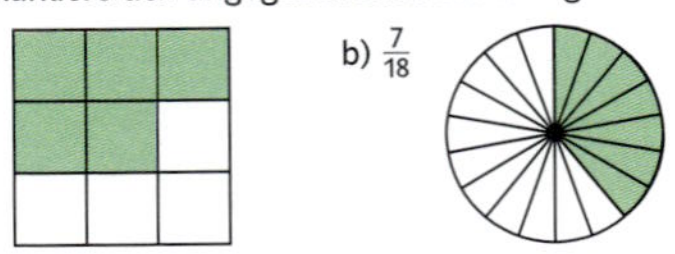

4 Von einem Rechteck ist nur der angegebene Anteil dargestellt. Ergänze die Figur zum ganzen Rechteck.

a) $\frac{3}{8}$

(Auch eine Lösung mit acht Quadraten nebeneinander ist möglich.)

5 Berechne wie im Beispiel. Wandle in eine kleinere Einheit um.

a) $\frac{2}{6}$h = $\frac{2}{6}$ von 60 min = 20 min b) $\frac{2}{5}$€ = $\frac{2}{5}$ von 100 ct = 40 ct c) $\frac{7}{10}$a = $\frac{7}{10}$ von 100 m^2 = 70 m^2

d) $\frac{2}{3}$Tag = $\frac{2}{3}$ von 24 h = 16 h e) $\frac{5}{8}$km = $\frac{5}{8}$ von 1000 m = 625 m f) $\frac{7}{20}$l = $\frac{7}{20}$ von 1000 ml = 350 ml

6 Welcher Bruchteil des Nagelbretts ist durch das Gummiband umspannt?

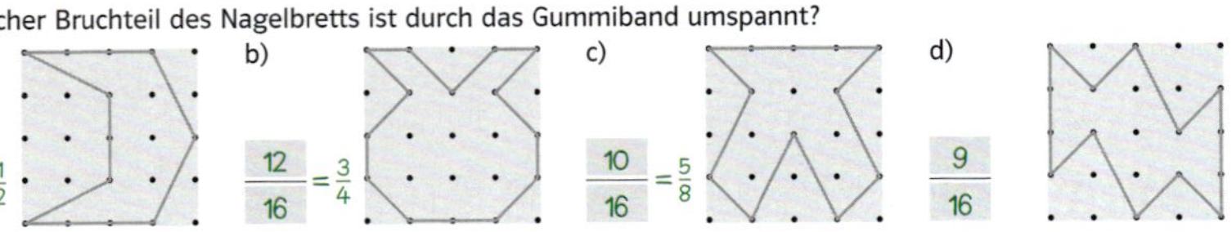

a) $\frac{8}{16} = \frac{1}{2}$ b) $\frac{12}{16} = \frac{3}{4}$ c) $\frac{10}{16} = \frac{5}{8}$ d) $\frac{9}{16}$

7 Notiere als Bruch einer größeren Einheit.

a) 75 ct = $\frac{3}{4}$€ b) 45 min = $\frac{3}{4}$h c) 500 ml = $\frac{1}{2}$l d) 375 ml = $\frac{3}{8}$l

8 Von 28 Fischen sind die Hälfte Neons, $\frac{1}{4}$ Guppys und $\frac{1}{14}$ Welse. Die restlichen Fische im Aquarium sind Zebrafische.

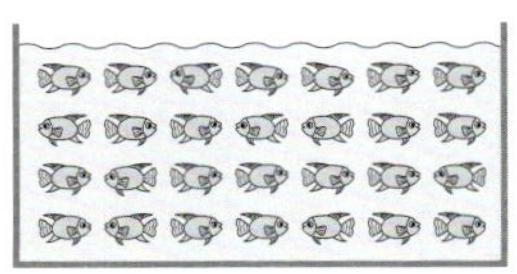

a) Wie viele Fische von jeder Art sind im Becken?

14 Neons, 7 Guppys, 2 Welse, 5 Zebrafische

b) Welchen Anteil am Bestand haben die Zebrafische? $\frac{5}{28}$

1 Bestimme, welcher Anteil der Figur gefärbt ist. Schreibe mit einem vollständig gekürzten Bruch.

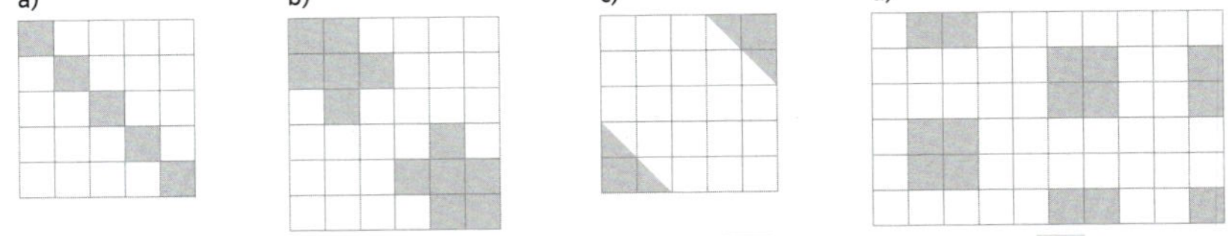

a) Anteil: $\frac{1}{5}$ b) Anteil: $\frac{1}{3}$ c) Anteil: $\frac{4}{25}$ d) Anteil: $\frac{1}{4}$

2 Schreibe den Bruch als Dezimalbruch, indem du ihn zunächst so erweiterst oder kürzt, dass der Nenner eine Zehnerpotenz (10; 100; 1000; …) ist.

a) $\frac{7}{20} = \frac{35}{100} = 35\,\%$ b) $\frac{63}{300} = \frac{21}{100} = 21\,\%$ c) $\frac{49}{50} = \frac{98}{100} = 98\,\%$ d) $\frac{49}{700} = \frac{7}{100} = 7\,\%$

3 Ergänze die Brüche durch Kürzen oder Erweitern.

a) $\frac{8}{12} = \frac{2}{3} = \frac{48}{72}$ b) $\frac{3}{5} = \frac{21}{35} = \frac{24}{40}$ c) $\frac{63}{72} = \frac{35}{40} = \frac{7}{8} = \frac{84}{96}$ d) $\frac{20}{45} = \frac{12}{27} = \frac{4}{9} = \frac{16}{36}$

4 Zu Fuß muss Mara $\frac{7}{8}$km (875 m) laufen, um ihre Freundin zu besuchen. Für die Strecke benötigt sie $\frac{1}{5}$ Stunde (12 min). Wenn sie sich beeilt, schafft sie die Strecke auch in $\frac{1}{12}$ Stunde (5 min), dann verliert sie aber mindestens $\frac{1}{4}$ Liter Körperflüssigkeit (250 ml).

5 Finde eine geeignete Unterteilung, um alle Zahlen darzustellen. Markiere sie mit einem Pfeil und dem Buchstaben. Bei richtiger Reihenfolge erhältst du ein Lösungswort.

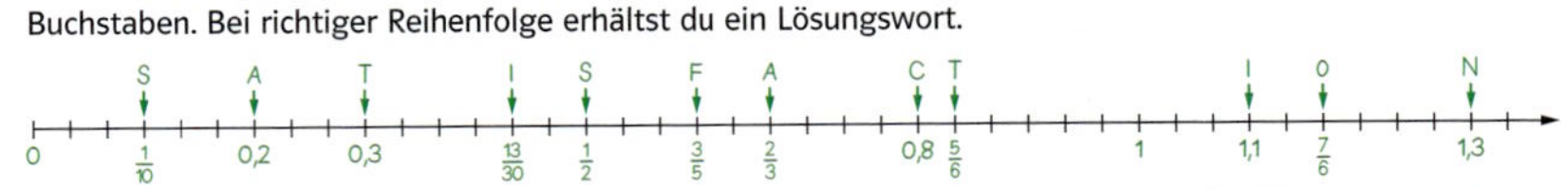

$\frac{2}{3}$ | A 0,8 | C 1,3 | N $\frac{7}{6}$ | O $\frac{3}{5}$ | F 0,3 | T $\frac{5}{6}$ | T 1,1 | I 0,2 | A $\frac{1}{10}$ | S $\frac{1}{2}$ | S $\frac{13}{30}$ | I

6 Setze passend <; > oder = ein:

a) $\frac{85}{123} > \frac{80}{123}$ b) $\frac{13}{20} < \frac{27}{40}$ c) 0,1257 < 0,21 d) 0,123123 > 0,1223

7 Luca lädt aus dem Internet eine Datei herunter. Der gefärbte Balken zeigt an, wie viel schon heruntergeladen worden ist.

a) Welcher Anteil der Datei wurde bereits heruntergeladen? $\frac{55}{100} = 55\,\%$

b) Es sind bereits 11 Sekunden verstrichen, wie lange dauert der gesamte Download? 20 Sekunden

c) Es sind bereits 22 MB heruntergeladen worden. Die gesamte Datei ist 40 MB groß.

Teiler und Vielfache (1)

1 Setze ein | (teilt) oder ∤ (teilt nicht).

a) 6 ∤ 45 b) 18 ∤ 9 c) 36 | 108 d) 15 | 120 e) 19 | 95

f) 18 | 108 g) 17 | 68 h) 21 | 105 i) 14 ∤ 119 j) 12 | 108

2 Entscheide, ob die Aussage wahr (✓) oder falsch (f) ist.

a) 6 ist ein Teiler von 54 ✓ b) 98 ist ein Vielfaches von 7 ✓ c) 12 | 92 f

d) 56 teilt nicht 8 ✓ e) 72 ist teilbar durch 4 ✓ f) 76 teilt 4 f

g) 13 ∤ 78 f h) 8 ist ein Vielfaches von 112 f i) 5 ist ein Teiler von 172 f

3 Notiere zuerst in der Produktschreibweise. Schreibe dann die Teilermenge auf.

a) Teiler von 30	b) Teiler von 105	c) Teiler von 54	d) Teiler von 42
30 = 1·30	105 = 1·105	54 = 1·54	42 = 1·42
30 = 2·15	105 = 3·35	54 = 2·27	42 = 2·21
30 = 3·10	105 = 5·21	54 = 3·18	42 = 3·14
30 = 5·6	105 = 7·15	54 = 6·9	42 = 6·7
T_{30} = { 1; 2; 3; 5; 6; 10; 15; 30 }	T_{105} = { 1; 3; 5; 7; 15; 21; 35; 105 }	T_{54} = { 1; 2; 3; 6; 9; 18; 27; 54 }	T_{54} = { 1; 2; 3; 6; 7; 14; 21; 42 }

e) Markiere nun in einer Farbe die gemeinsamen Teiler von 30 und 105 und in einer anderen die von 54 und 42.

4 Trage die Teiler jeweils so ein, dass in der Mitte die gemeinsamen Teiler beider Zahlen stehen.

a)
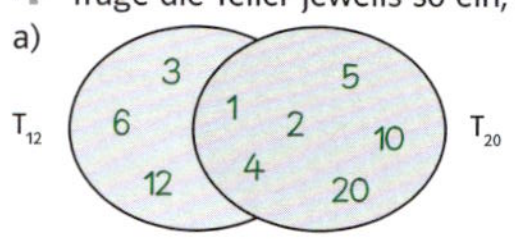

b)
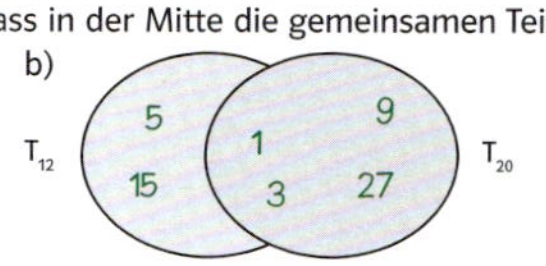

c)
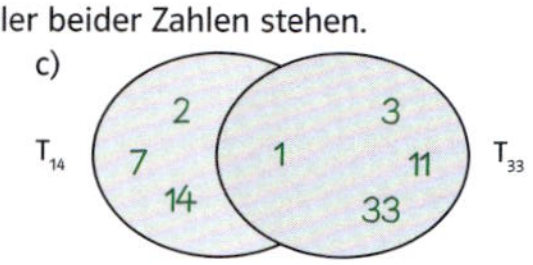

5 Notiere jeweils die Vielfachen kleiner als 100. Markiere dann die gemeinsamen Vielfachen.

a) V_{12} = { 12; 24; 36; 48; (60) 72; 84; 96 ; … }
V_{15} = { 15; 30; 45; (60) 75; 90 ; … }

b) V_{14} = { 14; 28; 42; 56; 70; 84; 98 ; … }
V_{20} = { 20; 40; 60; 80 ; … }

c) V_{18} = { 18; 36; 54; (72) 90 ; … }
V_{24} = { 24; 48; (72) 96 ; … }

d) V_{16} = { 16; 32; (48) 64; 80; (96) ; … }
V_{48} = { (48) (96) ; … }

6 Überprüfe die Richtigkeit. Streiche Fehler durch und berichtige, falls nötig.

a) V_{27} = {27; ~~56~~; 81; 108; 135; 162; …} 54
b) V_{14} = {14; 28; ~~35~~; 42; 56; 70; 84; …}
c) V_{17} = {17; 34; 51; 68; ~~95~~; 102; …} 85
d) T_{40} = {1; 2; 4; 5; 8; 10; 20; ~~30~~; 40}
e) T_{18} = {1; 2; 3; ~~4~~; 6; 9; 18}
f) T_{36} = {1; 2; 3; 4; 6; ~~8~~; 12; 18; 36} 9

Teiler und Vielfache (2)

1 Prüfe auf Teilbarkeit mithilfe der Zerlegung in der Klammer. Setze dann ein Zeichen | oder ∤ richtig ein.

5 | 85 weil 5 | 50 und 5 | 35

5	5	5	5	5
5	5	5	5	5

5	5	5	5	5
5	5			

85 = 50 + 35

a) 9 | 297 (270 + 27) b) 7 | 1435 (1400 + 35)
c) 12 ∤ 694 (600 + 94) d) 8 | 4744 (4800 − 56)
e) 11 ∤ 8966 (8800 + 166) f) 13 ∤ 1160 (1300 − 140)

2 Zerlege geschickt. Setze dann ein Zeichen | oder ∤ richtig ein.

a) 6 | 354 (300 + 54) b) 6 | 492 (480 + 12)
c) 8 | 672 (640 + 32) d) 12 ∤ 680 (600 + 80)
e) 7 ∤ 4351 (4200 + 140 + 11) f) 11 | 2354 (2200 + 110 + 44)
g) 13 ∤ 27570 (26000 + 1300 + 260 + 10) h) 17 | 5780 (5100 + 680)

3 Beurteile Carlottas Aussage.

Man kann dies nur beurteilen, wenn alle Summanden bis auf einen durch diese Zahl teilbar sind.
Hier gilt: 17 | 374 (340 + 34)

4 Gib jeweils die kleinste Zahl an, damit die Aussage stimmt.

a) 5 | (534 + 1) b) 7 | (725 + 3) c) 11 | (489 + 6) d) 15 | (480 + 0)
e) 19 | (5740 − 2) f) 23 | (4640 − 17) g) 18 | (3795 − 15) h 17 | (5290 − 3)

5 Bei einem Kartenspiel können 2, 3, 4, 5, 6 und 8 Personen gleichzeitig spielen, ohne dass beim Verteilen ein Rest entsteht. Wie viele Karten müssen mindestens vorhanden sein?

Alle Zahlen, die durch 8 teilbar sind, sind auch durch 2 und 4 teilbar. Zahlen, die durch 6 teilbar sind, sind auch durch 3 teilbar. 5 | 120; 6 | 120; 8 | 120. Es müssen mindestens 120 Karten im Spiel sein.

6 Um 8:00 Uhr fahren die U-Bahnlinien 8 und 9 gleichzeitig ab. U-Bahn 8 fährt alle 15 Minuten und U-Bahn 9 alle 18 Minuten. Zu welchen Uhrzeiten bis 12:00 Uhr fahren sie jeweils gleichzeitig ab?

V_{15} = {15; 30; 45; 60; 75; 90; …}; V_{18} = {18; 36; 54; 72; 90; …}
Nach je 90 min, also um 09:30 Uhr und um 11:00 Uhr fahren die U-Bahnen wieder gemeinsam ab.

7 Zum 50-jährigen Jubiläum soll der 112 m mal 64 m große Sportplatz mit möglichst großen quadratischen Planen in den Farben des Vereins abgedeckt werden. In welcher Größe müssen die Planen angefertigt werden?

T_{112} = {1; 2; 4; 7; 8; 14; 16; 28; 56; 112} T_{64} = {1; 2; 4; 8; 16; 32; 64}
gemeinsame Teiler: 1; 2; 4; 8; 16

Antwort: Die Planen haben eine Größe von 16 m x 16 m. Man braucht dann 4·7 = 28 Planen.

Teilbarkeitsregeln

1 Notiere jeweils die ersten fünf Zahlen zwischen 49 und 91, die durch

a) 2 teilbar sind: 50; 52; 54; 56; 58

b) 4 teilbar sind: 52; 56; 60; 64; 68

c) 5 teilbar sind: 50; 55; 60; 65; 70

d) 10 teilbar sind: 50; 60; 70; 80; 90

2 Kreuze an.

	46	60	110	96	107	55
teilbar durch 2	X	X	X	X		
teilbar durch 4		X		X		
teilbar durch 5		X	X			X
teilbar durch 6		X		X		

3 Bestimme die Quersumme und kreuze an.

	Quersumme	teilbar durch 3	teilbar durch 9
1434	1 + 4 + 3 + 4 = 12	X	
2637	2 + 6 + 3 + 7 = 18	X	X
13 245	1 + 3 + 2 + 4 + 5 = 15	X	
43 748	4 + 3 + 7 + 4 + 8 = 26		
538 467	5 + 3 + 8 + 4 + 6 + 7 = 33	X	
1 478 691	1 + 4 + 7 + 8 + 6 + 9 + 1 = 36	X	X

4 Setze jeweils in die Lücken Ziffern ein, sodass die entstehende Zahl durch die vorne stehende Zahl teilbar ist. Gesucht ist zum einen die kleinstmögliche Zahl, zum anderen die größtmögliche Zahl.

Teilbar durch	Kleinste Zahl	Größte Zahl
3	348 1 8	348 7 8
2	1200 0	1200 8
5	1 0 005	1 9 005
4	24 0 4	24 8 4
9	9 576	9 576

5 Markiere alle Zahlen, die durch 2, 3 oder 5 teilbar sind. Ordnest du diese Zahlen nach ihrer Größe, ergeben die angehängten Buchstaben das Lösungswort.

E | 35 O | 68 D | 27 A | 29 N | 51 S | 57 P | 63

U | 23 K | 55 B | 41 T | 85 G | 59 M | 77 R | 74

Lösungswort: D E N K S P O R T

6 Male alle Bereiche, die durch 6 oder 4 teilbar sind, mit Buntstift aus. Benutze zwei unterschiedliche Farben.

Primzahlen

1 a) Streiche in dem Hunderterfeld:
- alle echten Vielfachen von 2
- alle echten Vielfachen von 3
- alle echten Vielfachen von 5
- alle echten Vielfachen von 7
- alle echten Vielfachen von 11

b) Umkreise anschließend alle Primzahlen.

c) Markiere dann vier aufeinander folgende Zahlen, die keine Primzahlen sind.

1	(2)	(3)	4	(5)	6	(7)	8	9	10
(11)	12	(13)	14	15	16	(17)	18	(19)	20
21	22	(23)	24	25	26	27	28	(29)	30
(31)	32	33	34	35	36	(37)	38	39	40
(41)	42	(43)	44	45	46	(47)	48	49	50
51	52	(53)	54	55	56	57	58	(59)	60
(61)	62	63	64	65	66	(67)	68	69	70
(71)	72	(73)	74	75	76	77	78	(79)	80
81	82	(83)	84	85	86	87	88	(89)	90
91	92	93	94	95	96	(97)	98	99	100

2 Peter soll zu vorgegebenen Zahlen Teiler angeben. Streiche die Zahlen durch, die dort nicht hingehören.

Teiler von 36: 1 2 3 ~~13~~ 36

Teiler von 51: 1 3 17 51

Teiler von 102: 1 2 3 ~~4~~ 6 ~~12~~ 51 102

Teiler von 333: 1 3 9 ~~11~~ ~~33~~ ~~57~~ 111 333

Teiler von 512: 1 2 4 8 16 32 64 128 256 512

3 Paul hat versucht alle Primzahlen (PZ) zwischen 100 und 132 herauszufinden.

a) Warum hat er nur ungerade Zahlen aufgeschrieben? Da alle geraden Zahlen durch 2 teilbar sind.

b) Er hat drei Fehler gemacht, korrigiere diese.

101 = ~~3 · 34~~ PZ	117 = 3 · 3 · 13
103 PZ	119 = 7 · 17
105 = 3 · 5 · 7	121 = ~~12 · 12~~ 11 · 11
107 PZ	123 = 3 · 41
109 PZ	125 = 5 · 5 · 5
111 ~~PZ~~ 3 · 37	127 PZ
113 PZ	129 = 3 · 43
115 = 5 · 23	131 PZ

4 Suche alle Zahlen heraus, die durch 12 und 9 teilbar sind. Der Größe nach geordnet ergeben die Buchstaben den Namen eines berühmten Mathematikers.

990 | S 129 | A 108 | E 914 | W 324 | U 432 | K 540 | L 1080 | I 9900 | D 702 | M 9824 | T 219 | B 404 | N

Der Mathematiker heißt E U K L I D.

5 Die Schülerin Lena sagt: „Der Altersunterschied zwischen meinem kleinen Bruder und mir beträgt fünf Jahre. Sein Alter ist eine Primzahl, mein Alter ist ein Vielfaches von vier. In einem Jahr ist mein Alter eine Primzahl und sein Alter durch sechs teilbar."

Lena ist heute 16 Jahre alt,

ihr Bruder 11 Jahre.

(Wenn die Geschwister Erwachsene wären, so könnte Lena 52 Jahre alt und ihr Bruder 47 Jahre alt sein.)

6 Betrachte die Zahlen. Streiche eine Ziffer, sodass die so erhaltene Zahl eine Primzahl ist.

59 34 112 177 631 (oder 631) 26

863 451 235 967 (oder 967) 169 493

1 Bestimme den größten gemeinsamen Teiler (ggT) und das kleinste gemeinsame Vielfache (kgV).

a) ggT (18, 24) = 6 b) ggT (28, 42) = 14 c) ggT (5, 27) = 1 d) ggT (21, 66) = 3
kgV (18, 24) = 72 kgV (28, 42) = 84 kgV (5, 27) = 135 kgV (21, 66) = 462

2 Paul hat in jeder Spalte genau eine Zahl falsch eingetragen. Finde diese und korrigiere die Fehler.

ggT	12	25	64	200
10	2	5	~~4~~ 2	10
16	~~8~~ 4	~~2~~ 1	16	8
24	12	1	8	~~48~~ 8

kgV	12	25	36	140
5	~~50~~ 60	25	180	140
28	84	700	~~72~~ 252	~~280~~ 140
60	60	~~600~~ 300	180	420

3 Markiere jeweils zwei Zahlen, ihren ggT und ihr kgV in einer Farbe. Du erhältst drei Quartette, bei einem musst du die fehlende Zahl noch eintragen.

7 3 14 9 15 5 30 70 12 36 35 10

4 Die Rechtecke sollen mit Quadraten genau ausgefüllt werden. Zeichne das größtmögliche Quadrat ein. Gib die Länge der Grundseite a an (in mm). Wie viele Quadrate werden benötigt, um die Fläche auszufüllen?

a) a = 13 mm 12 Stück b) a = 7 mm 40 Stück c) a = 19 mm 6 Stück

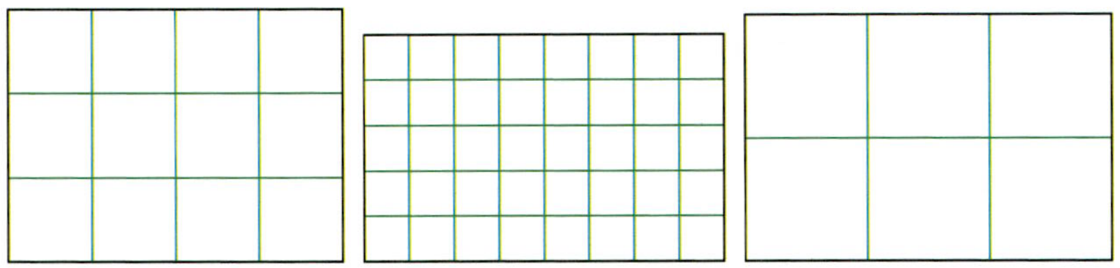

5 Trude Strauß, Harry Huhn und Benno Fasan gehen spazieren. Aufgrund ihrer Größe haben sie unterschiedliche Schrittlängen (Trude: 50 cm, Harry: 15 cm und Benno: 20 cm).

Harry muss also am schnellsten einen Fuß vor den anderen setzen. Folgt man den Spuren, sieht man, dass Trude und Harry nach 150 cm wieder nebeneinander aufgetreten sind, bei Harry und Benno geschieht das alle 60 cm. Alle drei treten nach 300 cm wieder nebeneinander auf.

Trude hat dann 6 Schritte zurückgelegt, bei Harry waren es 20 und bei Benno 15.

6 Louise hat Clowngesichter auf drei Zahnräder geklebt. Die Zahnräder haben 54, 90 und 135 Zähne. Der linke Clown muss sich 5– mal drehen, bis sich alle drei Clowns wieder in der Ausgangsposition befinden.

○ **1** a) Färbe an allen Geschenken, deren Zahl Teiler einer Zahl im Luftballon sind, eine Schleife. Verwende für jede der drei Luftballonzahlen eine andere Farbe.

b) Notiere die Teilermengen: T_{48} = {1; 2; 3; 4; 6; 8; 12; 16; 24; 48};
T_{60} = {1; 2; 3; 4; 5; 6; 10; 12; 15; 20; 30; 60}; T_{36} = {1; 2; 3; 4; 6; 9; 12; 18; 36}

c) Die gemeinsamen Teiler der drei Zahlen sind: 1; 2; 3; 4; 6; 12, der ggT lautet 12.

○ **2** Gib die ersten fünf Vielfachen an.

V_9 = {9; 18; 27; 36; 45; ...}; V_{13} = {13; 26; 39; 52; 65; ...}
V_{18} = {18; 36; 54; 72; 90; ...}; V_{19} = {19; 38; 57; 76; 95; ...}

◐ **3** In der linken Spalte stehen Zahlen. Kreuze ihre Teiler an.

	2	3	4	5	6	9	10	25	50
198	X	X			X	X			
390	X	X		X	X		X		
648	X	X	X		X	X			
1000	X		X	X			X	X	X
1575		X		X		X		X	
3150	X	X		X	X	X	X	X	X
6480	X	X	X	X	X	X	X		

◐ **4** Fülle die Lücken.

a) kgV (4; 6) = 12 b) ggT (4; 6) = 2
c) kgV (5; 7) = 35 d) ggT (60; 15) = 15
e) kgV (30; 4) = 60 f) ggT (20; 10) = 10
g) kgV (35; 1050) = 1050 h) kgV (10; 4) = 20
i) kgV (11; 13) = 143 j) ggT (11; 13) = 1

◐ **5** Löse das Kreuzzahlrätsel (pro Kästchen eine Ziffer).

Waagrecht: b) Vielfaches von 25
c) Teiler von 10
d) Teiler von 450
f) Teiler von 39

Senkrecht: a) Teiler von 64
b) Vielfaches von 6
e) Teiler von 42
g) Vielfaches von 103

		a 3		
	b 1	2	g 5	
c 1	0	■	f 1	3
	d 2	e 2	5	
		1		

◐ **6** Sind diese Zahlen Primzahlen? Wenn nicht, notiere einen Teiler, der nicht 1 oder die Zahl selbst ist.

3 | 15 | 127   7 | 91   3 | 51 | 67 | 97 | 59   3 | 123   3 | 57

7 Setze eine Ziffer so ein, dass beide Bedingungen (Spalten- und Zeilenkopf) erfüllt sind.

Teilbar durch	3	2	5	4	9	2 und 4	3 und 5	2, 3 und 9
kleinste Zahl	348 1 8	1200 0	1 0 005	24 0 4	9 576	127 2	739 2 0	639 0
größte Zahl	348 7 8	1200 8	1 9 005	24 8 4	9 576	127 6	739 8 0	639 0

8 Fülle die Tabelle aus.

a	b	Teiler von a	Teiler von b	Gemeinsamer Teiler	ggT	kgV
32	40	1; 2; 4; 8; 16; 32	1; 2; 4; 5; 8; 10; 20; 40	1; 2; 4; 8	8	160
33	44	1; 3; 11; 33	1; 2; 4; 11; 22; 44	1; 11	11	132
34	45	1; 2; 17; 34	1; 3; 5; 9; 15; 45	1	1	1530
35	50	1; 5; 7; 35	1; 2; 5; 10; 25; 50	1; 5	5	350
36	66	1; 2; 3; 4; 6; 9; 12; 18; 36	1; 2; 3; 6; 11; 22; 33; 66	1; 2; 3; 6	6	396

9 a) Färbe jeweils die Karte mit einer Zahl und die Karte mit ihrer Primfaktorzerlegung in derselben Farbe.
b) Die Karten mit Potenzschreibweise gehören zu den Paaren von Teilaufgabe a). Fülle die Lücken und färbe passend ein.

75 | 2·2·3·3 | 3·5·5 | 1·2·2·2·3·5 | 117 | 9·13 | 1·3·5·5 | 3·3·13

120 | 3·3·4 | 36 | 2·2·2·3·5 | $2^3·3·5$ | $3^2·13$ | $2^2·3^2$ | $3·5^2$

10 a) Zerlege die Zahlen auf den Kärtchen in Primfaktoren. Schreibe in der Potenzschreibweise.

Z | 198: $2·3^2·11$ T | 33: $3·11$ K | 266: $2·7·19$ E | 36: $2^2·3^2$

O | 18: $2·3^2$ I | 154: $2·7·11$ P | 15: $3·5$ N | 45: $3^2·5$

Individuell, z.B.

	1980
2	990
3	330
3	110
2	55
5	11
11	1

b) Zerlege 1980 in Primfaktoren. Prüfe mithilfe der Primfaktorzerlegungen aus a), welche der Zahlen auf den Kärtchen Teiler von 1980 sind. Wenn du die Teiler der Größe nach sortierst, ergibt sich ein Lösungswort.

1980 = 2·2·3·3·5·11 Lösungswort: P O T E N Z

11 Familie Gruber saniert ein altes Haus. Die bisherigen Treppen hatten verschiedene Stufenhöhen. Gut begehbare Treppenstufen sollten eine Höhe von 16–19 cm haben. Eine einheitliche Höhe hat zudem den Vorteil, dass die Treppe dadurch günstiger wird. Welche einheitliche Höhe bietet sich für die neuen Stufen an?

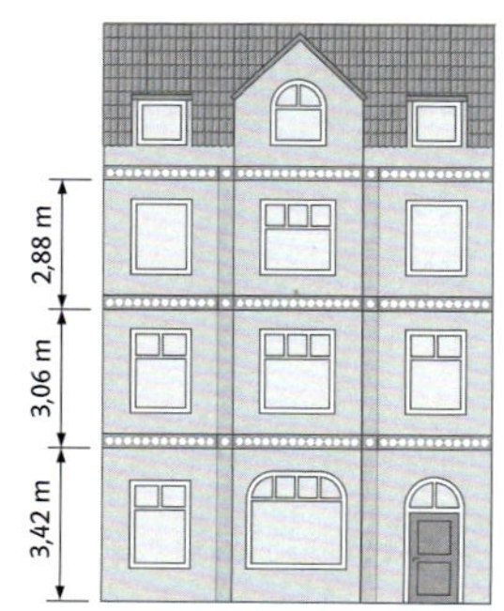

342 = (18)·19 306 = 17·(18) 288 = 16·(18)

Es bietet sich eine einheitliche Höhe von 18 cm an.

Für die 1. Etage werden also 19 Stufen, für die 2. Etage werden 17 Stufen und für die 3. Etage 16 Stufen benötigt.

Kreise

1 Zeichne in das Koordinatenkreuz um A(4|3) jeweils einen Kreis mit dem Radius 5 mm, 1 cm und 1,5 cm. Um B(5|3) zeichnest du einen weiteren Kreis mit dem Radius 2 cm, die Linie soll aber nur oberhalb der x-Achse verlaufen. Schließlich zeichne einen letzten Kreis um M(8|7) mit dem Durchmesser d = 1 cm. Es darf angemalt werden!

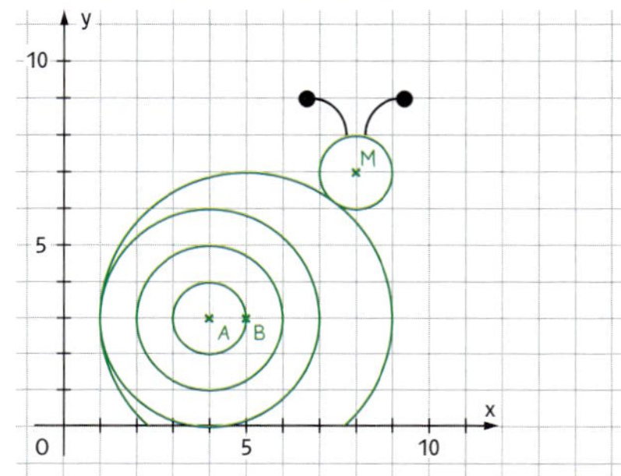

2 a) Ein Eichhörnchen sucht nach seinen versteckten Nüssen. Wie viele Nüsse kann es in einem Umkreis von 3 m von seinem Baum finden? 23
b) Bis zu welchem Abstand vom Baum muss es suchen, um 14 Nüsse zusammenzubekommen?

2 m

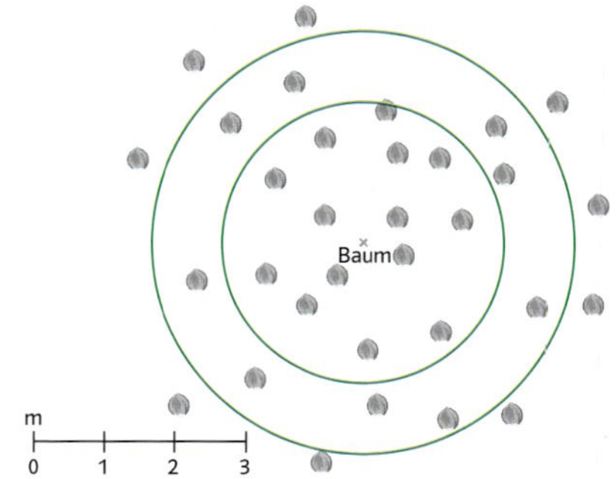

3 Hier lernst du, eine Spirale aus Halbkreisen zu konstruieren. Zeichne einen ersten Halbkreis um M (nach oben) mit dem Radius 0,5 cm, dann einen nächsten Halbkreis um M' (nach unten) mit Radius 1 cm, dann einen Halbkreis um M (nach oben) mit Radius 1,5 cm …
Finde selbst heraus, wie es weiter geht, und zeichne so viele Umdrehungen wie möglich.

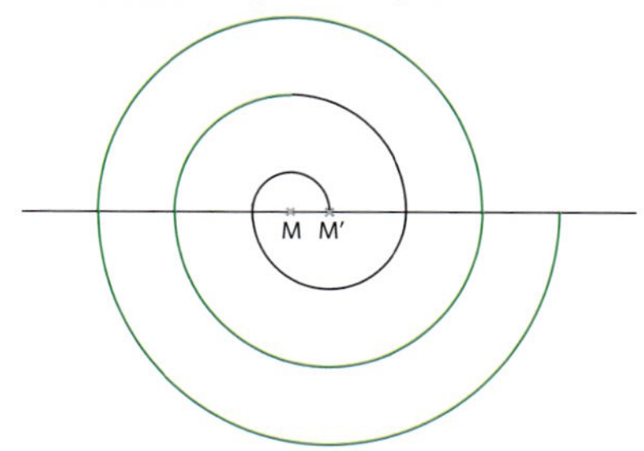

4 Ali und Tobias fahren mit dem Fahrrad zu einem gemeinsamen Treffpunkt. Ali startet in A-Stadt und muss weniger als 12 km radeln, Tobias aus B-Stadt hat es nach weniger als 10 km geschafft.
In welchem Ort treffen sie sich?

Sie treffen sich in C-Stadt.

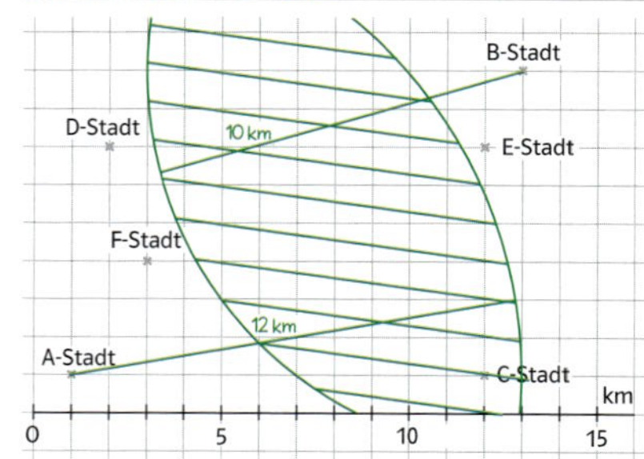

5 Zeichne das Kreisornament weiter bis zum Rand des Blattes.

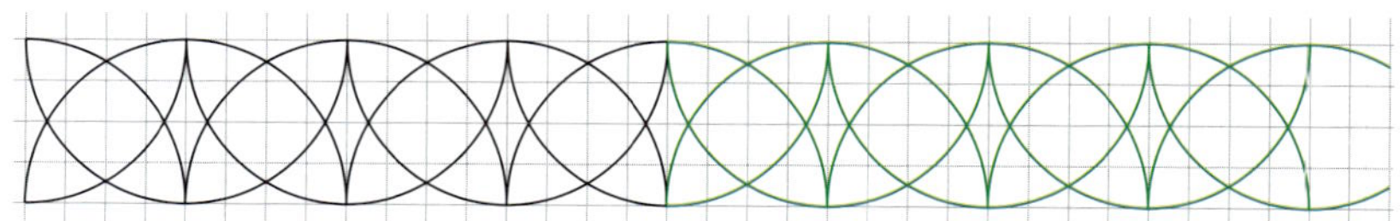

1 a) Trage die folgenden Winkel in die Figur ein.

∢ hg = α
∢ hi = β
∢ ki = γ
∢ mk = δ
∢ nm = ε

b) Notiere alle Winkel mithilfe der Punkte.

α = ∢ CBA β = ∢ BCD
γ = ∢ EDC δ = ∢ FED
ε = ∢ GFE

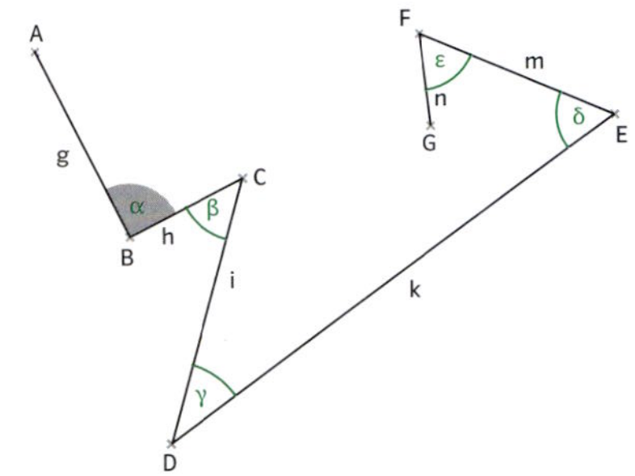

2 Welchen Winkel überstreicht der Minutenzeiger einer Uhr in

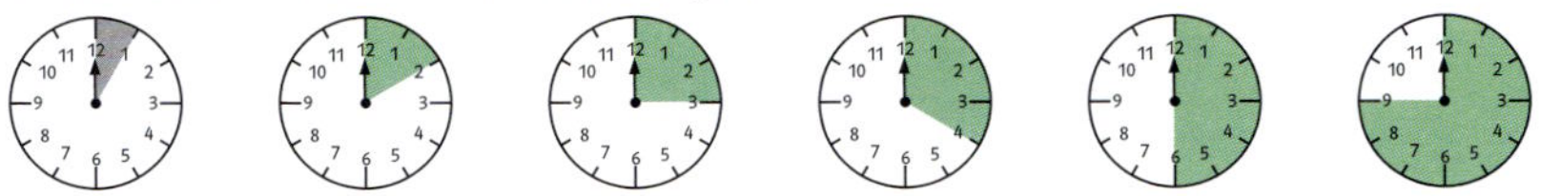

5 Minuten?	10 Minuten?	15 Minuten?	20 Minuten?	30 Minuten?	45 Minuten?
30°	60°	90°	120°	180°	270°

Zeichne die Winkel ein.

3 a) Zeichne die Punkte A(9|6), B(13|13) und C(15|7) in das Koordinatensystem ein.
b) Zeichne nun den Winkel α = ∢ CAB ein.
c) Wiederhole das Gleiche mit den Punkten D(5|13), E(17|3) und F(5|3); β = ∢ EFD.

Welcher Winkel ist größer, α oder β? β > α

d) Zeichne nun γ = ∢ BAC und δ = ∢ DFE ein.

Welcher Winkel ist nun der größere? γ > δ

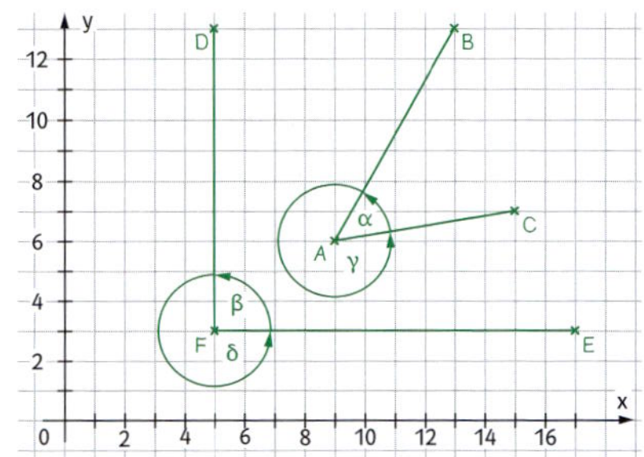

4 a) Fülle die Lücke: Der Kreis wird in 360 gleiche 1°-Winkel geteilt.
b) Bestimme die Größe der markierten Winkel wie im Beispiel.

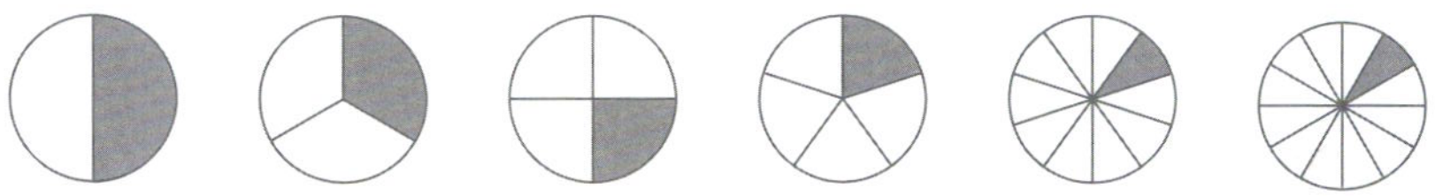

360° : 2	360° : 3	360° : 4	360° : 5	360° : 10	360° : 12
= 180°	= 120°	= 90°	= 72°	= 36°	= 30°

1 Fülle die Tabelle aus.
a) Trage erst die Winkelarten der Villa Schiefistschick in die Tabelle ein.
b) Schätze dann die Größe der Winkel und trage ein.
c) Überprüfe deine Schätzkunst dann durch Messen der Winkel.

Winkel	Winkelart	Geschätze Größe	Gemessene Größe
α_1	rechter	90°	90°
α_2	stumpf	95°	95°
α_3	spitz	75°	74°
α_4	stumpf	100°	101°
β_1	spitz	45°	40°
β_2	spitz	75°	74°
β_3	stumpf	120°	125°
β_4	stumpf	120°	121°

(Andere Werte sind auch möglich.)

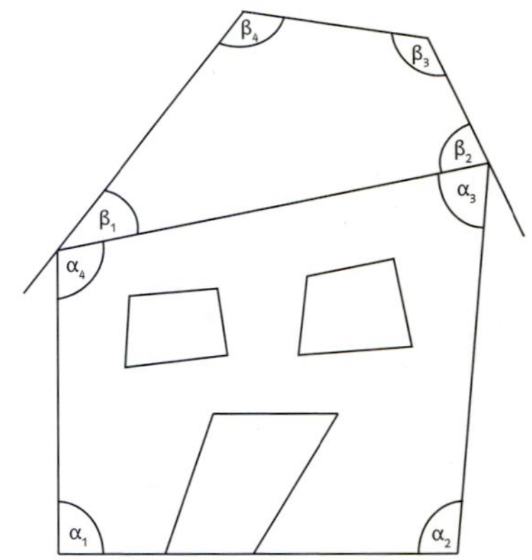

2 Hier siehst du den Scheitelpunkt S.
a) Zeichne Winkel von 10°, 35°, 60°, 80°, 90°, 115°, 120°, 160° ein. Ein Schenkel ist bereits gezeichnet (durch B).
b) Die zweiten Schenkel schneiden jeweils einen Buchstaben. Alle zusammen ergeben ein Lösungswort.

Lösungswort: BIATHLON

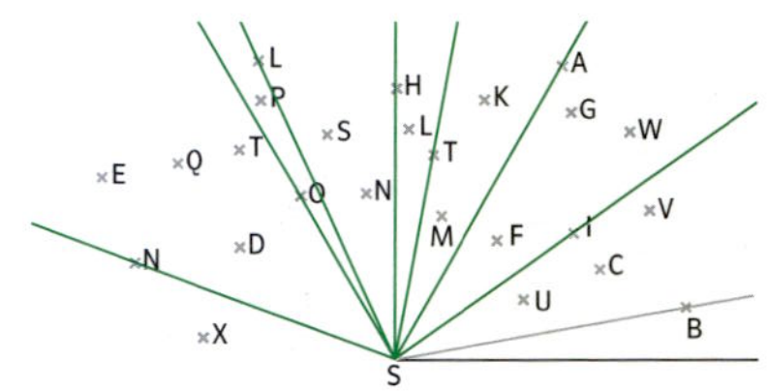

3 Winkel messen und berechnen.
a) Trage ins Koordinatensystem die Punkte A(2|14), B(1|7), C(8|9), D(4|2), E(12|4), F(14|13) und G(15|6) ein.
b) Verbinde die Punkte in alphabetischer Reihenfolge zu einem Streckenzug.
c) Zeichne nun alle angegebenen Winkel ein und fülle dann die Tabelle aus.

Gemessener Winkel	Berechneter Winkel
∢ ABC = 294°	∢ CBA = 66°
∢ BCD = 44°	∢ DCB = 316°
∢ DEF = 243°	∢ FED = 117°
∢ EFG = 21°	∢ GFE = 339°

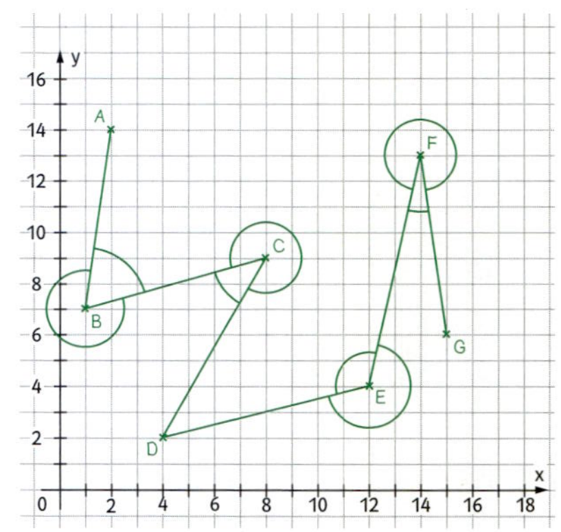

Winkel messen, zeichnen und schätzen (2)

1 Miss zuerst die Seitenlängen und die zugehörigen Winkel. Übertrage die Figur dann exakt.

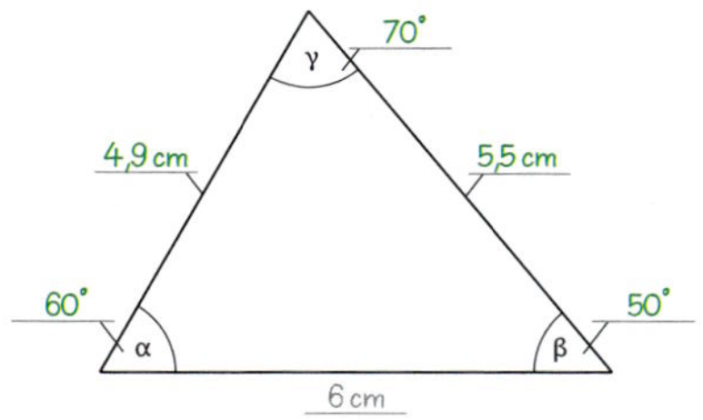

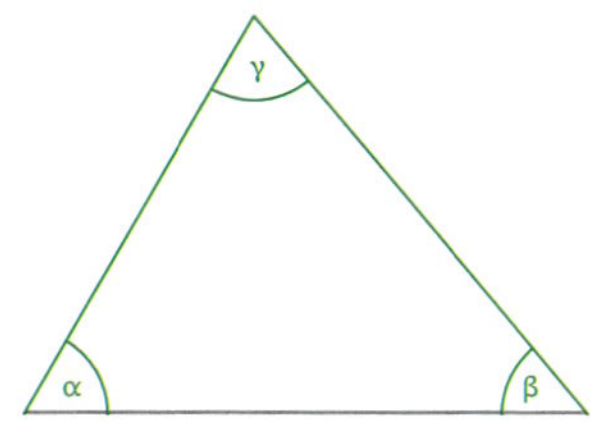

2 Wenn du die angegebenen Strecken läufst, ergeben die erreichten Buchstaben jeweils ein Lösungswort. Du beginnst jeweils bei „Start" mit der Blickrichtung nach Osten.
Die angegebenen Richtungen beziehen sich immer auf den vorangegangenen Streckenabschnitt.

Beispiel: 45° rechts / 2,1 cm → 45° rechts / 1,5 cm → 65° links / 3,3 cm → 117° links / 1,5 cm → 90° rechts / 1,5 cm → 45° links / 2,1 cm

Lösungswort: Anfang

a) 90° rechts / 1,5 cm → 90° links / 3 cm → 45° links / 2,1 cm → 45° rechts / 1,5 cm → 72° rechts / 4,7 cm → 162° links / 4,5 cm

Lösungswort: Gitter

b) 0° / 1,5 cm → 45° rechts / 2,1 cm → 45° links / 1,5 cm → 63° rechts / 3,3 cm → 63° links / 1,5 cm → 90° links / 1,5 cm

Lösungswort: Winkel

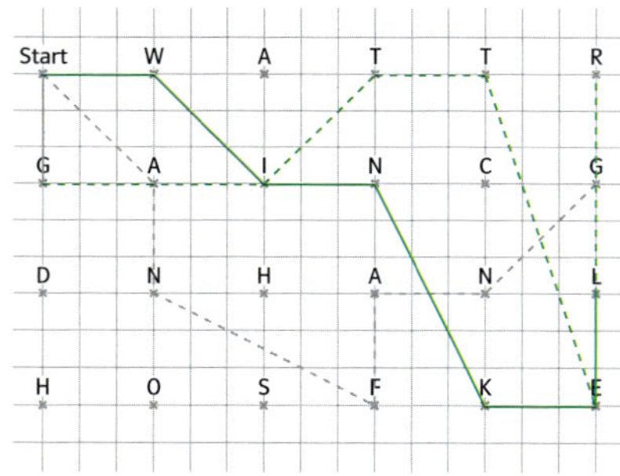

3 a) Unter welchem Winkel kann Spieler A das Tor treffen? 18°

b) Welche Winkel stehen den Spielern B, C und D zur Verfügung?

B: 15°, C: 25°, D: 16°

c) Wer von den Vieren hätte die besten Torchancen?

Spieler C

d) Wie ändert sich der Winkel, wenn Spieler A sich dem Tor nähert?

Wenn Spieler A sich dem Tor nähert, wird der Winkel größer, unter dem er das Tor treffen kann. Damit erhöhen sich auch seine Torchancen.

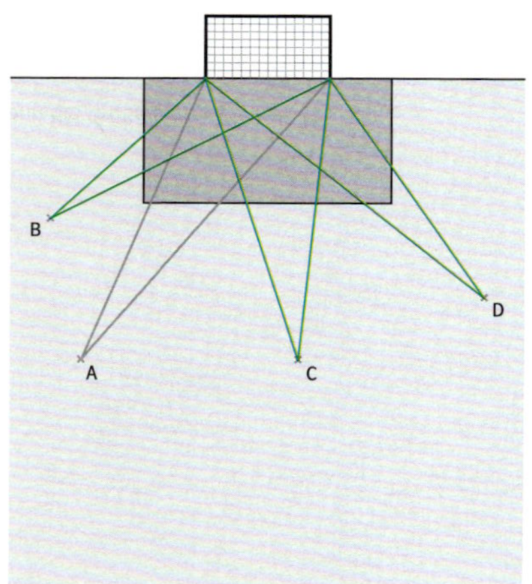

Figuren aus Kreisen und Winkeln

1 Notiere zuerst die benötigten Mittelpunktswinkel. Zeichne in die vorgegebenen Kreise
a) ein regelmäßiges Fünfeck. b) ein regelmäßiges Neuneck. c) ein regelmäßiges Sechseck.

$\alpha = 360° : 5 = 72°$ $\beta = 360° : 9 = 40°$ $\gamma = 360° : 6 = 60°$

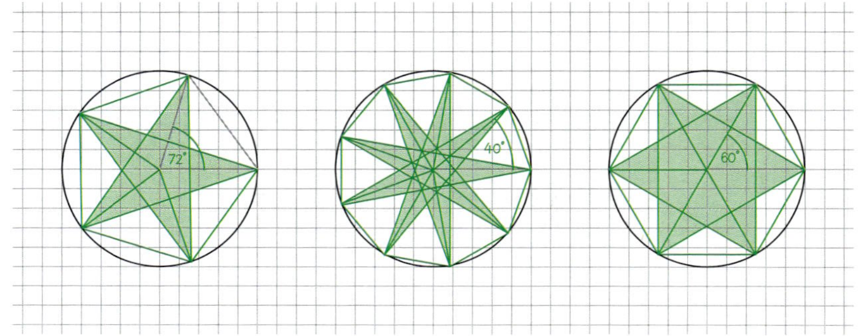

d) Zeichne nun in die Vielecke farbig Sterne ein. Diese sollen so viele Spitzen haben, wie die Vielecke jeweils Ecken besitzen.
Tipp: Benutze Verbindungslinien von Eckpunkten zu gegenüberliegenden Eckpunkten als Hilfslinien.

2 Ein Viertel des Mandalas ist bereits fertig. Schaffst du den Rest?

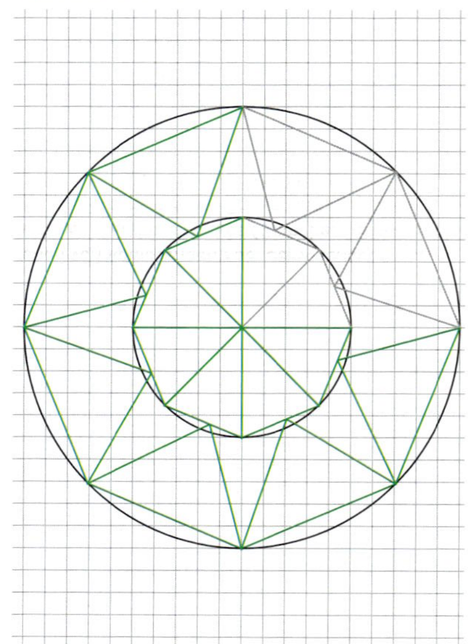

3 Übertrage den Stern in die vorgegebenen Kreise.

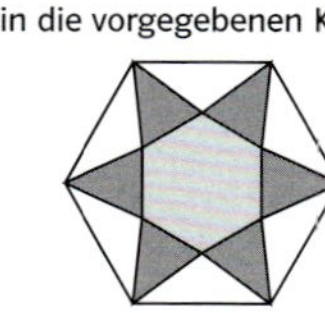

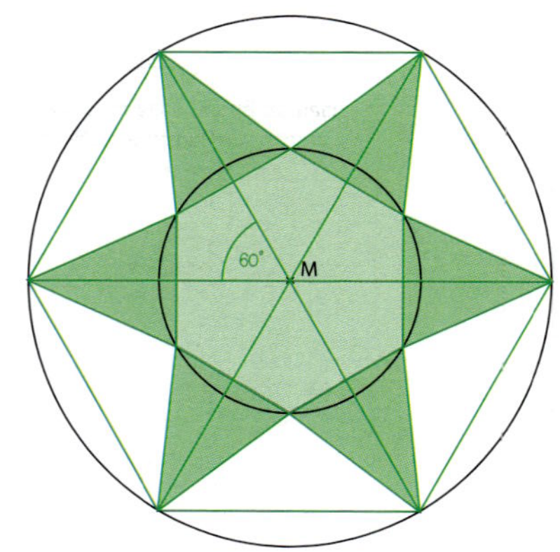

Training

○ **1** Übertrage die Kreisfigur.

Der Durchmesser des Kreises beträgt 6 cm.

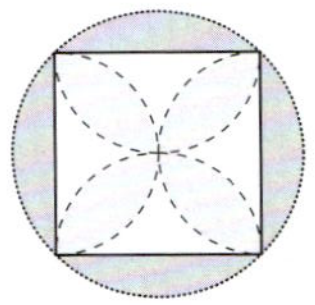

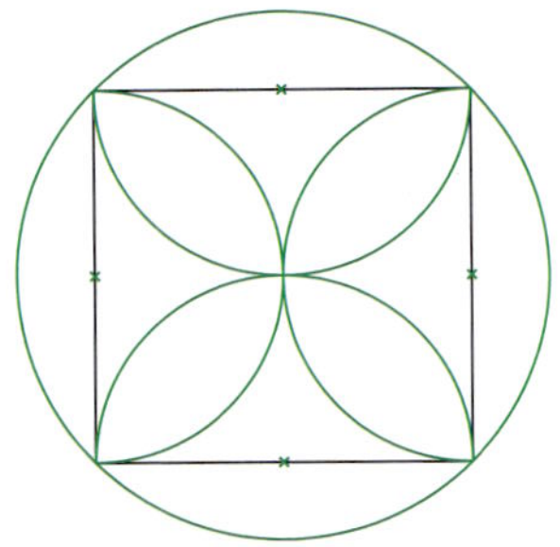

○ **2** Notiere die Winkel der Figur mithilfe der Eckpunkte. Achte dabei auf den Drehsinn. Wenn du sie nacheinander liest, erhältst du ein Lösungswort. Miss dann die Größe dieser Winkel.

α = ∢ WIN = 40°

β = ∢ KEL = 40°

γ = ∢ MAB = 40°

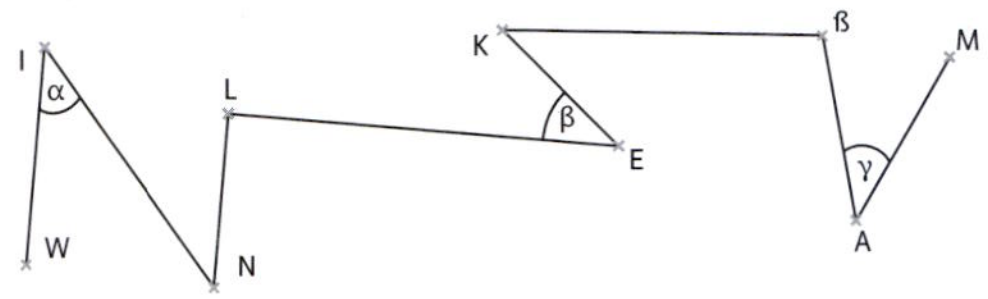

◒ **3** Notiere die Winkel wie im Beispiel. Schätze die Größe eines Winkels. Miss dann nach.

Winkel	α	β	γ	δ	ε
Winkel	∢ ae	∢ ba	∢ eb	∢ dc	∢ cd
geschätzt		individuell			
gemessen	160°	70°	130°	90°	270°

spitzer Winkel β rechter Winkel δ

stumpfer Winkel α, γ überstumpfer Winkel ε

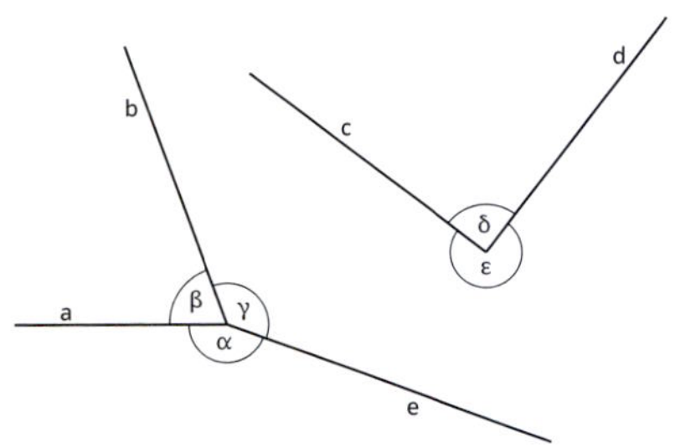

◒ **4** a) Markiere die Innenwinkel der Figur.
b) Miss die Größe der markierten Winkel und notiere.

∢ BAF = 112 ° ∢ CBA = 40°

∢ DCB = 290° ∢ EDC = 70°

∢ FED = 90° ∢ AFE = 118°

c) Berechne die Größe der Außenwinkel.

∢ FAB = 248° ∢ ABC = 320°

∢ BCD = 70° ∢ CDE = 290°

∢ DEF = 270° ∢ EFA = 242°

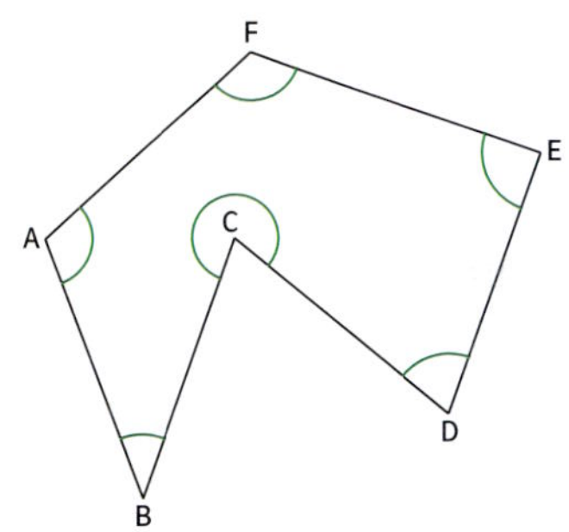

◒ **5** Auf ihrer Lieblingswiese fliegt eine Biene von Blume zu Blume. Die Flugbahn wird aus ihrer Blickrichtung beschrieben:

30° links (l); 6 m → 160° links (l); 7 m → 60° (r); 2 m → 135° (r); 5 m → 170° (l); 5 m → 30° (r); 1,5 m → 60° (r); 6 m.

1 cm in der Zeichnung entspricht 1 m auf der Wiese. Male alle Blumen, auf denen die Biene landet, bunt an.

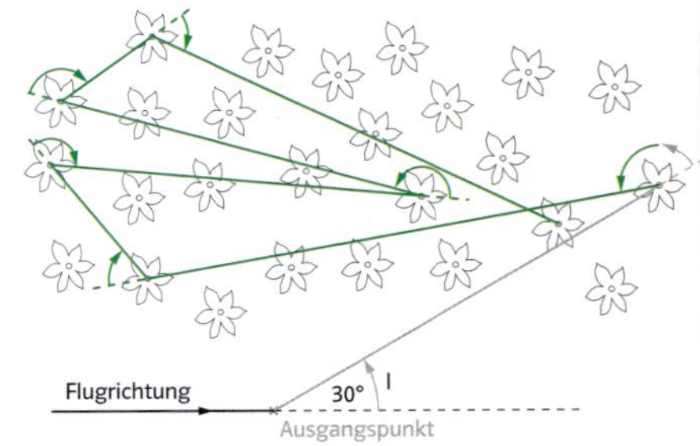

◒ **6** Die Punkte A, B, C und D sind die Sendestationen von Radiosendern. Sender A sendet 44 km weit, bei Sender B sind es 60 km, bei C 30 km, und Sender D wird in 36 km Entfernung noch gehört. Klaus kann drei Sender hören. Färbe das Gebiet, in dem Klaus wohnt, grün. Nina kann nur den Sender A hören. Färbe dieses Gebiet grau. Mareike kann genau zwei Sender hören. Färbe die Gebiete, die in Frage kommen, in einer weiteren Farbe.

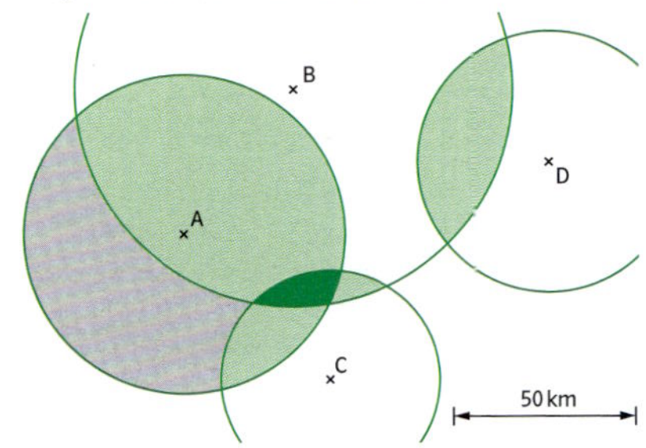

● **7** Ordne die Zeichnungen richtig zu. Leider sind einige Winkelangaben verwischt; ergänze sie. Wenn du alles richtig gemacht hast, erhältst du ein

Lösungswort: P R I M A

a) 120°; 240° : A

b) 190°; 170° : M

c) 110°; 80°; 170°: I

d) 210°; 85°; 65 °: R

e) 80 °; 80°; 200°: P

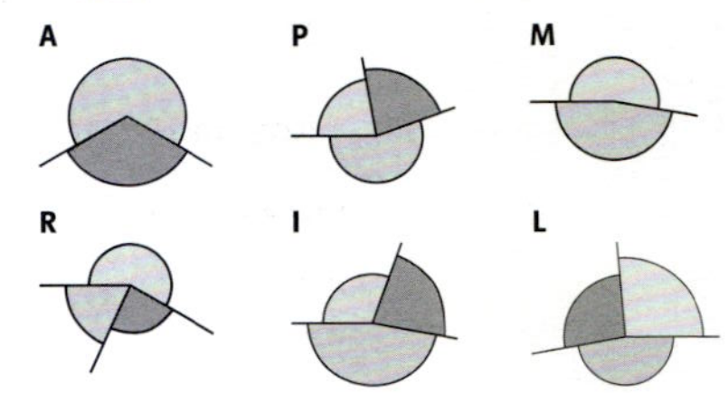

● **8** a) Markiere alle Punkte grün, die von A 2 cm und von B 1,5 cm entfernt liegen.
b) Markiere alle Punkte grau, die von C 1 cm bis 2 cm und von D mindestens 3 cm entfernt liegen.

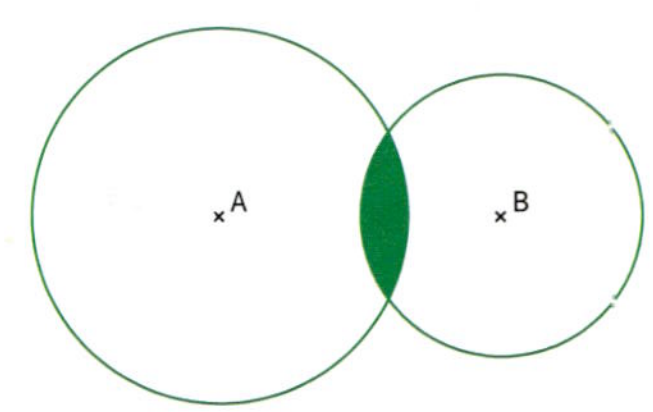

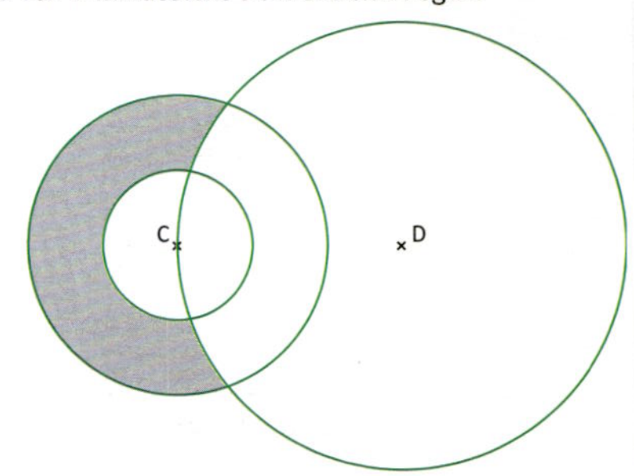

Addieren und Subtrahieren von Brüchen (1)

1 Markiere zuerst die Anteile. Notiere, wie groß der gefärbte Anteil insgesamt ist.

a) Fünf Achtel in Hellgrün und zwei Achtel in Dunkelgrün. Insgesamt sind $\frac{5}{8} + \frac{2}{8} = \frac{7}{8}$ gefärbt.

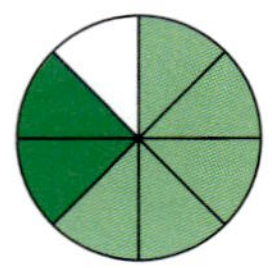

b) Sieben Zwölftel in Hellgrün und vier Zwölftel in Dunkelgrün. Insgesamt sind $\frac{7}{12} + \frac{4}{12} = \frac{11}{12}$ gefärbt.

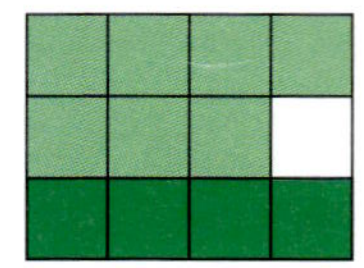

2 Berechne.

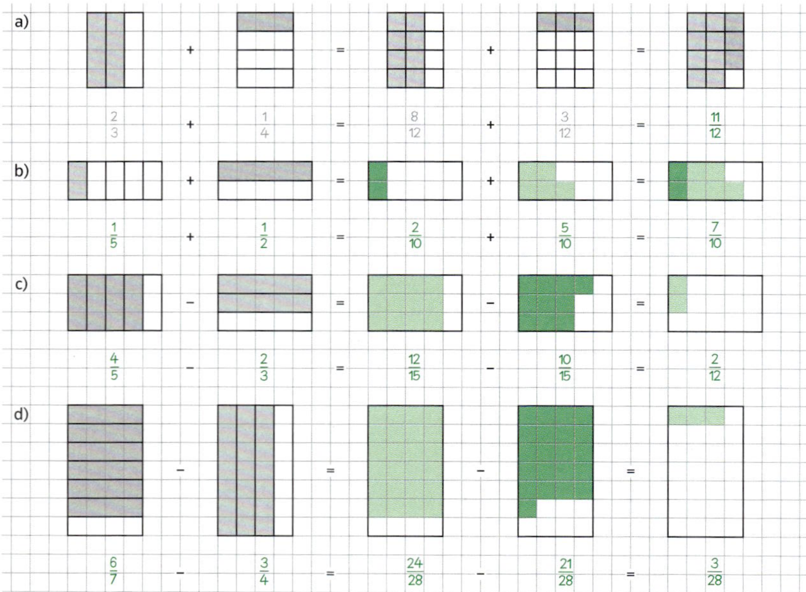

a) $\frac{2}{3} + \frac{1}{4} = \frac{8}{12} + \frac{3}{12} = \frac{11}{12}$

b) $\frac{1}{5} + \frac{1}{2} = \frac{2}{10} + \frac{5}{10} = \frac{7}{10}$

c) $\frac{4}{5} - \frac{2}{3} = \frac{12}{15} - \frac{10}{15} = \frac{2}{12}$

d) $\frac{6}{7} - \frac{3}{4} = \frac{24}{28} - \frac{21}{28} = \frac{3}{28}$

3 Berechne und wandle das Ergebnis, wenn möglich, in eine gemischte Zahl um. Wenn du hinter jedem Ergebnis den Lösungsbuchstaben notierst, ergeben sich von oben nach unten gelesen zwei Hauptstädte.

a) $\frac{3}{5} + \frac{3}{10} = \frac{6}{10} + \frac{3}{10} = \frac{9}{10}$ A

b) $\frac{5}{8} + \frac{3}{16} = \frac{10}{16} + \frac{3}{16} = \frac{13}{16}$ P

c) $\frac{3}{4} - \frac{1}{6} = \frac{9}{12} - \frac{2}{12} = \frac{7}{12}$ T

d) $\frac{3}{5} - \frac{1}{3} = \frac{9}{15} - \frac{5}{15} = \frac{4}{15}$ A

e) $\frac{1}{2} + \frac{5}{6} = \frac{8}{6} = \frac{3}{6} + \frac{5}{6} = \frac{8}{6} = 1\frac{1}{3}$ H

f) $\frac{3}{4} - \frac{2}{5} = \frac{15}{20} - \frac{8}{20} = \frac{7}{20}$ R

g) $\frac{5}{6} + \frac{4}{5} = \frac{49}{30} = \frac{25}{30} + \frac{24}{30} = \frac{49}{30} = 1\frac{19}{30}$ E

h) $\frac{4}{5} - \frac{4}{7} = \frac{28}{35} - \frac{20}{35} = \frac{8}{35}$ I

i) $\frac{6}{7} - \frac{1}{4} = \frac{24}{28} - \frac{7}{8} = \frac{17}{28}$ N

j) $\frac{5}{8} + \frac{3}{5} = \frac{25}{40} + \frac{24}{40} = \frac{49}{40} = 1\frac{9}{40}$ S

P | $\frac{13}{16}$ · E | $1\frac{19}{30}$ · R | $\frac{7}{20}$ · A | $\frac{9}{10}$ · A | $\frac{4}{15}$ · T | $\frac{7}{12}$ · H | $1\frac{1}{3}$ · N | $\frac{17}{28}$ · I | $\frac{8}{35}$ · S | $1\frac{9}{40}$

Addieren und Subtrahieren von Brüchen (2)

1 Ergänze die Rechenschlange. Notiere die Brüche vollständig gekürzt.

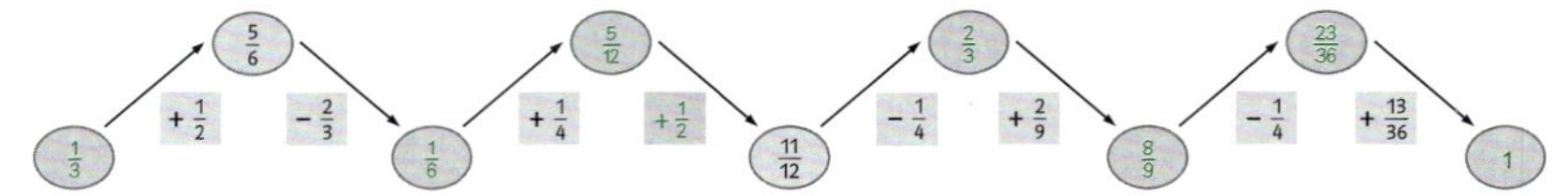

2 Markiere die richtigen (✓) und falschen Ergebnisse (f) und berechne diese richtig.

a) $\frac{1}{5} + \frac{2}{3} = \frac{13}{15}$ ✓

b) $\frac{5}{9} + \frac{1}{6} = \frac{6}{15}$ f $\frac{13}{18}$; O

c) $\frac{8}{11} - \frac{1}{2} = \frac{7}{9}$ f $\frac{5}{22}$; S

d) $\frac{3}{8} - \frac{1}{4} = \frac{1}{8}$ ✓

e) $\frac{1}{8} + \frac{2}{3} = \frac{19}{24}$ ✓

f) $\frac{5}{6} - \frac{3}{5} = \frac{2}{30}$ f $\frac{7}{30}$; L

g) $\frac{4}{5} - \frac{2}{7} = \frac{18}{35}$ ✓

h) $\frac{5}{7} + \frac{1}{4} = \frac{12}{28}$ f $\frac{27}{28}$; O

B | $\frac{17}{20}$ · O | $\frac{13}{18}$ · S | $\frac{5}{22}$ · O | $\frac{27}{28}$ · N | $\frac{3}{11}$ · L | $\frac{7}{30}$ · I | $\frac{7}{12}$ · E | $\frac{3}{8}$

Als Lösung erhältst du eine Hauptstadt: OSLO

3 Auf einem Vereinsfest sind an verschiedenen Ständen Pizzastücke übrig geblieben.

Stand 1 · Stand 2 · Stand 3

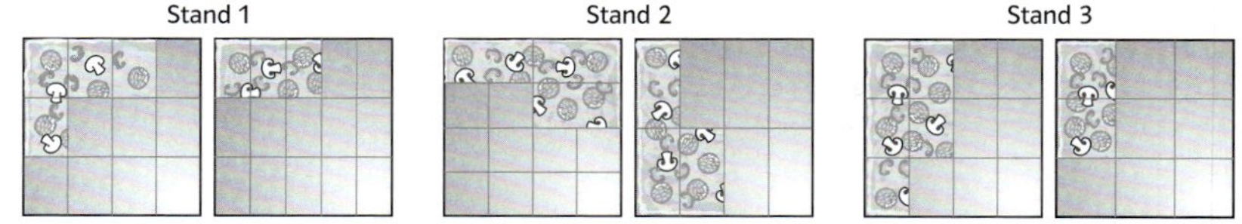

a) Die Pizza jedes Stands wird auf ein Blech zusammengelegt. Welcher Anteil ist insgesamt jeweils übrig?

Stand 1: $\frac{4}{12} + \frac{3}{15} = \frac{20}{60} + \frac{12}{60} = \frac{32}{60} = \frac{8}{15}$

Stand 2: $\frac{6}{16} + \frac{3}{8} = \frac{3}{8} + \frac{3}{8} = \frac{6}{8} = \frac{3}{4}$

Stand 3: $\frac{5}{12} + \frac{2}{9} = \frac{15}{36} + \frac{8}{36} = \frac{23}{36}$

b) Welcher Stand hat am meisten Pizza übrig? Stand 2 Welcher Stand am wenigsten? Stand 1

c) Stand 3 hat $\left(1 - \frac{23}{36}\right) - \left(1 - \frac{3}{4}\right) = \frac{13}{36} - \frac{1}{4} = \frac{4}{36} = \frac{1}{9}$ Pizza mehr verkauft als Stand 2.

4 Berechne die Aufgabe. Kürze das Ergebnis so weit wie möglich. Jeder Bruch steht für einen Buchstaben, den die Tabelle angibt (Zähler: Spalten; Nenner: Zeilen).

a) $\frac{2}{3} + \frac{1}{4} = \frac{11}{12}$

b) $\frac{1}{8} + \frac{1}{24} = \frac{1}{6}$

c) $\frac{1}{6} + \frac{1}{4} = \frac{5}{12}$

d) $\frac{1}{2} - \frac{1}{3} = \frac{1}{6}$

e) $\frac{2}{5} - \frac{1}{60} = \frac{23}{60}$

f) $\frac{3}{4} - \frac{2}{3} = \frac{1}{12}$

g) $\frac{3}{5} + \frac{1}{6} = \frac{23}{30}$

h) $\frac{1}{2} - \frac{1}{9} = \frac{7}{18}$

i) $\frac{2}{3} - \frac{1}{4} = \frac{5}{12}$

j) $\frac{1}{5} + \frac{1}{6} = \frac{11}{30}$

k) $\frac{4}{5} - \frac{5}{12} = \frac{23}{60}$

l) $\frac{2}{15} - \frac{1}{60} = \frac{7}{60}$

m) $\frac{2}{9} + \frac{1}{18} = \frac{5}{18}$

	1	5	7	11	23
6	E	M	H	B	I
12	M	H	N	G	K
18	R	T	C	E	L
30	A	S	O	R	S
60	P	U	F	D	I

Lösungswort: G E H E I M S C H R I F T

1 Suche Zahlenpaare, deren Summe oder Differenz eine ganze Zahl ist. Notiere die Aufgabe mit der Lösung.

4,9502 · 4,475 · 0,9877 · 234,002 · 1,002 · 0,0123 · 3,87 · 6,655 · 14,870 · 0,345 · 0,0498 · 5,525

6,655 + 0,345 = 7; 0,9877 + 0,0123 = 1
4,475 + 5,525 = 10; 4,9502 + 0,0498 = 5
234,002 − 1,002 = 233; 3,87 − 14,870 = −11
14,870 − 3,87 = 11; 1,002 − 234,002 = −233

2 Fülle das Zahlenhaus aus.

a)

1	
0,25	+0,75
0,099	+0,901
0,1234	+0,8766

b)

100	
87,23	+12,77
1,11	+98,89
0,099	+99,901

c)

1000	
987,001	12,999
568,769	431,231
765,09	234,91

3 Finde die Fehler. Schreibe die Rechnung dann korrekt daneben.

a)
```
   4 5 6, 0 9        4 5 6, 0 9
 +     9, 0 1 3    +     9, 0 1 3
 +         6       +     6
   1     1               2   1
   5 4, 6 2 8        4 7 1, 1 0 3
```

b)
```
   9 8 2, 5 1        9 8 2, 5 1
 −       2,   2    −       2, 2
 −   1 3 4, 8      −   1 3 4, 8
 −     2 9         −     2 9
                         2 1
   9 3 8, 0 1        8 1 6, 5 1
```

4 Löse das Zauberdreieck. Nebeneinander liegende Felder im Dreieck werden addiert.

a) 32; 19,3; 54,8 — Außen: 51,3; 86,8; 74,1

b) 11,24; 37,5; 21,47 — Außen: 48,74; 32,71; 58,97

c) 3; 3; 3,5 — Außen: 6; 6,5; 6,5

5 a) Hier siehst du die Wasseruhr von Familie Holten. Lies den jeweiligen Stand ab.

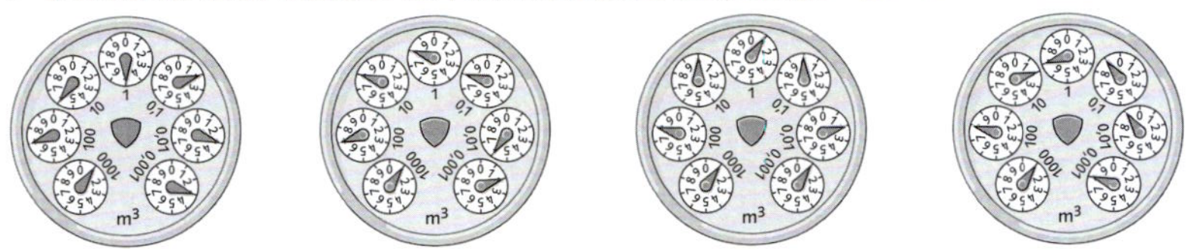

1. Januar: 1765,233 m³ 1. Februar: 1788,862 m³ 1. März: 1801,021 m³ 1. April: 1827,998 m³

b) Familie Holten hat im Januar 23629 m³ Wasser verbraucht.

c) In den ersten drei Monaten des Jahres hat sie 62,765 m³ verbraucht.

d) Im Monat März hat sie am meisten verbraucht.

e) Am Ende des Jahres wird die Wasseruhr vermutlich ca. 2016 m³ anzeigen.

```
   1 7 8 8, 8 6 2        1 8 2 7, 9 9 8
 − 1 7 6 5, 2 3 3      − 1 7 6 5, 2 3 3
           1                 6 2, 7 6 5
     2 3, 6 2 9
                             6 2, 7 6 5
                       +     6 2, 7 6 5
                       +     6 2, 7 6 5
                       +     6 2, 7 6 5
                       + 1 7 6 5, 2 3 3
                         2 0 1 6, 2 9 3
```


1 Fülle die Lücken in der Rechenkette. Löse diese Aufgabe im Kopf.

100 → +12,5 → 112,5 → −25 → 87,5 → +18,3 → 105,8 → −55,2 → 50,6 → +180,7 → 231,3 → −180 → 51,3 → +39,7 → 91 → −45,5 → 45,5 → +154,5 → 200

2 Lena hat zu jeder Aufgabe einen Überschlag (Ü) gemacht. Schreibe in der Zeile darunter einen besseren Überschlag.

a) 37,365 + 199,67
Ü: 40 + 190 = 230
40 + 200 = 240

b) 341,34 − 128,31
Ü: 300 − 100 = 200
340 − 130 = 210

c) 2,0981 + 1,0104
Ü: 2,1 + 1,1 = 3,2
2,1 + 1,0 = 3,1

d) 10238,034 − 4678,335
Ü: 10200 − 4600 = 5600
10200 − 4700 = 5500

3 Fülle die Lücken in den schriftlichen Rechnungen. Achte dabei auch auf den Übertrag.

```
a)   1 3 0 , 1 8 7    b)  1 0 1 , 4 6 2    c)  3 9 9 , 1 8 5    d)  7 1 3 2 , 9 9 5
   + 2 5 5 , 0 6        +     0 , 8 9 7      −   8 2 , 7 0 3      − 6 8 5 7 , 6 8 7
   + 1 7 0 , 4 1 9      +   2 1 , 0 9 7      − 1 9 6 , 4 7        −     3 5 , 3 0 8
     1       1 1            1     2 1          1   1                  1 1 1     1
     5 5 5 , 6 6 6        1 2 3 , 4 5 6      1 2 0 , 0 1 2          2 4 0 , 0 0 0
```

4 Bei den Weltmeisterschaften im Rennrodeln 2013 im kanadischen Whistler gingen vier deutsche Frauen an den Start. Die Tabelle zeigt die Zeiten des ersten und zweiten Laufs der sechs besten Rodlerinnen.

a) An wen gingen die Medaillen? Notiere die Gesamtzeiten und die erreichten Plätze.

Rodlerin	Land	Laufzeiten in s		Gesamtzeit	Platz
		1. Lauf	2. Lauf		
Tatjana Hüfner	Deutschland	36,787	36,747	73,534	2
Natalie Geisenberger	Deutschland	36,688	36,740	73,428	1
Anke Wischnewski	Deutschland	36,812	36,846	73,658	4
Alex Gough	Kanada	36,788	36,758	73,546	3
Erin Hamlin	USA	36,924	36,932	73,856	6
Aileen Frisch	Deutschland	36,959	36,856	73,815	5

b) Die Siegerin war Natalie Geisenberger. Sie war 106 Tausendstel Sekunden schneller als die Gewinnerin der Silbermedaille.

c) Ermittle die Rodlerin mit dem größten Zeitunterschied zwischen dem ersten und zweiten Lauf.

Den größten Zeitunterschied von 103 Tausendstel Sekunden hatte Aileen Frisch.

d) Ermittle die Rodlerin mit dem geringsten Zeitunterschied zwischen dem ersten und zweiten Lauf.

Den geringsten Zeitunterschied von 8 Tausendstel Sekunden hatte Erin Hamlin.

1 Berechne möglichst vorteilhaft durch Vertauschen. Setze, wenn nötig, Klammern.

a) $12{,}6 + 2{,}5 + 3{,}4 + 3{,}5 = 12{,}6 + 3{,}4 + 2{,}5 + 3{,}5$
$= 16 + 6 = 22$

b) $87{,}7 - 23{,}9 - 4{,}7 + 1{,}9 = 87{,}7 - 4{,}7 - (23{,}9 - 1{,}9)$
$= 83 - 22 = 61$

c) $12{,}9 + 13{,}2 - 7{,}5 - 2{,}4 = 12{,}9 + 13{,}2 - (7{,}5 + 2{,}4)$
$= 12{,}9 - 9{,}9 + 13{,}2 = 16{,}2$

d) $43{,}53 - 23{,}65 - 11{,}35 = 43{,}53 - (23{,}65 + 11{,}35)$
$= 43{,}53 - 35 = 8{,}53$

e) $\frac{12}{6} - \frac{4}{6} + \frac{8}{6} - 1 = 2 + \frac{4}{6} - 1$
$= 1 + \frac{2}{3} = \frac{5}{3}$

f) $\frac{7}{8} - \frac{2}{16} - \frac{1}{4} - \frac{1}{2} = \frac{7}{8} - \frac{1}{8} - \frac{3}{4}$
$= \frac{6}{8} - \frac{3}{4} = \frac{3}{4} - \frac{3}{4} = 0$

2 Bilde passende Aufgaben mit den Kärtchen, sodass die Ergebnisse stimmen.
Einige Kästchen musst du mehrfach verwenden.

13,42 | 1,05 | 52,75 | 17,5 | 43,21 | 2,75 | 21,58 | 1,8 | 98,05 | 2,2 | 4,08 | 12,9 | – | +

a) 52,75 – 2,75 = 50
b) 98,05 – 1,05 = 97
c) 52,75 + 2,75 = 55,5
d) 21,58 – 17,5 – 4,08 = 0
e) 98,05 – 21,58 – 13,42 = 63,05
f) 52,75 – 2,75 + 1,05 = 51,05
(zweite Lösung zu d): 13,42 + 4,08 – 17,5 = 0)

3 Fülle die Tabelle aus.

Aufgabe	Rechenausdruck	Ergebnis
a) Subtrahiere 12,5 von der Summe aus 22,3 und 44,2.	$(22{,}3 + 44{,}2) - 12{,}5$	54
b) Addiere –31,69 zu der Differenz aus 44,87 und 13,18.	$(44{,}87 - 13{,}18) + (-31{,}69)$	0
c) Vermindere $\frac{11}{6}$ um die Summe von $\frac{2}{3}$ und $\frac{1}{4}$.	$\frac{11}{6} - \left(\frac{2}{3} + \frac{1}{4}\right)$	$\frac{11}{12}$

4 Frau Müller führt jeden Monat ein Haushaltsbuch. Berechne ihre Ausgaben für die erste Maiwoche möglichst geschickt.

a) Überschlage zuerst. Überschlag: z.B.: 100 € + 40 € + 30 € + 90 € + 60 € + 120 € = 440 €

Frau Müller hat in dieser Woche ungefähr 440 € ausgegeben.
Wie viel Euro bleiben etwa übrig, wenn ihr 700 € für diesen Monat zur Verfügung stehen? 260 €

b) Berechne nun genau.
Frau Müller hat in dieser Woche 433 € ausgegeben und hat für den Monat Mai noch 267 € zur Verfügung.

Lebensmittel	99,55 €
	42,34 €
	33,45 €
Tankstelle/Benzin	87,66 €
Abendessen Restaurant	55,00 €
Reparaturkasten Auto	115,00 €
	433,00 €

1 Fülle die Tabelle aus.

Runde	62,235	0,091	23,887	50,005	9,991
auf die Einerstelle	62	0	24	50	10
auf zwei Nachkommaziffern	62,24	0,09	23,89	50,01	9,99
auf eine Nachkommaziffer	62,2	0,1	23,9	50,0	10,0
auf Zehner	60	0	20	50	10

2 Lars hat die Angaben zwar auf die richtige Stelle gerundet. Trotzdem hat er dabei einige Fehler gemacht. Finde und verbessere sie.

a) 344,24 kg ≈ ~~345 kg~~ f 344 kg
b) 2344,99 m ≈ 2345 m ✓
c) 126,9 € ≈ 126 € f 127 €
d) 34,09 dm ≈ 34,0 dm f 34,1 dm
e) 3994,9 ha ≈ 4000 ha ✓
f) 654,874 kg ≈ 654,88 kg f 654,87 kg

3 Hanno denkt sich Zahlen aus und rundet diese mit einer Stelle weniger. Gib jeweils die Zahlenbereiche an, in denen die Zahlen liegen können.

	kleinste mögliche Zahl	gerundete Zahl	größtmögliche Zahl
a)	7,75	7,8	7,84
b)	8,85	8,9	8,94
c)	123,365	123,37	123,374
d)	99,985	99,99	99,994
e)	12,0045	12,005	12,0054

4 Ist es hier sinnvoll zu runden? Kreuze an.

Aussage	ja	nein
a) Die Entfernung von Berlin nach München beträgt 584,5 km.	⊗	○
b) Der Stundenlohn eines Malers beträgt 21,34 €.	○	⊗
c) Ein Fußballspiel dauert ohne Verlängerung 1,5 h.	○	⊗
d) Das Leergewicht eines Kleinwagens beträgt 815,9 kg.	⊗	○
e) Der Weltrekord für 100 m Sprint bei den Herren beträgt 9,77 s.	○	⊗

5 Sortiere die Städte – mit diesem Stand der Einwohnerzahlen – ihrer Größe nach und runde die Einwohnerzahlen auf Millionen mit zwei Nachkommastellen.

Hamburg	1746342
Rostock	203431
Berlin	3421829
Dortmund	575944
Stuttgart	585961
Kiel	241533
München	1407836
Dresden	530754
Köln	1034175
Leipzig	531562

Rang	Stadt	Einwohner in Mio.
1	Berlin	3,42
2	Hamburg	1,75
3	München	1,41
4	Köln	1,03
5	Stuttgart	0,59
6	Dortmund	0,58
7	Leipzig	0,53
8	Dresden	0,53
9	Kiel	0,24
10	Rostock	0,20

Training

1 Berechne im Kopf.

a) $\frac{3}{8}+\frac{4}{8}=\frac{7}{8}$ b) $\frac{8}{9}-\frac{2}{9}=\frac{6}{9}=\frac{2}{3}$ c) $\frac{1}{6}+\frac{4}{6}=\frac{5}{6}$ d) $\frac{11}{12}-\frac{10}{12}=\frac{1}{12}$

e) 0,4 + 0,8 = 1,2 f) 3,5 – 2,6 = 0,9 g) 0,23 + 1,32 = 1,55 h) 12,34 – 2,04 = 10,3

2 Addiere bzw. subtrahiere die Brüche. Bringe sie zunächst auf einen gemeinsamen Nenner.

a) $\frac{2}{5}+\frac{1}{2}=\frac{4}{10}+\frac{5}{10}=\frac{9}{10}$ b) $\frac{1}{2}-\frac{2}{7}=\frac{7}{14}-\frac{4}{14}=\frac{3}{14}$ c) $\frac{3}{11}+\frac{7}{33}=\frac{9}{33}+\frac{7}{33}=\frac{16}{33}$

d) $\frac{11}{25}+\frac{1}{5}=\frac{11}{25}+\frac{5}{25}=\frac{16}{25}$ e) $\frac{5}{7}-\frac{3}{8}=\frac{40}{56}-\frac{21}{56}=\frac{19}{56}$ f) $\frac{13}{14}-\frac{4}{21}=\frac{39}{42}-\frac{8}{42}=\frac{31}{42}$

3 Runde auf die Einerstelle der angegebenen Einheit.

a) 23,8 kg ≈ 24 kg b) 67,8 m ≈ 68 m c) 3,51 s ≈ 4 s

d) 2496 g ≈ 2 kg e) 129 345 m ≈ 129 km f) 853,99 g ≈ 1 kg

g) 121 399 kg ≈ 121 t h) 0,765 t ≈ 765 kg i) 123,89 dm ≈ 12 m

4 Sortiere vom kleinsten zum größten Ergebnis. Du erhältst ein Lösungswort.

C | 5,29 + 6,78 = 12,07 K | 43,89 + 0,9 = 44,79 I | 74,31 + 9,07 = 83,38 O | 129,2 – 118,9 = 10,3

T | 16,98 + 66,5 = 83,48 C | 23,7 – 18,5 = 5,2 P | 89,99 – 25,31 = 64,68

Lösungswort: C O C K P I T

5 Schreibe die Größen stellengerecht untereinander und berechne.
Gib das Ergebnis in der größten Einheit an.

a) 704,32 € + 25 € + 123 ct b) 72,932 kg – 15,8 kg – 932 g c) 129 km + 21,005 km + 76 m

a)	b)	c)
704,32 €	72,932 kg	129 km
+ 25 €	– 15,8 kg	+ 21,005 km
+ 1,23 €	– 0,932 kg	+ 0,076 km
730,55 €	56,200 kg	150,081 km

6 Berechne zuerst beide Seiten (Bruchdarstellung). Setze dann das richtige Vergleichszeichen (<, =, >).

a) $\frac{10}{12}=\frac{1}{2}+\frac{1}{3}>\frac{1}{3}+\frac{1}{4}=\frac{7}{12}$ b) $\frac{116}{168}=\frac{5}{6}-\frac{1}{7}<\frac{5}{6}-\frac{1}{8}=\frac{119}{168}$ c) $\frac{5}{12}=\frac{3}{4}-\frac{1}{3}=\frac{2}{6}+\frac{1}{12}=\frac{5}{12}$

d) $\frac{1}{30}=\frac{1}{2}-\frac{7}{15}<\frac{1}{3}-\frac{2}{10}=\frac{4}{30}$ e) $\frac{7}{30}=\frac{2}{5}-\frac{1}{6}<\frac{1}{5}+\frac{1}{15}=\frac{8}{30}$ f) $\frac{26}{24}=\frac{1}{4}+\frac{5}{6}>\frac{2}{3}+\frac{3}{8}=\frac{25}{24}$

$\frac{1}{2}+\frac{1}{3}=\frac{2}{6}+\frac{3}{6}=\frac{5}{6}=\frac{10}{12}$ $\frac{1}{3}+\frac{1}{4}=\frac{3}{12}+\frac{4}{12}=\frac{7}{12}$

$\frac{5}{6}-\frac{1}{7}=\frac{35}{42}-\frac{6}{42}=\frac{29}{42}=\frac{116}{168}$ $\frac{5}{6}-\frac{1}{8}=\frac{40}{48}-\frac{6}{48}=\frac{34}{48}=\frac{17}{24}=\frac{119}{168}$

$\frac{3}{4}-\frac{1}{3}=\frac{9-4}{12}=\frac{5}{12}$ $\frac{2}{6}+\frac{1}{12}=\frac{5}{12}$ $\frac{1}{2}-\frac{7}{15}=\frac{15-14}{30}=\frac{1}{30}$ $\frac{1}{3}-\frac{2}{10}=\frac{10-6}{30}=\frac{4}{30}$

$\frac{2}{5}-\frac{1}{6}=\frac{12-5}{30}=\frac{7}{30}$ $\frac{1}{5}+\frac{1}{15}=\frac{6}{30}+\frac{2}{30}=\frac{8}{30}$ $\frac{1}{4}+\frac{5}{6}=\frac{3}{12}+\frac{10}{12}=\frac{13}{12}=\frac{26}{24}$ $\frac{2}{3}+\frac{3}{8}=\frac{16}{24}+\frac{9}{24}=\frac{25}{24}$

7 Ergänze das Zauberquadrat. Addiere.

a)

$\frac{4}{5}$	$\frac{9}{5}$	$\frac{2}{5}$
$\frac{3}{5}$	1	$\frac{7}{5}$
$\frac{8}{5}$	$\frac{1}{5}$	$\frac{6}{5}$

Magische Zahl: $\frac{15}{5}=3$

b)

$\frac{1}{3}=\frac{8}{24}$	$\frac{1}{8}=\frac{3}{24}$	$\frac{4}{24}=\frac{1}{6}$
$\frac{1}{24}$	$\frac{5}{24}$	$\frac{9}{24}=\frac{3}{8}$
$\frac{6}{24}=\frac{1}{4}$	$\frac{7}{24}$	$\frac{2}{24}=\frac{1}{12}$

Magische Zahl: $\frac{15}{24}=\frac{5}{8}$

8 Wähle die passenden Zahlen für die Lücken.

a) 2,5 + 5,21 + 4,79 = 12,5

b) 32,7 – 13,4 – 7,6 = 11,7

c) 5,8 + 16 – 1,8 = 20

d) $\frac{1}{5}+\frac{5}{6}-0{,}2=\frac{5}{6}$

e) $\frac{2}{3}-\frac{1}{4}+\frac{25}{12}=2\frac{1}{2}$

f) 35,3 – (37,9 – 2,6) = 0

$\frac{5}{6}$ $\frac{28}{12}$ 7,6 37,9 2,5 16

9 Fasse geschickt zusammen.

a) 5,6 + 1,4 + 3,4 – 8,4 = 7 – (8,4 – 3,4) = 7 – 5 = 2

b) 16,08 + 8,88 – 1,08 + 1,12 = 8,88 + 1,12 + 16,08 – 1,08 = 10 + 15 = 25

c) $\frac{1}{2}+\frac{1}{3}-\frac{2}{3}+\frac{25}{50}=\frac{1}{2}+\frac{25}{50}-\left(\frac{2}{3}-\frac{1}{3}\right)=1-\frac{1}{3}=\frac{2}{3}$

10 Ergänze die Zahlenmauer, sodass über zwei Zahlen deren Summe steht.

3,58
1,205 | 2,375
0,33 | 0,875 | 1,5
0,08 | 0,25 | 0,625 | 0,875
0,03 | 0,05 | 0,2 | 0,425 | 0,45

11 Ergänze die Zahlenmauer, sodass über zwei Zahlen deren Differenz steht.

5,5
7,5 | 2
10 | 2,5 | 0,5
13,2 | 3,2 | 0,7 | 0,2
17,4 | 4,2 | 1 | 0,3 | 0,1

12 Karl und Nina haben mit ihren Eltern eine Fahrradtour gemacht. Karl hat ein Reisetagebuch geführt. Überschlage, welche Strecke sie insgesamt mit dem Fahrrad zurückgelegt haben, und berechne anschließend genau.

Überschlag: 30 + (30 + 20) + (100 – 20) + 120 = 280

„Am Montag ging es los, wir fuhren mit unseren Eltern mit dem Auto zum 10 km entfernten Bahnhof, von dort reisten wir mit dem Zug nach Konstanz am Bodensee. Am ersten Tag radelten wir 33,46 km, am Dienstag waren es 21 500 m mehr, da wir gleich morgens losfahren konnten. Wären wir am Mittwoch noch 24 230 m weiter gefahren, hätten wir 100 km zurückgelegt, doch auch so war das schon sehr anstrengend. An den letzten beiden Tagen der Tour schafften wir insgesamt 120,82 km. Die letzten beiden Ferientage ruhten wir uns aus und genossen das Schwimmbad am See.

	33,460 km
+	33,460 km
	21,500 km
	88,420 km

	100,000 km
–	24,230 km
	75,770 km

	88,42 km
+	75,77 km
+	120,82 km
	285,01 km

Sie haben ungefähr 280 km bzw. genau 285,01 km zurückgelegt.

Winkelbeziehungen an Geraden

1 Kennzeichne die Paare gleicher Winkel jeweils mit einer Farbe.
a) alle Scheitelwinkel b) alle Stufenwinkel

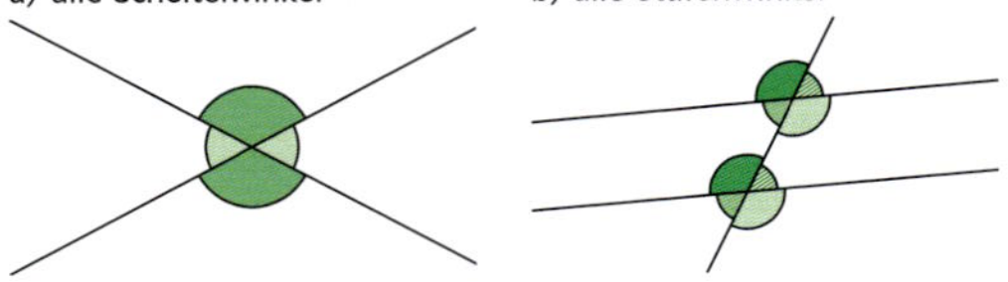

Scheitelwinkel und Stufenwinkel sind gleich groß.

2 In der Figur sind zwei Paare von Nebenwinkeln zu erkennen:

ε und α ; α und β

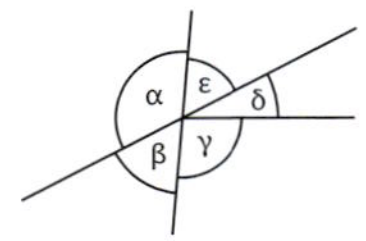

Nebenwinkel ergeben zusammen 180°.

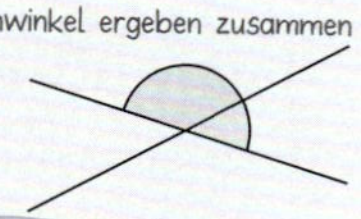

3 Die Geraden g und h sind parallel. Wie groß sind die Winkel α und β?
Notiere, welche Winkelbeziehung (Nebenwinkel, Scheitelwinkel oder Stufenwinkel) du genutzt hast.

a)

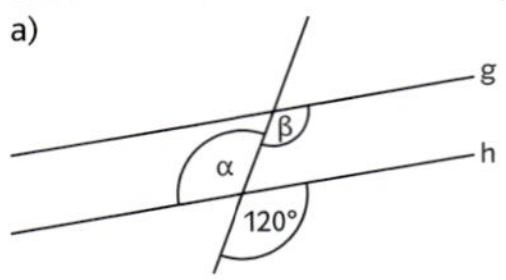

α = 120° als SchW
β = 120° als StW

b)

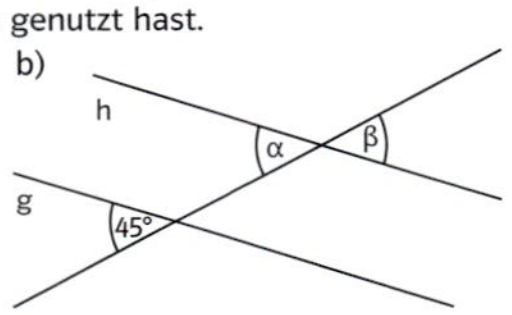

α = 45° als StW
β = 45° als SchW

c)

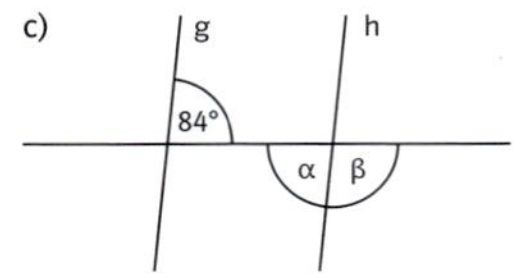

α = 84° als StW und SchW
β = 96° als NW
(Andere Lösungen zu c) sind möglich.)

4 Bestimme für die Zeichnungen die Größe der Winkel α_1 bis α_8. Trage die Werte in die Tabelle ein und berechne jeweils die Lösungswinkel. Die zugehörigen Lösungsbuchstaben erhältst du so: Lösungswinkel 13° steht für den 13. Buchstaben im Alphabet, also M.

Rechnung	Lösungswinkel	Buchstabe
$(\alpha_1 - 7°) : 5 = (72° - 7°) : 5$	13°	M
$\alpha_2 : 12 - 8° = 108° : 12 - 8°$	1°	A
$(\alpha_3 - 12°) : 3 = (72° - 12°) : 3$	20°	T
$(\alpha_4 - 33°) : 10 = (113° - 33°) : 10$	8°	H
$(\alpha_5 - 4°) : 21 = (109° - 4°) : 21$	5°	E
$\alpha_6 : 2 - 20° = 42° : 2 - 20°$	1°	A
$(\alpha_7 - 10°) : 3 = (67° - 10°) : 3$	19°	S
$(\alpha_8 + 24°) : 5 = (71° + 24°) : 5$	19°	S

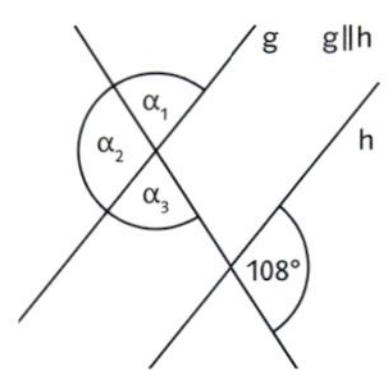

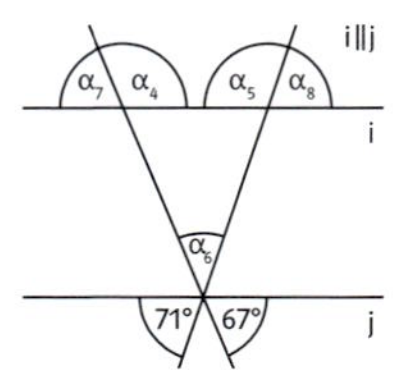

5 Sind die Geraden g und h parallel? Berechne die anderen Winkel, die du auf dem Blatt erkennst.
Trage die Winkel und ihre Größen ein.

a) g ∦ h

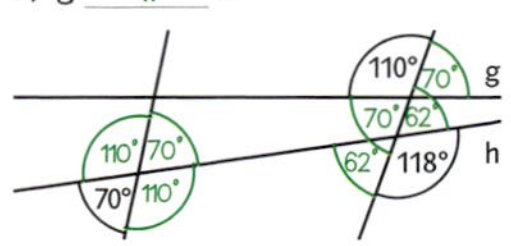

b) g ∦ h

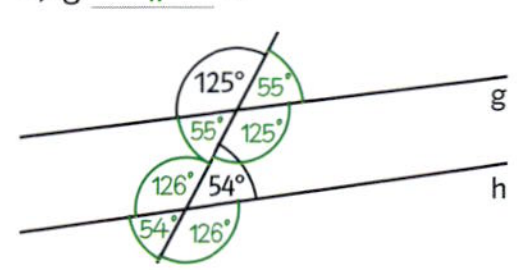

Winkelsumme im Dreieck und Viereck (1)

1 Berechne alle fehlenden Winkelgrößen und trage sie ein.

a)

α = 55°
β = 69°

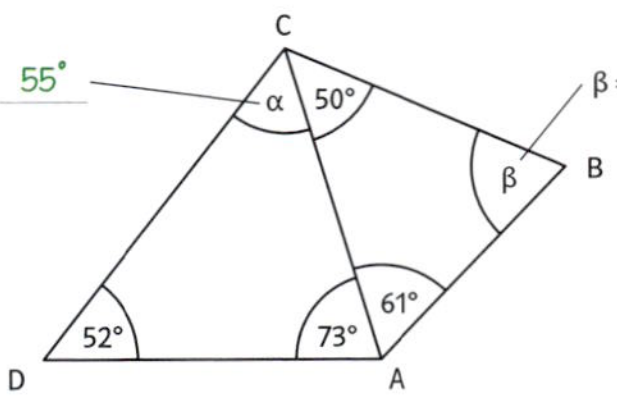

b)

α = 71°
β = 57°

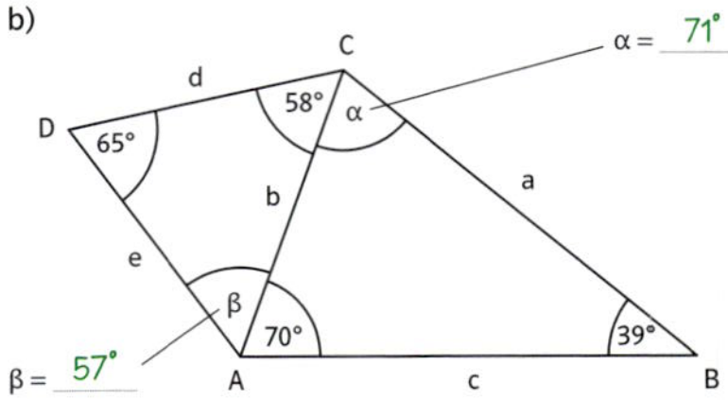

2 Berechne die fehlende Winkelgröße im Dreieck.

	α	β	γ
a)	56°	90°	34°
b)	59°	86°	35°
c)	160°	18°	2°

3 Warum kann es kein Dreieck mit den Winkelgrößen α = 35° und β = 145° geben?

Da die Winkelsumme im Dreieck 180° beträgt und die Summe aus 35° und 145° bereits 180° ergibt.

4 Silvio, Astrid und Mika beschreiben ihre Dreiecke. Entscheide, ob ihre Aussagen richtig sein können, und begründe.

Silvio

„Mein Dreieck hat einen rechten und einen stumpfen Winkel."

Ein rechter und ein stumpfer Winkel haben eine Winkelsumme über 180°, also ist die Aussage falsch.

Astrid

„Ich habe ein Dreieck mit einem stumpfen und zwei gleich großen Winkeln."

Die Aussage ist richtig, es handelt sich um ein gleichschenkliges Dreieck. Z.B. könnte der stumpfe Winkel 100° groß sein, dann wären die beiden anderen Winkel je 40° groß.

Mika

„Mein Dreieck hat zwei stumpfe und einen spitzen Winkel."

Die Aussage ist falsch. Wenn in zwei Ecken stumpfe Winkel sind, ergibt die Figur kein Dreieck.

5 Berechne die Größen der markierten Winkel und notiere sie in der Zeichnung. w ist die Winkelhalbierende des rechten Winkels.

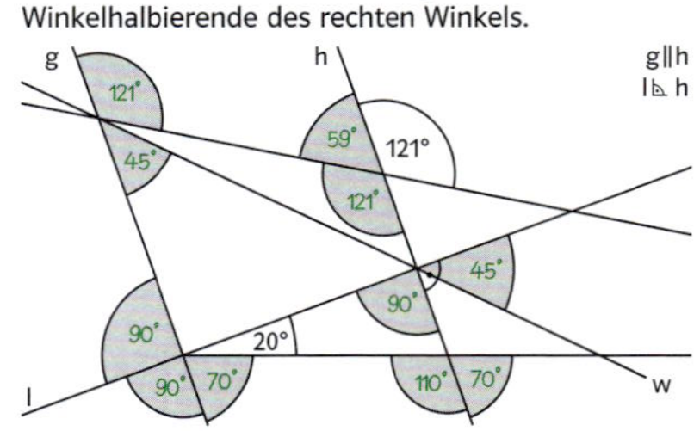

6 Berechne die fehlenden Winkelgrößen und trage sie in die Tabelle ein. w ist die Winkelhalbierende des Winkels.

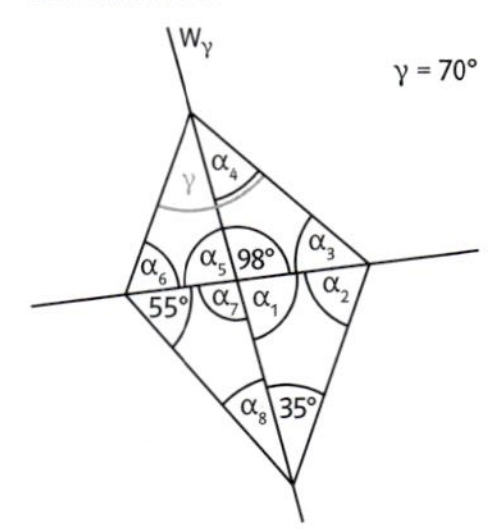

α_1	82°
α_2	63°
α_3	47°
α_4	35°
α_5	82°
α_6	63°
α_7	98°
α_8	27°

1 Notiere die fehlenden Winkelgrößen.

a) 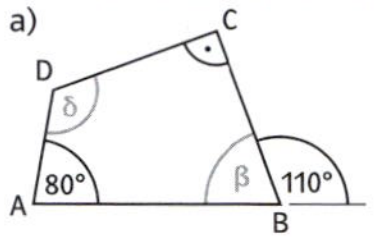

b) 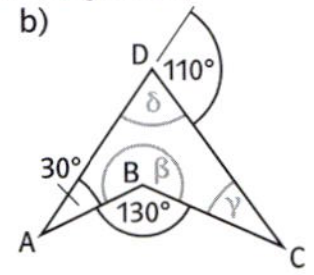

c) $\overline{AB} \parallel \overline{CD}$ und $\overline{BC} \parallel \overline{AD}$ 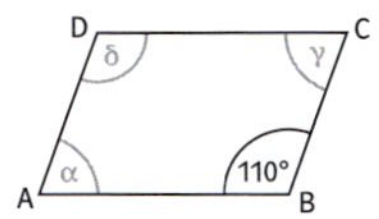

d) $\overline{AC}$ ist Symmetrieachse 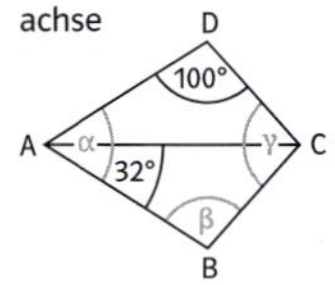

a) β = 70° ; δ = 120°

b) β = 230°; δ = 70°; γ = 30°

c) δ = 110°; α = γ = 70°

d) β = 100°; α = 64°; γ = 96°

2 Zeichne die Vierecke in das Koordinatensystem und miss die Winkelgrößen.
Kontrolliere die Winkelsumme. Welche Aussage zu dem Viereck ist richtig? Streiche falsche Aussagen.

a) A(2,5 | 1), B(3 | 3), C(1,5 | 4), D(1 | 2)

α = γ = 70° ; β = δ = 110°

Kontrolle: 2 · 70° + 2 · 110° = 360°

Das Viereck ist ~~konkav~~/ein Parallelogramm/ ~~ein Quadrat.~~

b) A(4 | 0), B(6 | 2), C(5 | 5), D(5 | 2,5)

α = 23°; β = 117°; γ = 18°; δ = 202°

Kontrolle: 23° + 117° + 18° + 202° = 360°

Das Viereck ist ~~konvex~~/konkav/~~ein Parallelogramm.~~

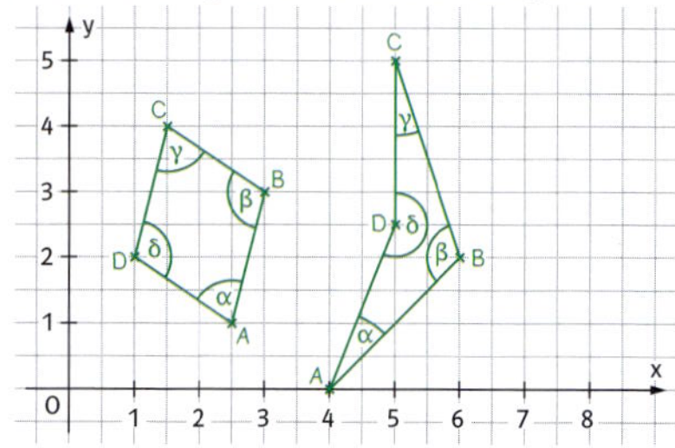

3 Berechne die fehlenden Winkelgrößen.

a) 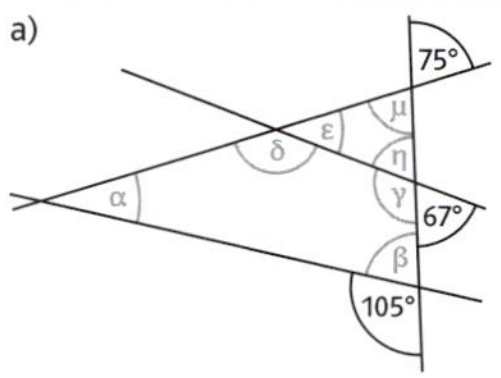

α	30°
β	75°
γ	113°
δ	142°
ε	38°
η	67°
μ	75°

b) 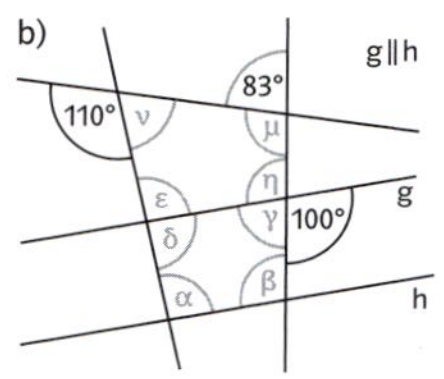

α	93°
β	100°
γ	80°
δ	87°
ε	93°
η	100°
μ	97°
ν	70°

4 Die Winkelsumme im Fünfeck beträgt 540 °.

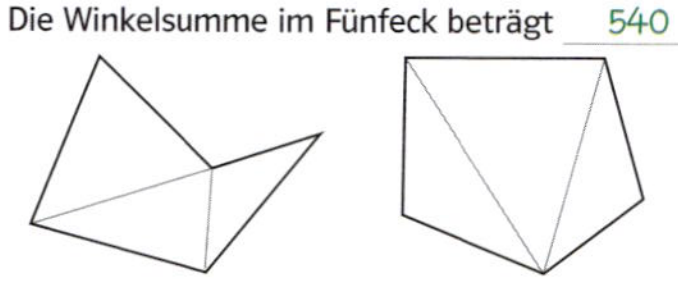

Trage auch hier die fehlenden Winkel ein.

5-Eck	α	β	γ	δ	ε
a)	58,5°	90°	34°	145,2°	212,3°
b)	90°	90°	115°	122,7°	122,3°
c)	98,8°	78°	73,2°	45°	245°

5 a) Wie viele Ecken besitzt ein Vieleck mit einer Winkelsumme von 720°? 6

b) Wie groß wird die Winkelsumme, wenn zwei Ecken hinzukommen? 1080°

c) Gibt es ein Vieleck mit der Winkelsumme 39 960°? Begründe. Ja, das 224-Eck kann in 222 Dreiecke zerlegt werden und hat die Winkelsumme 222 · 180° = 39 960°.

1 Hier sind beim Spiegeln einige Fehler unterlaufen. Verbessere die blauen Spiegelbilder.

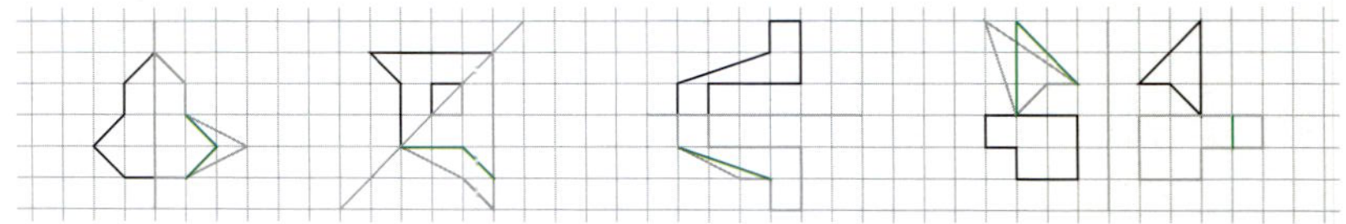

2 Vervollständige die Figuren im Quadratgitter durch Spiegeln an den eingezeichneten Achsen.

a) 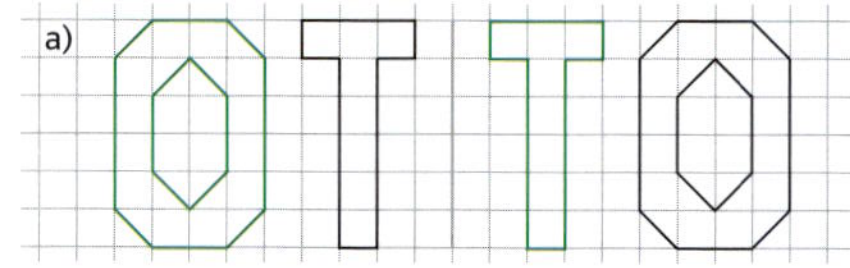

b) 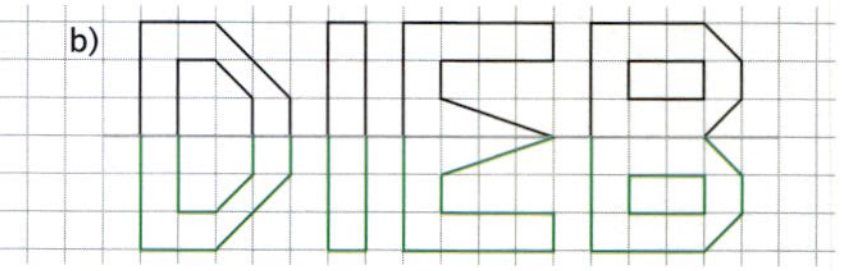

3 Spiegle die Figuren jeweils an der eingezeichneten Spiegelachse.

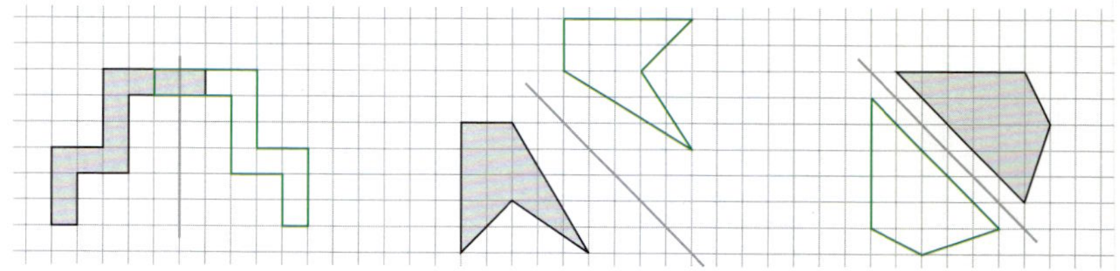

4 a) Spiegle den Pinguin so, dass der Punkt B in den Punkt B′(12 | 12) übergeht.
b) Bestimme die Koordinaten der übrigen Bildpunkte.

A′(16 | 2), C′(15 | 8) und D′(15 | 5)

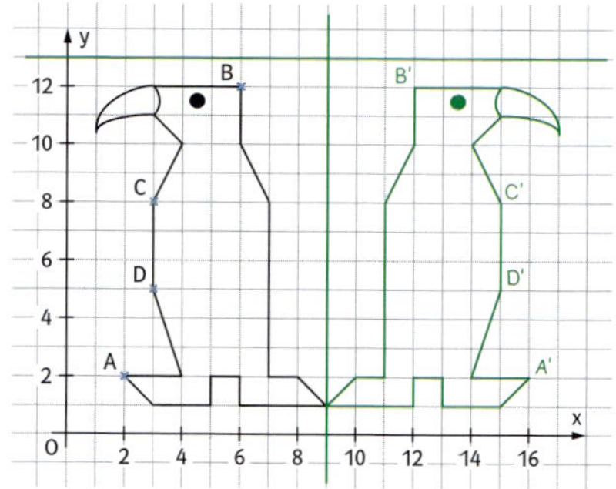

5 Ergänze das Muster im Quadrat so, dass die beiden eingezeichneten Achsen Symmetrieachsen für das Quadrat mit seinem Muster sind.

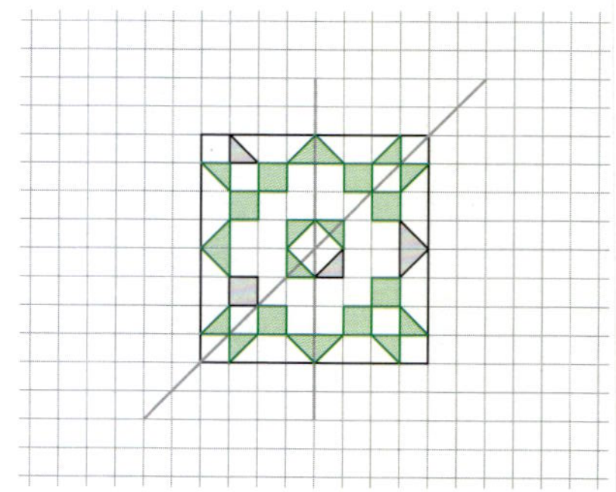

1 Bei welchem kleinstmöglichen Drehwinkel wird das Rad auf sich selbst abgebildet?

Beachte die Drehrichtung:

a)

α = 72°

b)

α = 40° oder 360°

c)

α = 18° oder 90°

(Je nachdem, ob man nur die Speichen betrachtet oder die Muttern dazu.)

2 Die grauen Figuren können durch Drehen auf die blauen abgebildet werden. Markiere das Drehzentrum und gib den Drehwinkel an.

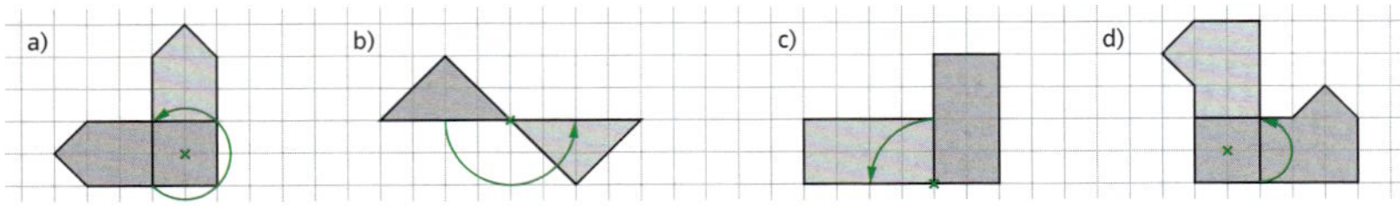

a) α = 270° b) α = 180° c) α = 90° d) α = 90°

3 a) Trage das Drehzentrum Z(6 | 4) sowie das Dreieck ABC durch A(9 | 6), B(4 | 6) und C(8 | 4) in das Koordinatensystem ein.
b) Konstruiere das Bilddreieck A'B'C' bei einer Drehung um Z mit dem Drehwinkel 120°. Fülle dann die Tabelle aus. Miss die Längen auf dem Blatt.
c) Was fällt dir auf? Original und Bildfigur stimmen in entsprechenden Steckenlängen und Winkelgrößen überein.

Länge der Strecke			Größe des Winkels		
	$\overline{AB}$ = 2 cm	$\overline{A'B'}$ = 2 cm		∢ BAC = 63°	∢ B'A'C' = 63°
	$\overline{BC}$ = 1,8 cm	$\overline{B'C'}$ = 1,8 cm		∢ CBA = 27°	∢ C'B'A' = 27°
	$\overline{CA}$ = 0,9 cm	$\overline{C'A'}$ = 0,9 cm		∢ ACB = 90°	∢ A'C'B' = 90°

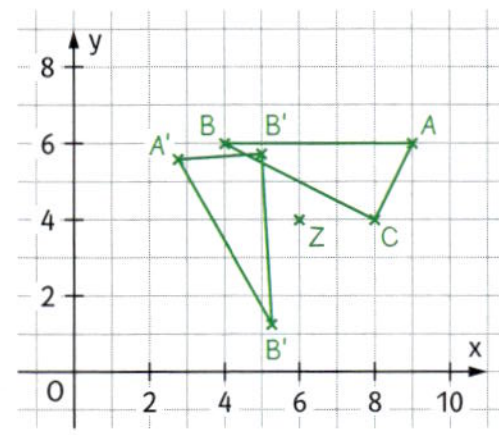

4 Färbe die Figuren unterschiedlich so ein, dass sie bei einer Vierteldrehung um den Mittelpunkt auf sich selbst abgebildet werden.

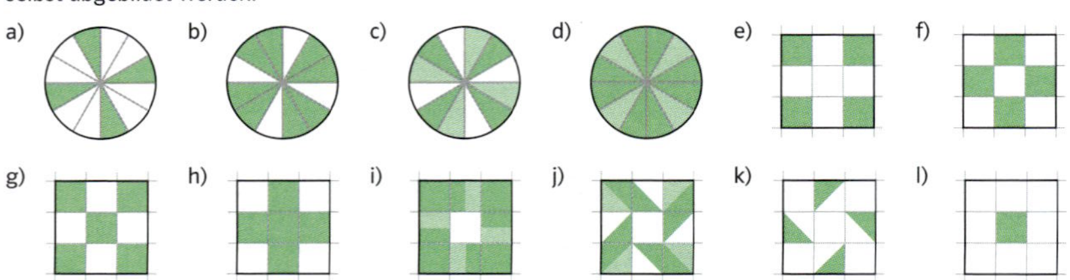

(Weitere Lösungen sind möglich.)

1 a) Trage die Punkte A(1 | 1), B(7 | 1), C(7 | 3), D(3 | 3), E(3 | 9) und F(1 | 9) in das Koordinatensystem ein und verbinde sie in dieser Reihenfolge zu einer Figur.
b) Verschiebe A, B, C, D, E und F so, dass aus F der Bildpunkt F'(2 | 10) wird.
c) Verbinde jeden Punkt mit seinem Bildpunkt und die Bildpunkte in alphabetischer Reihenfolge.

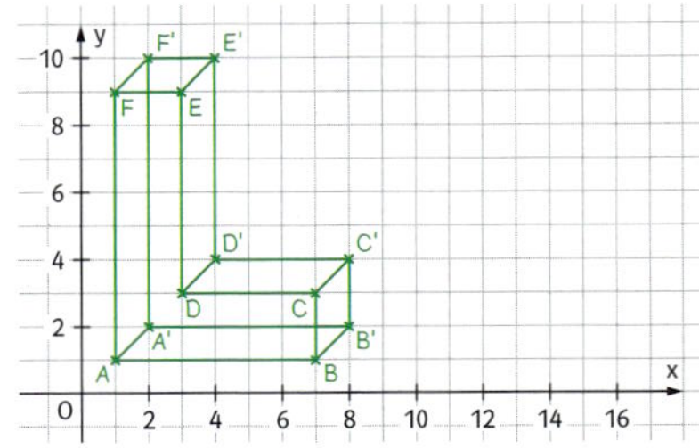

2 Verschiebe wie durch den Pfeil angegeben.

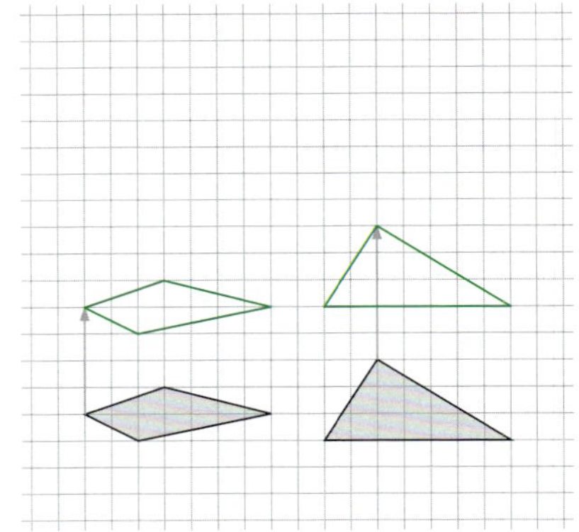

3 Verschiebe jede dieser Figuren dreimal. Zeichne die entstehenden Bilder jeweils in einer anderen Farbe.

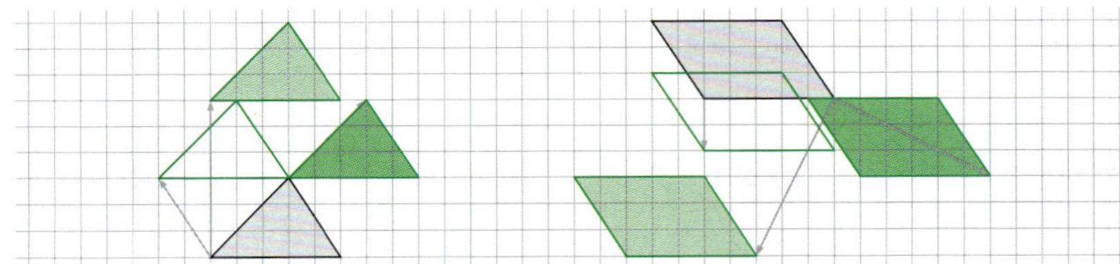

4 a) Verschiebe die Figur wie durch den Pfeil angegeben.
b) Vervollständige die Tabelle.
c) Wie lauteten die Koordinaten eines Punktes P(45 | 65), der nach der gleichen Vorschrift verschoben würde?

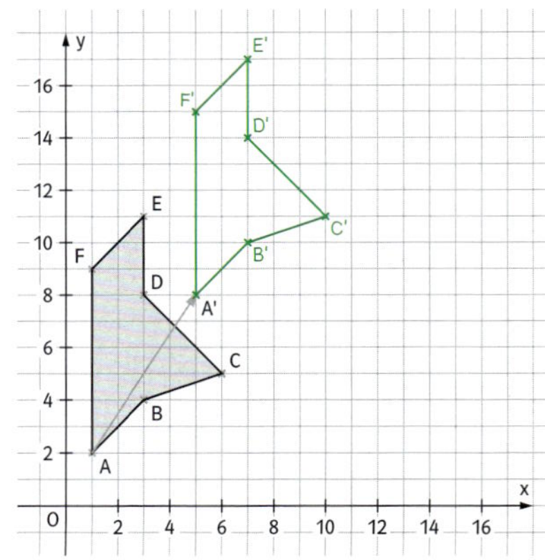

Punkt	Bildpunkt
A(1 | 2)	A'(5 | 8)
B(3 | 4)	B'(7 | 10)
C(6 | 5)	C'(10 | 11)
D(3 | 8)	D'(7 | 14)
E(3 | 11)	E'(7 | 17)
F(1 | 9)	F'(5 | 15)
P(45 | 65)	P'(49 | 71)

Eigenschaften von Dreiecken und Vierecken

1 Zeichne alle Symmetrieachsen und alle Symmetriezentren ein. Markiere gleich große Winkel in einer Figur mit derselben Farbe.

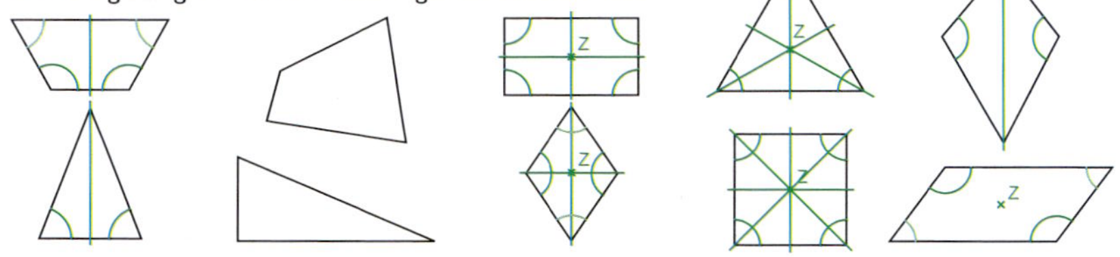

2 Zeichne mit der vorgegebenen Basis ein gleichschenkliges Dreieck ABC.
Miss die fehlenden Winkelgrößen.

a) Die Schenkel sind 3 cm lang.
b) Der Basiswinkel α ist 55°.

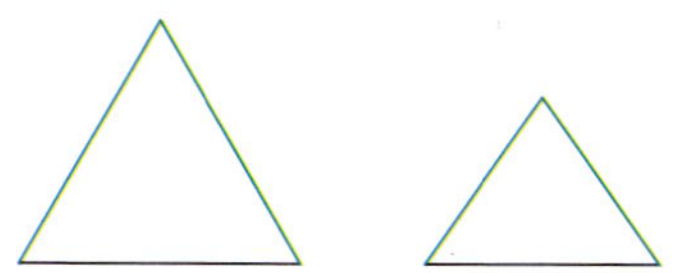

a) α = 60° ; β = 60° ; γ = 60°

b) β = 55° ; γ = 70°

3 a) Welche Vierecke lassen sich aus zwei gleich großen gleichschenkligen Dreiecken legen?
b) Welche Vierecke lassen sich aus zwei gleich großen gleichseitigen Dreiecken legen? Raute
Zeichne deine Ergebnisse und notiere die Namen der entstandenen Vierecke.

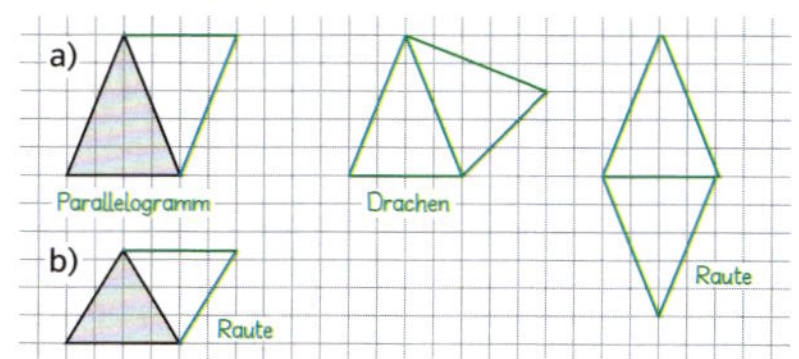

4 Zeichne ein Viereck, das folgende Bedingungen erfüllt:
a) Das Viereck hat ein Paar paralleler Seiten und eine Symmetrieachse.
b) Die Figur ist punktsymmetrisch, aber nicht achsensymmetrisch.
c) Genau zwei Symmetrieachsen und vier gleich lange Seiten kennzeichnen dieses Viereck.
d) Eine Diagonale halbiert die andere und genau ein Paar gegenüberliegender Winkel ist gleich groß.

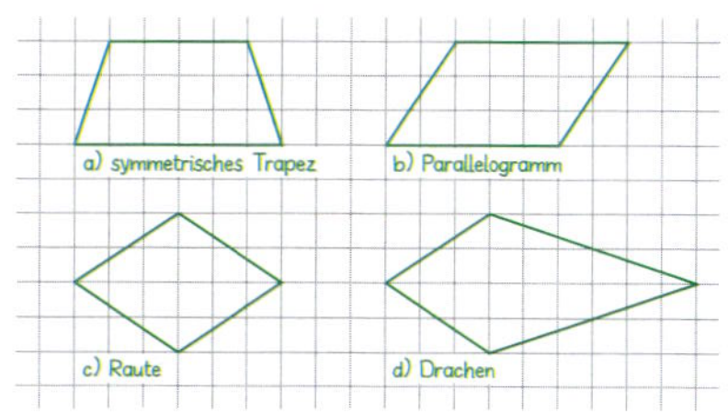

5 Prüfe, ob die Aussage wahr oder falsch ist. Begründe oder gib ein Gegenbeispiel an.

Aussage	wahr	falsch	Begründung oder Gegenbeispiel
a) Wenn ein Viereck vier gleich lange Seiten hat, dann ist es ein Quadrat.		X	Gegenbeispiel: Raute
b) Jedes Parallelogramm ist ein Drachen.		X	Im Drachen stehen die Diagonalen senkrecht aufeinander, im Parallelogramm im Allgemeinen nicht.
c) Wenn ein Viereck zwei gleich lange Diagonalen hat, die sich halbieren, dann ist es ein Rechteck.	X		Gleich lange Diagonalen hat das symmetrische Trapez, aber diese halbieren sich nur, wenn es ein Rechteck ist.
d) Wenn ein Viereck genau zwei gleich große Winkel hat, dann ist es ein Drachenviereck.		X	Gegenbeispiel: Rechtwinkliges Trapez und viele andere Vierecke
e) Wenn gegenüberliegende Winkel im Viereck gleich groß sind, dann ist es ein Parallelogramm.	X		Ein solches Viereck ist punktsymmetrisch und somit ist es ein Parallelogramm.

Training

1 a) Benenne die dargestellten Winkelarten.

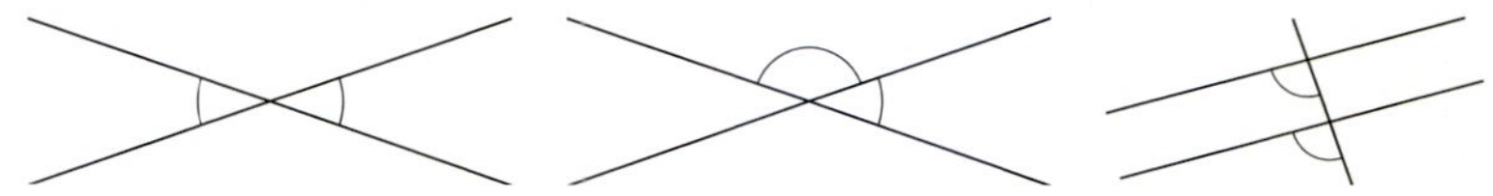

Scheitelwinkel — Nebenwinkel — Stufenwinkel

b) Ergänze mit den Begriffen der Kärtchen.

Stufenwinkel | Scheitelwinkel | Nebenwinkel

Scheitelwinkel und Stufenwinkel an parallelen geschnittenen Geraden sind gleich groß. Nebenwinkel ergänzen sich zu 180°.

2 Berechne die fehlenden Winkel im gleichschenkligen Dreieck. γ ist kein Basiswinkel.

	α	β	γ
a)	45°	45°	90°
b)	77°	77°	26°
c)	14°	14°	152°
d)	60°	60°	60°
e)	41°	41°	98°
f)	76,5°	76,5°	27°
g)	36°	36°	108°

3 a) Die Winkelsumme im Viereck beträgt: 360°
b) Bestimme die fehlenden Winkelgrößen.

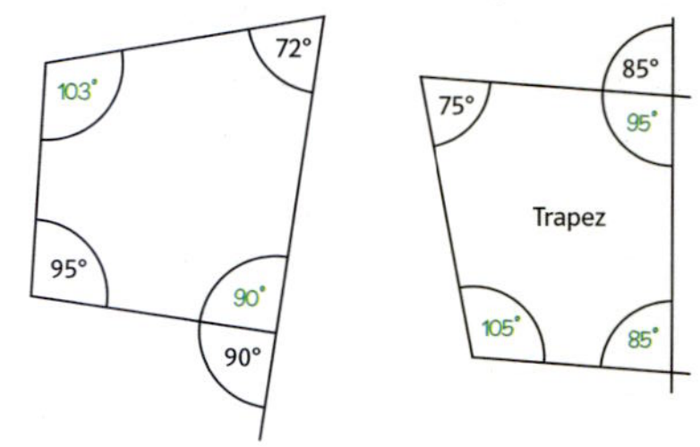

4 Bestimme die farbig markierten Winkel. In Teilaufgabe b) sind je zwei Geraden parallel.

a)

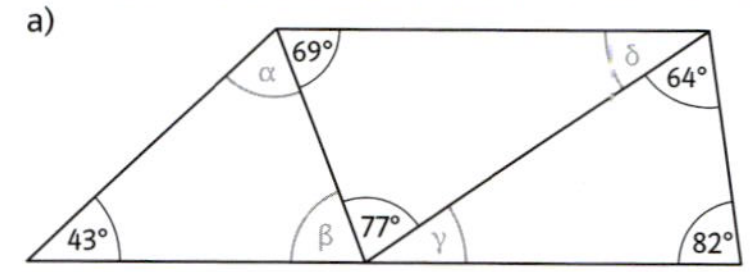

α = 68° β = 69° γ = 34° δ = 34°

b)

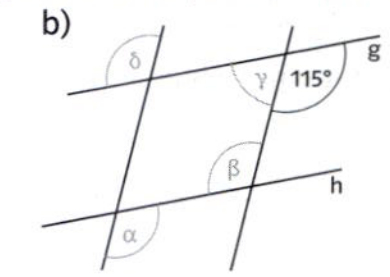

α = 115°
β = 115°
γ = 65°
δ = 115°

5 Spiegle die Figur an der Achse a.

a)

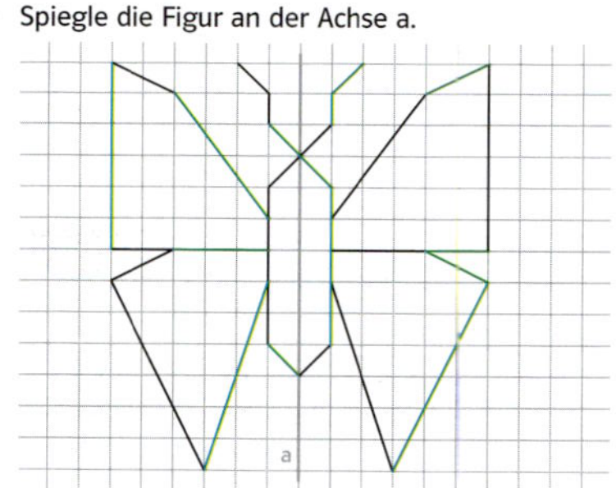

b)

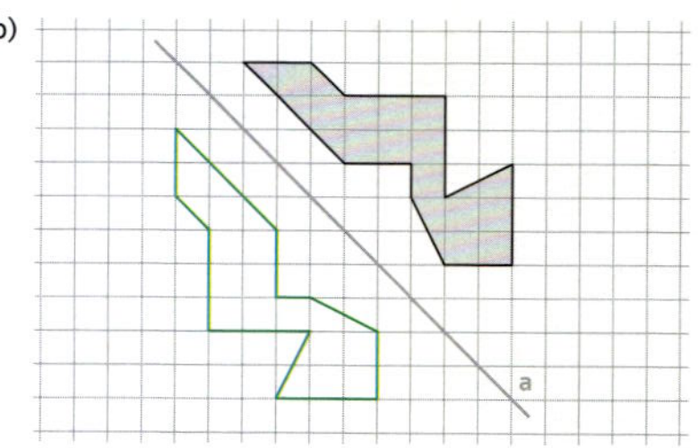

◒ **6** Zeichne alle Symmetrieachsen ein und bestimme ihre Anzahl. Zeichne, falls vorhanden, das Drehzentrum ein.

a) b) c) d)

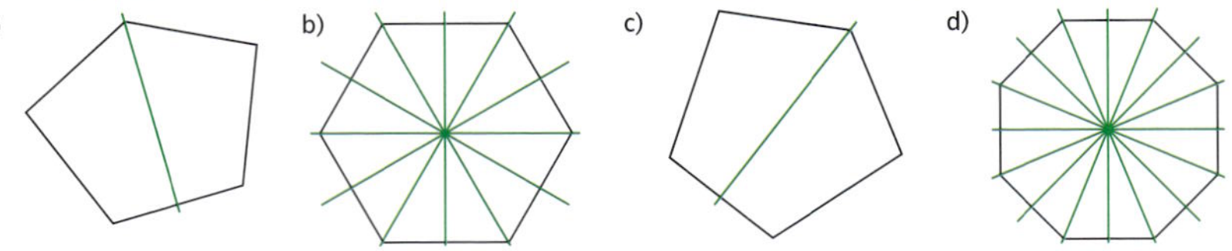

Symmetrieachsen: 1 Symmetrieachsen: 6 Symmetrieachsen: 1 Symmetrieachsen: 8

◒ **7** Bei einer Verschiebung wird der Punkt D in den Punkt D′(3,5 | 2) verschoben.
a) Verschiebe nun die ganze Figur.
b) Wie lauten die Koordinaten der Punkte und ihrer Bildpunkte?

Punkt	Bildpunkt
A(5 | 10)	A′(7 | 5,5)
B(8 | 6)	B′(10 | 1,5)
C(4,5 | 7)	C′(6,5 | 2,5)
D(1,5 | 6,5)	D′(3,5 | 2)

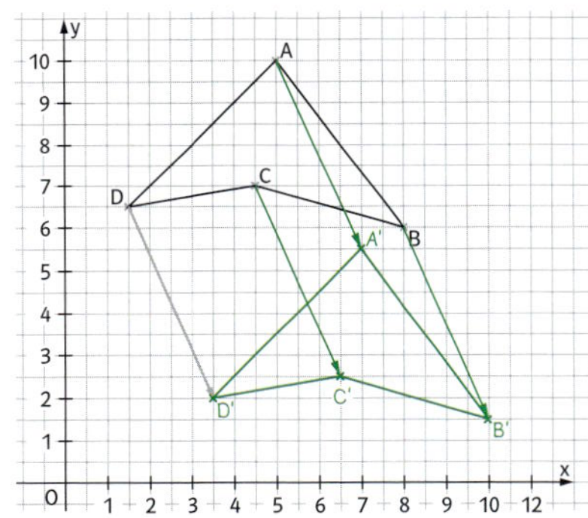

◒ **8** Welche der Fähnchen B bis F könnten durch

a) Achsenspiegelung:
D, F

b) Verschiebung:
C, E

c) Drehung:
B

aus Figur A entstanden sein?

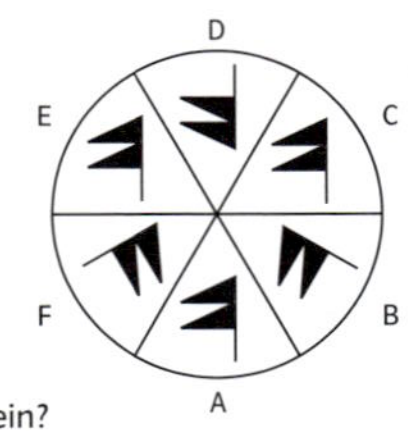

◒ **9** Ergänze zu drehsymmetrischen Figuren.

a) b)

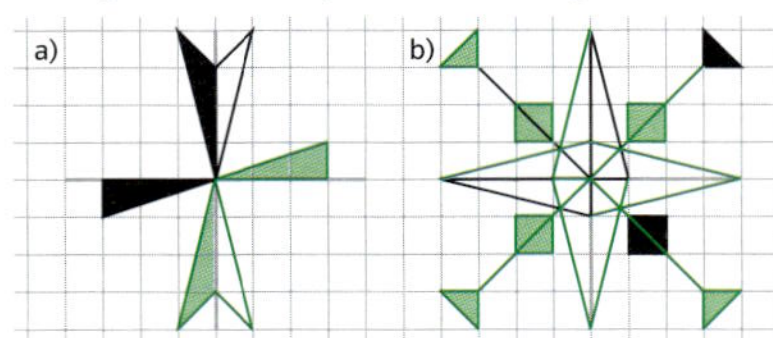

● **10** Jedes Parallelogramm ist ein Trapez. Entscheide, ob die Aussage wahr oder falsch ist.
Begründe.

Die Aussage ist wahr.
Ein Parallelogramm ist ein Viereck, bei dem ein Paar gegenüberliegende Seiten parallel ist; das gilt auch beim Parallelogramm.

● **11** Ergänze zu drehsymmetrischen Kreisbildern.

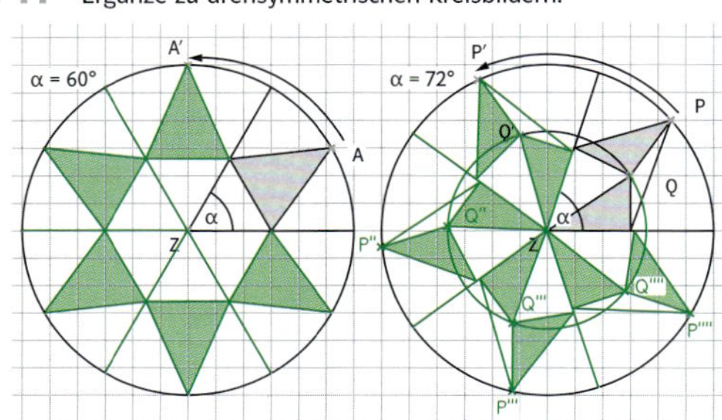

Vervielfachen und Teilen von Brüchen

1 Markiere den angegebenen Anteil in vier Farben und lies dann das Ergebnis der Aufgabe ab.

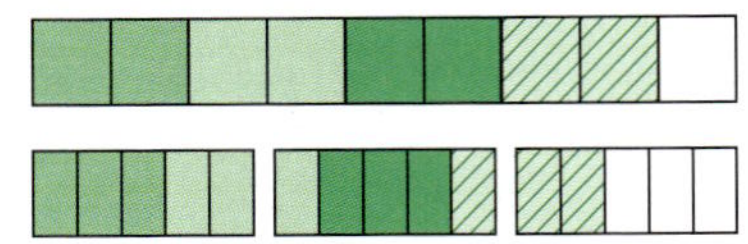

a) $4 \cdot \frac{2}{9} = \frac{8}{9}$

b) $4 \cdot \frac{3}{5} = \frac{12}{5} = 2\frac{2}{5}$

2 Berechne die Aufgabe und veranschauliche sie mithilfe eines Rechteckbildes.

a) $\frac{6}{7} : 3 = \frac{6:3}{7} = \frac{2}{7}$

b) $\frac{3}{5} : 2 = \frac{3 \cdot 2}{5 \cdot 2} : 2 = \frac{6:2}{10} = \frac{3}{10}$

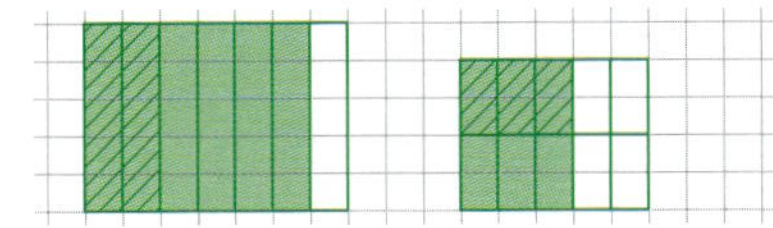

3 Berechne im Kopf und trage den Buchstaben der Aufgabe über ihrem Ergebnis ein. Als Lösung ergibt sich ein Land Mittelamerikas.

A | $\frac{1}{5} \cdot 3$ T | $3 \cdot \frac{2}{7}$ A | $\frac{6}{7} : 2$ G | $\frac{8}{11} : 4$ A | $\frac{2}{9} \cdot 4$ M | $\frac{1}{14} \cdot 5$
U | $\frac{3}{7} : 2$ E | $\frac{3}{5} : 3$ L | $\frac{5}{7} : 10$

Lösungswort:

G	U	A	T	E	M	A	L	A
$\frac{2}{11}$	$\frac{3}{14}$	$\frac{8}{9}$	$\frac{6}{7}$	$\frac{1}{5}$	$\frac{5}{14}$	$\frac{3}{7}$	$\frac{1}{14}$	$\frac{3}{5}$

4 Vervollständige die Rechenschlange.

$\frac{6}{7} \xrightarrow{:3} \frac{2}{7} \xrightarrow{:5} \frac{2}{35} \xrightarrow{\cdot 6} \frac{12}{35} \xrightarrow{:4} \frac{3}{35} \xrightarrow{\cdot 3} \frac{9}{35} \xrightarrow{:9} \frac{1}{35} \xrightarrow{\cdot 5} \frac{1}{7} \xrightarrow{\cdot 3} \frac{3}{7} \xrightarrow{:4} \frac{3}{28}$

5 Gib das Ergebnis in der nächstkleineren Einheit an.

a) Teile eine halbe Stunde durch 3. $\frac{1}{2}\text{h} : 3 = \frac{1}{6}\text{h} = 10\,\text{min}$

b) Berechne den vierten Teil von $\frac{1}{5}$kg. $\frac{1}{5}\text{kg} : 4 = \frac{1}{20}\text{kg} = 50\,\text{g}$

c) Teile $\frac{1}{4}$ Minute durch 3. $\frac{1}{4}\text{min} : 3 = \frac{1}{12}\text{min} = 5\,\text{s}$

d) Berechne die Hälfte von $\frac{3}{4}$ Liter. $\frac{3}{4}\text{l} : 2 = \frac{3}{8}\text{l} = 375\,\text{ml}$

e) Berechne ein Fünftel von einem $\frac{1}{2}$ Kilometer. $\frac{1}{2}\text{km} : 5 = \frac{1}{10}\text{km} = 100\,\text{m}$

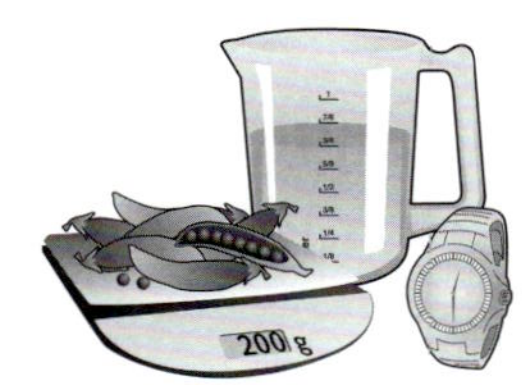

6 Wenn du vier verschiedene Brüche richtig auswählst, findest du zu jedem dieser Brüche zwei Partner. Einer davon entsteht durch Erweitern, der andere durch Vervielfachen derselben Zahl. Verbinde jeden der vier Brüche mit seinen beiden Partnern.

Beispiel: $\frac{2}{5} \cdot 3 = \frac{6}{5}$ und $\frac{2}{5}$ erweitert mit 3 ergibt $\frac{6}{15}$.

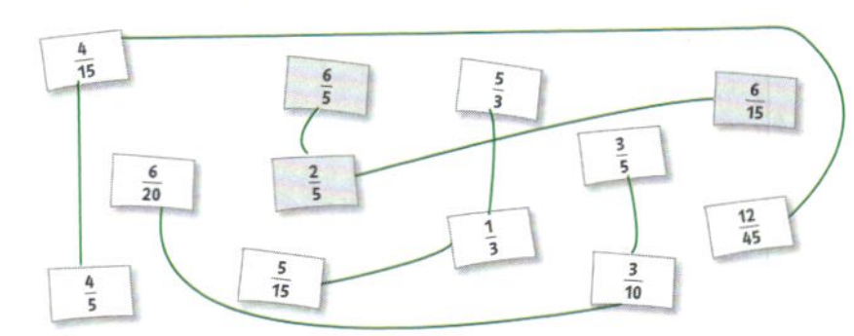

1 Veranschauliche die Aufgabe und ergänze das Ergebnis.

a) $\frac{2}{3}$ von $\frac{5}{6} = \frac{5}{6} \cdot \frac{2}{3} = \frac{10}{18}$

b) $\frac{3}{4}$ von $\frac{3}{5} = \frac{3}{5} \cdot \frac{3}{4} = \frac{9}{20}$

c) $\frac{1}{3}$ von $\frac{2}{5} = \frac{2}{5} \cdot \frac{1}{3} = \frac{2}{15}$

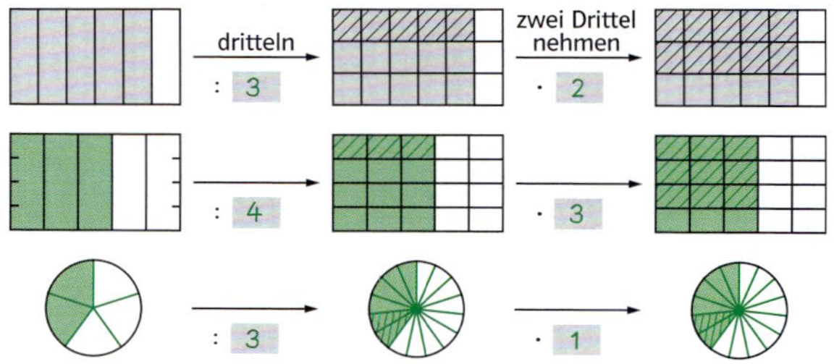

2 Berechne. Kürze vor dem Multiplizieren.

a) $\frac{5}{8} \cdot \frac{4}{3} = \frac{5 \cdot 4}{8 \cdot 3} = \frac{5 \cdot 4}{2 \cdot 4 \cdot 3} = \frac{5}{6}$

b) $\frac{7}{8} \cdot \frac{8}{9} = \frac{7 \cdot 8}{8 \cdot 9} = \frac{7}{9}$

c) $\frac{6}{7} \cdot \frac{4}{9} = \frac{2 \cdot 3 \cdot 4}{7 \cdot 3 \cdot 3} = \frac{8}{21}$

d) $\frac{1}{12} \cdot \frac{9}{5} = \frac{1 \cdot 3 \cdot 3}{4 \cdot 3 \cdot 5} = \frac{3}{20}$

e) $\frac{3}{4} \cdot \frac{8}{15} = \frac{3 \cdot 4 \cdot 2}{4 \cdot 5 \cdot 3} = \frac{2}{5}$

f) $\frac{10}{9} \cdot \frac{6}{15} = \frac{2 \cdot 5 \cdot 2 \cdot 3}{3 \cdot 3 \cdot 3 \cdot 5} = \frac{4}{9}$

g) $\frac{7}{8} \cdot \frac{16}{21} = \frac{7 \cdot 8 \cdot 2}{8 \cdot 3 \cdot 7} = \frac{2}{3}$

h) $\frac{35}{36} \cdot \frac{27}{49} = \frac{5 \cdot 7 \cdot 3 \cdot 9}{4 \cdot 9 \cdot 7 \cdot 7} = \frac{15}{28}$

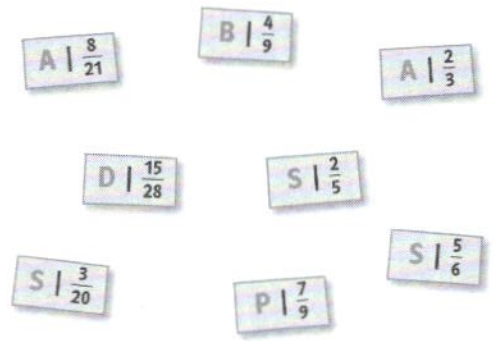

Lösungswort: S P A S S B A D

3 Berechne die Anteile von Größen.

a) $\frac{2}{3}$ von $\frac{1}{4}$ Stunde $\quad \frac{1}{4} \cdot \frac{2}{3}\,h = \frac{2}{12}\,h = \frac{1}{6}\,h$

b) $\frac{1}{4}$ von $\frac{1}{2}$ Kilogramm $\quad \frac{1}{2} \cdot \frac{1}{4}\,kg = \frac{1}{8}\,kg$

c) $\frac{1}{6}$ von $\frac{3}{4}$ Meter $\quad \frac{3}{4} \cdot \frac{1}{6}\,m = \frac{3}{24}\,m = \frac{1}{8}\,m$

d) $\frac{4}{5}$ von $\frac{1}{2}$ Liter $\quad \frac{1}{2} \cdot \frac{4}{5}\,l = \frac{4}{10}\,l = \frac{2}{5}\,l$

4

a) Eine $\frac{3}{4}$-l-Flasche ist noch zu $\frac{2}{3}$ mit Apfelsaftschorle gefüllt. Wie viel Liter Schorle sind in der Flasche?

$\frac{2}{3} \cdot \frac{3}{4}\,l = \frac{1}{2}\,l$ Antwort: Es sind noch $\frac{1}{2}$ l Schorle in der Flasche.

b) In $\frac{1}{6}$ des 240 m² großen Gartens pflanzt Familie Peters Gemüse an. $\frac{1}{8}$ von dieser Fläche nutzt sie für Möhren.

Welcher Anteil am Garten ist das? $\frac{1}{8} \cdot \frac{1}{6} = \frac{1}{48}$ Antwort: Das sind $\frac{1}{48}$ des Gartens.

Wie viele Quadratmeter sind das? $\frac{1}{48} \cdot 240\,m^2 = 5\,m^2$ Antwort: Das ist eine Fläche von $5\,m^2$.

5 Markiere den Fehler und rechne darunter richtig.

a) $\frac{4}{9} \cdot \frac{5}{9} = \frac{20}{9}$ $\quad \frac{4 \cdot 5}{9 \cdot 9} = \frac{20}{81}$

b) $3 \cdot \frac{2}{5} = \frac{6}{15}$ $\quad \frac{3 \cdot 2}{5} = \frac{6}{5}$

c) $\frac{3}{4} \cdot \frac{7}{9} = \frac{10}{13}$ $\quad \frac{3 \cdot 7}{4 \cdot 3 \cdot 3} = \frac{7}{12}$

6 Setze die passenden Zahlen ein.

a) $\frac{1}{4} \cdot \frac{5}{12} = \frac{5}{48}$

b) $\frac{24}{5} \cdot \frac{3}{32} = \frac{9}{20}$

c) $\frac{5}{6} \cdot \frac{9}{11} = \frac{15}{22}$

d) $\frac{5}{7} \cdot \frac{2}{5} = \frac{2}{7}$

e) $\frac{6}{5} \cdot \frac{2}{5} = \frac{12}{25}$

f) $\frac{42}{5} \cdot \frac{7}{36} = \frac{49}{30}$

1 Veranschauliche die Aufgabe an einem Rechteck und gib das Ergebnis an.

a) $\frac{2}{3}$ von $\frac{1}{5} = \frac{2}{3} \cdot \frac{1}{5} = \frac{2}{15}$

b) $\frac{1}{4}$ von $\frac{1}{5} = \frac{1}{4} \cdot \frac{1}{5} = \frac{1}{20}$

c) $\frac{3}{4}$ von $\frac{5}{7} = \frac{15}{28}$

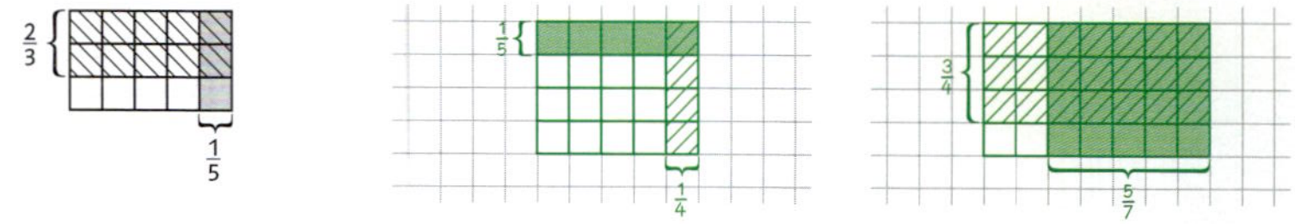

2 Notiere die dargestellte Multiplikationsaufgabe. Lies auch das Ergebnis ab.

a)

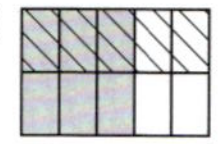

$\frac{3}{5} \cdot \frac{1}{2} = \frac{3}{10}$

b)

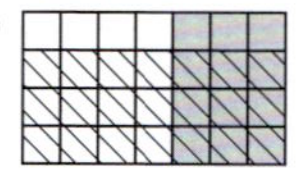

$\frac{3}{7} \cdot \frac{3}{4} = \frac{9}{28}$

c)

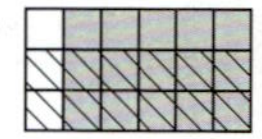

$\frac{5}{6} \cdot \frac{2}{3} = \frac{10}{18} = \frac{5}{9}$

3 Berechne. Denke an das Kürzen und gib das Ergebnis gegebenenfalls als gemischte Zahl an.

Wenn du die Lösungen nach ihrer Größe ordnest, erhältst du ein Lösungswort.

a) $\frac{2}{3} \cdot \frac{9}{4} = \frac{2 \cdot 9}{3 \cdot 4} = \frac{1 \cdot 3}{1 \cdot 2} = \frac{3}{2} = 1\frac{1}{2}$ P

b) $3\frac{1}{4} \cdot \frac{2}{3} = \frac{13}{4} \cdot \frac{2}{3} = \frac{13 \cdot 2}{4 \cdot 3} = \frac{13 \cdot 1}{2 \cdot 3} = \frac{13}{6} = 2\frac{1}{6}$ I

c) $\frac{24}{5} \cdot \frac{3}{32} = \frac{24 \cdot 3}{5 \cdot 32} = \frac{3 \cdot 3}{5 \cdot 4} = \frac{9}{20}$ A

d) $\frac{6}{25} \cdot \frac{15}{22} = \frac{6 \cdot 15}{25 \cdot 22} = \frac{3 \cdot 3}{5 \cdot 11} = \frac{9}{55}$ C

e) $\frac{2}{5} \cdot \frac{9}{10} = \frac{2 \cdot 9}{5 \cdot 10} = \frac{1 \cdot 9}{5 \cdot 5} = \frac{9}{25}$ H

f) $2\frac{1}{6} \cdot \frac{15}{26} = \frac{13}{6} \cdot \frac{15}{26} = \frac{13 \cdot 15}{6 \cdot 26} = \frac{1 \cdot 5}{2 \cdot 2} = \frac{5}{4} = 1\frac{1}{4}$ M

g) $3\frac{1}{3} \cdot 4\frac{1}{2} = \frac{10}{3} \cdot \frac{9}{2} = \frac{10 \cdot 9}{3 \cdot 2} = \frac{5 \cdot 3}{1 \cdot 1} = 15$ N

h) $5\frac{1}{7} \cdot \frac{14}{27} = \frac{36}{7} \cdot \frac{14}{27} = \frac{36 \cdot 14}{7 \cdot 27} = \frac{4 \cdot 2}{1 \cdot 3} = \frac{8}{3} = 2\frac{2}{3}$ O

Ergebnisse: $\frac{9}{55} < \frac{9}{25} < \frac{9}{20} < 1\frac{1}{4} < 1\frac{1}{2} < 2\frac{1}{6} < 2\frac{2}{3} < 15$ Lösungswort: C H A M P I O N

4 Ergänze die Rechenschlange mit gekürzten Brüchen. Achte auf die Rechenart.

$\frac{5}{6}$ → · 3 → $\frac{15}{6} = \frac{5}{2}$ → · $\frac{1}{6}$ → $\frac{5}{12}$ → : 5 → $\frac{1}{12}$ → + $\frac{7}{12}$ → $\frac{8}{12} = \frac{2}{3}$ → − $\frac{1}{3}$ → $\frac{1}{3}$ → · $\frac{2}{3}$ → $\frac{4}{9}$ → : 2 → $\frac{2}{9}$ → · $\frac{18}{7}$ → $\frac{4}{7}$ → − $\frac{2}{7}$ → $\frac{2}{7}$ → · 7 → 2 → · $\frac{5}{8}$ → $\frac{5}{4}$ → − $\frac{3}{8}$ → $\frac{7}{8}$ → · $\frac{16}{35}$ → $\frac{2}{5}$ → · $\frac{5}{2}$ → 1

5 Für eine Wanderung hat Familie Müller einen Rundweg am Torfhaus im Harz ausgesucht. Die Kinder schaffen es in $\frac{4}{5}$ der angegebenen Zeit, die Großeltern benötigen für den Weg $\frac{5}{6}$ der Zeit.

Wie lange brauchen sie? Gib das Ergebnis in Stunden und Minuten an.

Kinder: $2\frac{1}{2}\,h \cdot \frac{4}{5} = \frac{5 \cdot 4}{2 \cdot 5}\,h = 2\,h = 120\,min$ Großeltern: $2\frac{1}{2}\,h \cdot \frac{5}{6} = \frac{5 \cdot 5}{2 \cdot 6}\,h = \frac{25}{12}\,h = 2\frac{1}{12}\,h = 125\,min$

Dividieren durch Brüche (1)

1 Veranschauliche die Aufgabe in der Figur und gib das Ergebnis an.

a) Wie oft passt $\frac{1}{2}$ in $\frac{6}{2}$ (= 3)?

$\frac{6}{2} : \frac{1}{2} =$ 6

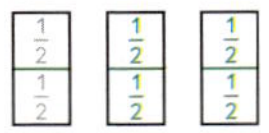

Statt zu dividieren kann man auch mit dem Kehrwert multiplizieren:
$\frac{6}{2} \cdot \frac{2}{1} = 6$

b) Wie oft passt $\frac{1}{4}$ in $\frac{6}{2}$?

$\frac{6}{2} : \frac{1}{4} =$ 12

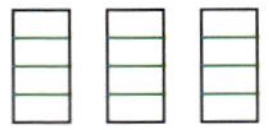

Statt zu dividieren kann man auch mit dem Kehrwert multiplizieren:
$\frac{6}{2} : \frac{1}{4} = \frac{6}{2} \cdot \frac{4}{1} = \frac{2 \cdot 3 \cdot 2 \cdot 2}{2 \cdot 1} = 12$

c) Wie oft passt $\frac{3}{4}$ in $\frac{6}{2}$?

$\frac{6}{2} : \frac{3}{4} =$ 4

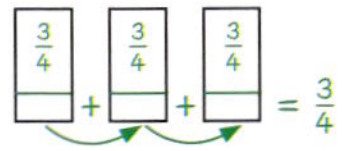

Statt zu dividieren kann man auch mit dem Kehrwert multiplizieren:
$\frac{6}{2} : \frac{3}{4} = \frac{6}{2} \cdot \frac{4}{3} = \frac{2 \cdot 3 \cdot 2 \cdot 2}{2 \cdot 3} = 4$

2 a) Aus einer Karaffe mit 2 Litern Traubensaft sollen Gläser mit dem Fassungsvermögen von $\frac{1}{5}$ Liter befüllt werden. Wie viele Gläser mit Traubensaft erhält man? Löse zeichnerisch und rechnerisch.

$2 : \frac{1}{5} = 2 \cdot \frac{5}{1} = 10$

Man erhält 10 Gläser Traubensaft.

b) Wenn man größere Gläser mit dem Fassungsvermögen von $\frac{1}{4}$ Liter nimmt, kann man dann mehr oder weniger Gläser mit dem Inhalt der Karaffe befüllen? Weniger, denn $2 : \frac{1}{4} = 2 \cdot \frac{4}{1} = 8$ (Gläser)

3 Schreibe und rechne wie im Beispiel.

a) $\frac{3}{4} : \frac{2}{5} = \frac{3}{4} \cdot \frac{5}{2} = \frac{3 \cdot 5}{4 \cdot 2} = \frac{15}{8} = 1\frac{7}{8}$

b) $\frac{1}{4} : \frac{3}{2} = \frac{1}{4} \cdot \frac{2}{3} = \frac{1 \cdot 2}{4 \cdot 3} = \frac{2}{12} = \frac{1}{6}$

c) $\frac{3}{5} : \frac{2}{7} = \frac{3}{5} \cdot \frac{7}{2} = \frac{3 \cdot 7}{5 \cdot 2} = \frac{21}{10} = 2\frac{1}{10}$

d) $\frac{4}{5} : \frac{7}{3} = \frac{4}{5} \cdot \frac{3}{7} = \frac{4 \cdot 3}{5 \cdot 7} = \frac{12}{35}$

e) $\frac{2}{9} : \frac{1}{10} = \frac{2}{9} \cdot \frac{10}{1} = \frac{2 \cdot 10}{9 \cdot 1} = \frac{20}{9} = 2\frac{2}{9}$

f) $\frac{7}{11} : \frac{9}{2} = \frac{7}{11} \cdot \frac{2}{9} = \frac{7 \cdot 2}{11 \cdot 9} = \frac{14}{99}$

4 Kürze während der Rechnung wie im Beispiel und gib das Ergebnis als vollständig gekürzten Bruch an.

a) $\frac{8}{9} : \frac{2}{3} = \frac{8 \cdot 3}{9 \cdot 2} = \frac{2 \cdot 4 \cdot 3}{3 \cdot 3 \cdot 2} = \frac{4}{3} = 1\frac{1}{3}$

b) $\frac{48}{49} : \frac{66}{35} = \frac{48 \cdot 35}{49 \cdot 66} = \frac{6 \cdot 8 \cdot 5 \cdot 7}{7 \cdot 7 \cdot 6 \cdot 11} = \frac{40}{77}$

c) $\frac{42}{45} : \frac{14}{63} = \frac{42 \cdot 63}{45 \cdot 14} = \frac{6 \cdot 7 \cdot 9 \cdot 7}{9 \cdot 5 \cdot 2 \cdot 7} = \frac{42}{10} = 4\frac{1}{5}$

d) $\frac{90}{91} : \frac{15}{7} = \frac{90 \cdot 7}{91 \cdot 15} = \frac{15 \cdot 6 \cdot 7}{7 \cdot 13 \cdot 15} = \frac{6}{13}$

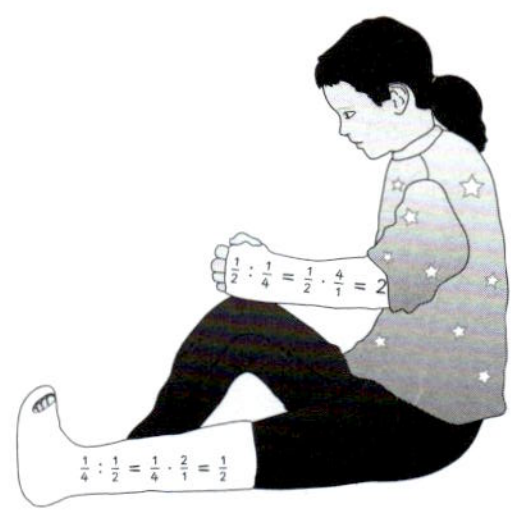

5 Rechne im Kopf.

a) $\frac{1}{3} : \frac{1}{2} = \frac{2}{3}$ b) $\frac{1}{3} : \frac{2}{1} = \frac{1}{6}$ c) $\frac{2}{3} : \frac{1}{3} = \frac{2}{1}$ d) $\frac{2}{3} : \frac{1}{2} = \frac{4}{3}$ e) $\frac{1}{6} : \frac{2}{3} = \frac{1}{4}$ f) $\frac{5}{6} : 6 = \frac{5}{36}$

Dividieren durch Brüche (2)

1 Fülle die Lücken aus. Rechne im Kopf.

a) 2 $\xrightarrow{:\frac{2}{3}}$ 3 $\xrightarrow{:\frac{3}{4}}$ 4 $\xrightarrow{:\frac{4}{5}}$ 5 $\xrightarrow{:\frac{5}{6}}$ 6

b) $\frac{1}{5}$ $\xrightarrow{:\frac{2}{3}}$ $\frac{3}{10}$ $\xrightarrow{:\frac{3}{4}}$ $\frac{2}{5}$ $\xrightarrow{:\frac{4}{5}}$ $\frac{1}{2}$ $\xrightarrow{:\frac{5}{6}}$ $\frac{3}{5}$

c) $\frac{2}{7}$ $\xrightarrow{:\frac{3}{2}}$ $\frac{4}{21}$ $\xrightarrow{:\frac{4}{3}}$ $\frac{1}{7}$ $\xrightarrow{:\frac{5}{4}}$ $\frac{4}{35}$ $\xrightarrow{:\frac{6}{5}}$ $\frac{2}{21}$

2 a) Ein Viertel aller Schüler der Klasse 6a spielt gerne Fußball, das sind 7 Schüler. Also hat die Klasse insgesamt $7 : \frac{1}{4} = 7 \cdot \frac{4}{1} =$ 28 Schüler.

b) $\frac{3}{4}$ l Apfelsaft kosten 1,20 €. Dann kostet 1 l Apfelsaft $1{,}20\,€ : \frac{3}{4} = 1{,}20\,€ \cdot \frac{4}{3} =$ 1,60 €.

c) Nach $\frac{2}{3}$ der Gesamtstrecke machen wir endlich eine Pause, immerhin sind wir schon 8 km gewandert. Insgesamt ist unser Rundweg $8\,\text{km} : \frac{2}{3} = 8\,\text{km} \cdot \frac{3}{2} =$ 12 km lang.

3 Berechne und ordne anschließend die Ergebnisse von klein nach groß. Die Buchstaben auf den Kärtchen verraten dir dann, was Bruch auf Lateinisch heißt.

a) $4\frac{2}{3} : 4 = \frac{14}{3} : \frac{4}{1} = \frac{14}{3} \cdot \frac{1}{4} = \frac{2 \cdot 7}{3 \cdot 2 \cdot 2} = \frac{7}{6} = 1\frac{1}{6}$

b) $3\frac{3}{8} : 2\frac{1}{4} = \frac{27}{8} : \frac{9}{4} = \frac{27}{8} \cdot \frac{4}{9} = \frac{3 \cdot 9 \cdot 4}{2 \cdot 4 \cdot 9} = \frac{3}{2} = 1\frac{1}{2}$

c) $5\frac{5}{6} : 4\frac{2}{3} = \frac{35}{6} : \frac{14}{3} = \frac{35}{6} \cdot \frac{3}{14} = \frac{5 \cdot 7 \cdot 3}{2 \cdot 3 \cdot 2 \cdot 7} = \frac{5}{4} = 1\frac{1}{4}$

d) $2\frac{4}{9} : 1\frac{1}{3} = \frac{22}{9} : \frac{4}{3} = \frac{22}{9} \cdot \frac{3}{4} = \frac{2 \cdot 11 \cdot 3}{3 \cdot 3 \cdot 2 \cdot 2} = \frac{11}{6} = 1\frac{5}{6}$

e) $2\frac{1}{3} : 3\frac{1}{2} = \frac{7}{3} : \frac{7}{2} = \frac{7}{3} \cdot \frac{2}{7} = \frac{7 \cdot 2}{3 \cdot 7} = \frac{2}{3} = \frac{2}{3}$

f) $6\frac{3}{7} : 3\frac{6}{7} = \frac{45}{7} : \frac{27}{7} = \frac{45}{7} \cdot \frac{7}{27} = \frac{5 \cdot 9 \cdot 7}{7 \cdot 3 \cdot 9} = \frac{5}{3} = 1\frac{2}{3}$

g) $4\frac{2}{5} : 3\frac{3}{10} = \frac{22}{5} : \frac{33}{10} = \frac{22}{5} \cdot \frac{10}{33} = \frac{2 \cdot 11 \cdot 2 \cdot 5}{5 \cdot 3 \cdot 11} = \frac{4}{3} = 1\frac{1}{3}$

R | $1\frac{5}{6}$ E | $1\frac{1}{5}$ F | $\frac{2}{3}$ U | $1\frac{2}{3}$ K | $1\frac{1}{3}$ T | $1\frac{1}{2}$ M | $1\frac{3}{4}$ A | $1\frac{1}{4}$ R | $1\frac{1}{6}$

$\frac{2}{3} < 1\frac{1}{6} < 1\frac{1}{4} < 1\frac{1}{3} < 1\frac{1}{2} < 1\frac{2}{3} < 1\frac{5}{6}$

Lösungswort: F R A K T U R

4 Entscheide, welche Rechnung zu welcher Aufgabe passt, und berechne dann die Aufgabe. Zwei Rechenausdrücke rechts bleiben übrig.

a) $\frac{2}{3}$ der Schüler möchten am Wandertag in einen Freizeitpark. In der Klasse sind 30 Schüler. D

b) $\frac{2}{3}$ der im Angebot gekauften Äpfel sind faul, das sind immerhin 30 Stück. C

c) $\frac{2}{3}$ der Schüler eines Gymnasiums sind in der Sekundarstufe I, von diesen schafft nur jeder 30. einen Einserdurchschnitt im Zeugnis. Das entspricht welchem Bruchteil aller Schüler? B

d) Welcher Bruchteil von $\frac{2}{3}$ ist $\frac{1}{30}$? F

B $\frac{2}{3} \cdot \frac{1}{30} = \frac{1}{45}$

C $30 : \frac{2}{3} = \frac{45}{1}$

F $\frac{1}{30} : \frac{2}{3} = \frac{1}{20}$

D $30 \cdot \frac{2}{3} = \frac{20}{1}$

A $\frac{2}{3} : 30 = \frac{1}{45}$

E $\frac{3}{2} \cdot 30 = \frac{45}{1}$

Multiplizieren von Dezimalbrüchen

1 Rechne im Kopf. Tipp: Rechne zuerst ohne Komma im Kopf und überlege dann, wo das Komma gesetzt werden muss.

a) 0,2 · 0,3 = 0,06 b) 12 · 0,6 = 7,2 c) 1,01 · 2,1 = 2,121 d) 5,2 · 2,02 = 10,504
e) 4,5 · 0,8 = 3,6 f) 0,04 · 1,6 = 0,064 g) 0,09 · 1,5 = 0,135 h) 1,3 · 1,2 = 1,56

2 Setze das Komma an die richtige Stelle. Ein Überschlag kann hilfreich sein.

a) 1,4 · 2,55 = 3,57 b) 5,25 · 12,4 = 65,1 c) 80,5 · 25,2 = 2028,6 d) 12,3 · 45,6 = 560,88
e) 0,06 · 907 = 54,42 f) 0,8 · 1250 = 1000,000 g) 62,5 · 3,2 = 200,0000 h) 0,05 · 500 = 25,0000

3 Bei diesen Zahlenmauern werden die benachbarten Zahlen multipliziert. Rechne schriftlich im Heft.

a)
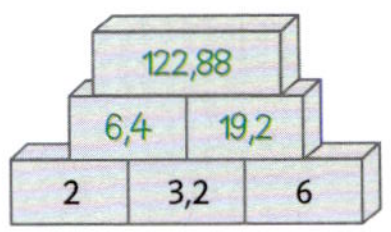

b)
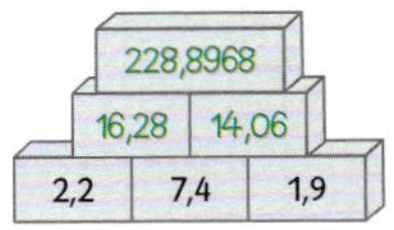

c)
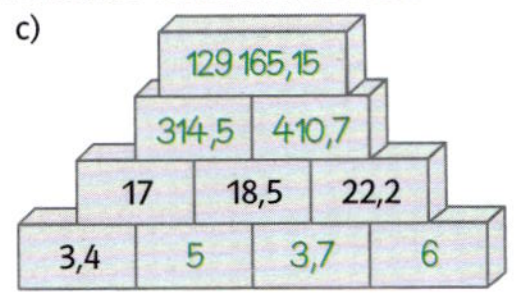

4 Achtung, hier haben sich einige Fehler eingeschlichen. Finde und markiere die Fehler, löse die Aufgaben daneben korrekt.

a) 7,09 · 5 = 3,545 (falsch) → 7,09 · 5 = 35,45

b) 34,51 · 7,8
2415 7
276 0 8
5 1 7,5 5 (falsch)

Korrekt: 34,51 · 7,8
24157
27608
269,178

5 Berechne die durchschnittlichen Mietpreise in Deutschland.

a) Familie Klein zahlt in ihrer 82,5 m² großen Wohnung (1) einen Quadratmeterpreis von 6,80 €. Frau Klein sieht in der Zeitung eine 95 m² große Wohnung (2) für 608 €. Vergleiche die beiden Angebote.

Wohnung 2 ist günstiger, da der Quadratmeterpreis 6,40 € beträgt (608 € : 95 = 6,40 €).
Da 82,5 · 6,80 € = 561 €, ist bei Wohnung (1) die Miete geringer.

b) Wie teuer ist eine 85 m² große Wohnung im Durchschnitt? Trage in die Tabelle ein.

	Quadratmeterpreis	Wohnungspreis
München	8,44 €	717,40 €
Stuttgart	6,94 €	589,90 €
Köln	6,88 €	584,80 €
Dresden	5,27 €	447,95 €
Berlin-West	5,44 €	462,40 €
Berlin-Ost	5,38 €	457,30 €

c) Der teuerste Durchschnittswert für eine 85 m² große Wohnung liegt mit 714,40 € in München. Der Unterschied zur günstigsten Wohnung in Dresden beträgt 269,45 €.

Dividieren von Dezimalbrüchen (1)

1 Berechne jeweils nur eine Aufgabe. Bestimme mit diesem Ergebnis die anderen im Kopf.

a) 6936 : 8 = 867 b) 3291,6 : 6 = 548,6 c) 158,01 : 23 = 6,87 d) 515,7 : 18 = 28,65
69,36 : 8 = 8,67 32,916 : 6 = 5,486 15801 : 23 = 687 5,157 : 18 = 0,2865
6,936 : 8 = 0,867 3,2916 : 6 = 0,5486 15,801 : 23 = 0,687 51,57 : 18 = 2,865

6936 : 8 = 867 | 3291,6 : 6 = 548,6 | 158,01 : 23 = 6,87 | 515,7 : 18 = 28,65

2 Wurde richtig gerechnet? Kreise der passenden Buchstaben ein. Richtig gelesen erhältst du ein Lösungswort.

Aufgabe	richtig	falsch
148,8 : 12 = 12,4	(N)	U
30,3 : 15 = 20,2	L	(E)
0,4 : 0,2 = 0,2	M	(N)
10,2 : 0,1 = 102	(O)	E
132,44 : 2 = 6,622	N	(I)

Aufgabe	richtig	falsch
12,96 : 3,6 = 4,16	A	(S)
0,10 : 0,5 = 0,2	(I)	N
0,2 : 0,5 = 0,1	A	(V)
3 : 0,75 = 4,5	T	(I)
1,5 : 5 = 0,3	(D)	A

Lösungswort: D I V I S I O N E N

Individuelle Rechnungen – beispielsweise:
148,8 : 12 = 12,4 | 30,3 : 15 = 2,02 | 129,6 : 36 = 3,6 | 1,5 : 5 = 0,3

3 Berechne. Denke an die Kommaverschiebung.

a) 14,4 : 2,88 = 5 b) 4,374 : 0,06 = 72,9 c) 364,80 : 1,2 = 304 d) 861,8 : 12,4 = 69,5
Ü: 15 : 3 = 5 Ü: 420 : 6 = 70 Ü: 360 : 1 = 360 Ü: 860 : 10 = 86

1440 : 288 = 5 | 437,4 : 6 = 72,9 | 3648 : 12 = 304 | 8618 : 124 = 69,5

Dividieren von Dezimalbrüchen (2)

1 Bilde alle möglichen Aufgaben. Schreibe sie mit Ergebnissen auf.

2,4 ; 1,8 ; 0,5 **:** 0,2 ; 5 ; 0,5 **=** 48 ; 3,6 ; 12 ; 1 ; 0,1 ; 3,6 ; 0,9 ; 9 ; 0,25 ; 0,12 ; 0,48 ; 0,2 ; 3,8 ; 1,2

2,4 : 0,2 = 12 2,4 : 5 = 0,48
1,8 : 0,2 = 9 1,8 : 0,5 = 3,6
0,5 : 0,5 = 1 0,5 : 5 = 0,1

2 Berechne jeweils den Preis für eine Flasche.

5,88 : 12 = 0,49 4,98 : 6 = 0,83

Eine Flasche Wasser kostet 0,49 €, eine Flasche Saft kostet 0,83 €.

3 a) Ein Hochhaus hat 12 Stockwerke und eine Höhe von 30 m. In einem solchen Hochhaus wäre eine Etage 2,5 m hoch.

30 : 12 = 2,5

b) Seit 2012 ist das höchste Wohn- bzw. Bürogebäude in Europa der Mercury City Tower in Moskau. Die Architektengruppe um Frank Williams entwarf das mit 75 Stockwerken 339 m hohe Gebäude. Im Mercury City Tower ist jede Etage durchschnittlich rund 4,52 m hoch.

339 : 75 = 4,52

c) Der höchste Turm in Deutschland ist der Fernsehturm in Berlin mit 368 m. Ein Hochhaus von der Höhe des Berliner Fernsehturms hätte bei einer Etagenhöhe von 3,5 m 105 Stockwerke. Runde, wenn nötig, sinnvoll.

368 : 3,5 = 3680 : 35 = 105,...

4 Wie viele Blätter hat eine Küchentücherrolle? Eine Rolle Küchentücher hat eine Länge von etwa 12,5 m. Ein Blatt hat eine Länge von 0,26 m.

12,5 : 0,26 = 1250 : 26 = 48

Eine Rolle hat 48 Blätter.

5 Vergleiche die beiden Wohnungsanzeigen.

A Whg., 98,5 m², 4 Zimmer mit Balkon, KM 512,20 € + NK

B 5-Zimmer-Whg., 102,5 m² in ruhiger Lage für 553,50 € KM + NK

5122 : 985 = 5,2 5535 : 1025 = 5,4

Wohnung A kostet 5,20 € pro m², Wohnung B kostet 5,40 € pro m². Wohnung A ist günstiger.

Abbrechende und periodische Dezimalbrüche

1 Einen Bruch kann man genau dann in einen abbrechenden Dezimalbruch umwandeln, wenn man ihn so erweitern kann, dass im Nenner eine Zehnerpotenz steht (also 10, 100, 1000, 10 000, …).
a) Bei welchen Aufgaben ist das möglich?
b) Wandle die anderen Brüche durch Division in einen periodischen Dezimalbruch um.

Bruch	$\frac{1}{3}$	$\frac{1}{4}$	$\frac{1}{5}$	$\frac{1}{6}$	$\frac{1}{8}$	$\frac{1}{9}$	$\frac{1}{11}$	$\frac{3}{20}$	$\frac{4}{25}$	$\frac{1}{90}$	$\frac{5}{16}$	$\frac{5}{11}$	$\frac{5}{22}$
erweiterter Bruch	–	$\frac{25}{100}$	$\frac{20}{100}$	–	$\frac{125}{1000}$	–	–	$\frac{15}{100}$	$\frac{16}{100}$	–	$\frac{3125}{10000}$	–	–
Dezimalbruch	$0,\overline{3}$	0,25	0,2	$0,1\overline{6}$	0,125	$0,\overline{1}$	$0,\overline{09}$	0,15	0,16	$0,0\overline{1}$	0,3125	$0,\overline{45}$	$0,2\overline{27}$

1 : 6 = 0,166… 1 : 9 = 0,111… 1 : 11 = 0,0909… 1 : 90 = 0,0111… 5 : 11 = 0,4545… 5 : 22 = 0,22727…

2 Runde die periodischen Dezimalbrüche auf die in der letzten Zeile angegebene Stelle.

	$\frac{1}{3} = 0,\overline{3}$	$\frac{1}{6} = 0,1\overline{6}$	$\frac{1}{7} = 0,\overline{142857}$	$\frac{12}{99} = 0,\overline{12}$	$\frac{15}{11} = 1,\overline{36}$	$\frac{7}{13} = 0,\overline{538461}$
≈	0,3	0,167	0,14286	0,1212	1,364	0,54
Runde auf…	Zehntel	Tausendstel	Hunderttausendstel	Zehntausendstel	Tausendstel	Hundertstel

3 Berechne schrittweise. Vermeide dabei periodische Dezimalbrüche.

a) $0,5 + \frac{1}{3} = \frac{1}{2} + \frac{1}{3} = \frac{3}{6} + \frac{2}{6} = \frac{5}{6}$

b) $\frac{2}{3} \cdot 0,2 = \frac{2}{3} \cdot \frac{2}{10} = \frac{4}{30} = \frac{2}{15}$

c) $\frac{7}{9} - 0,7 = \frac{7}{9} - \frac{7}{10} = \frac{70}{90} - \frac{63}{90} = \frac{7}{90}$

d) $12 : \frac{1}{11} = 12 : \frac{1}{11} = \frac{12 \cdot 11}{1 \cdot 1} = \frac{132}{1} = 132$

4 Vergleiche. Setze das richtige Zeichen ein: =, > oder <.

a) 1,333… = $1,\overline{3}$ b) $2,2\overline{4}$ > 2,24 c) 1,03 < $1,0\overline{3}$ d) $2,1\overline{7}$ < $2,\overline{17}$
e) 6,666… < 6,7 f) $3,\overline{9}$ = 3,9 g) $4,1\overline{2}$ < 4,123 h) $2,0\overline{6}$ > $2,\overline{06}$

5 a) Berechne die Perioden der Brüche $\frac{1}{11}; \frac{2}{11}; \frac{3}{11}; \frac{4}{11}$ …

$\frac{1}{11} = 0,\overline{09}$ $\frac{2}{11} = 0,\overline{18}$ $\frac{3}{11} = 0,\overline{27}$
$\frac{4}{11} = 0,\overline{36}$ $\frac{5}{11} = 0,\overline{45}$

1 : 11 = 0,0909… 2 : 11 = 0,1818… 3 : 11 = 0,2727…

b) Erkennst du eine Regelmäßigkeit? Notiere.

Unter dem Periodenstrich stehen die entsprechenden Vielfachen von 9.

Vorteile beim Rechnen – Rechenregeln

1 Berechne. Vertausche dazu die Faktoren möglichst geschickt. Kürze, wenn möglich.

a) $\frac{2}{3}\cdot\frac{7}{5}\cdot\frac{12}{4}\cdot\frac{25}{14} = \frac{2}{3}\cdot\frac{12}{4}\cdot\frac{7}{5}\cdot\frac{25}{14} = \frac{2\cdot3\cdot4\cdot7\cdot5\cdot5}{3\cdot4\cdot5\cdot2\cdot7} = 5$

b) $\frac{12}{54}\cdot\frac{70}{11}\cdot3\cdot\frac{121}{140}\cdot\frac{12}{36} = \frac{3}{1}\cdot\frac{12}{36}\cdot\frac{70}{11}\cdot\frac{121}{140}\cdot\frac{12}{54} = \frac{3\cdot12\cdot70\cdot11\cdot11\cdot2\cdot6}{3\cdot12\cdot11\cdot2\cdot70\cdot6\cdot9} = \frac{11}{9}$

c) $\frac{2}{10}\cdot\frac{4}{5}+\frac{6}{10}\cdot\frac{4}{5} = \frac{4}{5}\cdot\left(\frac{2}{10}+\frac{6}{10}\right) = \frac{4}{5}\cdot\frac{8}{10} = \frac{2\cdot2\cdot8}{5\cdot2\cdot5} = \frac{16}{25}$

d) $\frac{15}{27}:\frac{25}{9}\cdot\frac{5}{35} = \frac{15}{27}\cdot\frac{9}{25}\cdot\frac{5}{35} = \frac{3\cdot5\cdot9\cdot5}{3\cdot9\cdot5\cdot5\cdot5\cdot7} = \frac{1}{35}$

2 Welchen Rechenvorteil würdest du aus dem Angebot wählen? Kannst du die Aufgaben dann im Kopf rechnen? Die Buchstaben in der Reihenfolge der Aufgaben ergeben ein Lösungswort.

a) $4\cdot(2{,}5+1{,}1) = 10 + 4{,}4 = 14{,}4$ M
b) $12{,}25 + (3{,}17 + 2{,}83) = 12{,}25 + 6 = 18{,}25$ A
c) $0{,}25\cdot0{,}29\cdot4 = 0{,}25\cdot4\cdot0{,}29 = 0{,}29$ N
d) $80\cdot1{,}5\cdot0{,}125 = 0{,}125\cdot80\cdot1{,}5 = 15$ N
e) $63{,}7 + 12{,}8 + 36{,}3 = 100 + 12{,}8 = 112{,}8$ H
f) $2{,}33\cdot7 + 2{,}33\cdot3 = 2{,}33\cdot(7+3) = 23{,}3$ E
g) $2{,}4\cdot(0{,}5\cdot2) = 2{,}4\cdot1 = 2{,}4$ I
h) $\left(\frac{11}{3}-\frac{7}{6}\right)\cdot6 = 6\cdot\frac{11}{3} - 6\cdot\frac{7}{6} = 22 - 7 = 15$ M

Addiere zuerst die beiden letzten Summanden. | A
Multipliziere zuerst die beiden letzten Faktoren. | I
Vertausche erst die Summanden. | H
Klammere zuerst einen gemeinsamen Faktor aus. | E
Vertausche erst die Faktoren. | N
Multipliziere aus. | M

3 Rechne die Aufgaben auf zwei Arten. Kreuze an, welche Rechnung für dich vorteilhafter war.

	Zuerst ausmultiplizieren (Distributivgesetz anwenden)		Klammer zuerst berechnen	
a)	$12\cdot\left(\frac{1}{2}+\frac{1}{6}-\frac{1}{3}\right) = 12\cdot\frac{1}{2} + 12\cdot\frac{1}{6} - 12\cdot\frac{1}{3} = 6 + 2 - 4 = 4$		$12\cdot\left(\frac{1}{2}+\frac{1}{6}-\frac{1}{3}\right) = 12\cdot\left(\frac{3}{6}+\frac{1}{6}-\frac{2}{6}\right) = 12\cdot\frac{2}{6} = 4$	X
b)	$\frac{3}{8}\cdot(48+56) = \frac{3}{8}\cdot48 + \frac{3}{8}\cdot56 = 18 + 21 = 39$		$\frac{3}{8}\cdot(48+56) = \frac{3}{8}\cdot104 = 3\cdot13 = 39$	X
c)	$\frac{2}{3}\cdot\left(\frac{1}{2}+\frac{3}{18}+\frac{1}{6}\right) = \frac{2}{3}\cdot\frac{1}{2} + \frac{2}{3}\cdot\frac{3}{18} + \frac{2}{3}\cdot\frac{1}{6} = \frac{1}{3}+\frac{1}{9}+\frac{1}{9} = \frac{3}{9}+\frac{2}{9} = \frac{5}{9}$	X	$\frac{2}{3}\cdot\left(\frac{1}{2}+\frac{3}{18}+\frac{1}{6}\right) = \frac{2}{3}\cdot\left(\frac{9}{18}+\frac{3}{18}+\frac{3}{18}\right) = \frac{2}{3}\cdot\frac{15}{18} = \frac{5}{9}$	

4 Lars und Anna kaufen für einen Obstsalat ein: 2 kg Bananen, 1,6 kg Äpfel und 1,4 kg Birnen, 1,5 kg Erdbeeren und 1 kg Kirschen.
Stelle einen Term auf und berechne geschickt, was sie zahlen müssen.

Bananen	2,49 Euro/kg
Äpfel	1,59 Euro/kg
Birnen	1,59 Euro/kg
Erdbeeren	3,75 Euro/500 g
Kirschen	4,75 Euro/kg

Term: $2\cdot2{,}49 + 1{,}6\cdot1{,}59 + 1{,}4\cdot1{,}59 + 3\cdot3{,}75 + 4{,}75$

$1{,}59\cdot3 = 4{,}77$ $3{,}75\cdot3 = 11{,}25$
$11{,}25 + 4{,}75 = 16$
$4{,}98 + 4{,}77 + 16{,}00 = 25{,}75$

Sie müssen insgesamt 25,75 € bezahlen.

Training

1 Berechne. Notiere den Buchstaben über der richtigen Lösung und du erhältst ein Lösungswort.

R: $5\cdot\frac{3}{4}$ E: $\frac{1}{3}\cdot6$ O: $\frac{3}{5}:6$ G: $\frac{2}{7}:4$ I: $3\cdot\frac{5}{18}$ A: $\frac{8}{15}:4$ N: $8\cdot\frac{3}{7}$ B: $\frac{5}{6}:3$ I: $\frac{2}{9}\cdot12$

Lösungswort:	A	B	O	R	I	G	I	N	E
	$\frac{2}{15}$	$\frac{5}{18}$	$\frac{1}{10}$	$3\frac{3}{4}$	$2\frac{2}{3}$	$\frac{1}{14}$	$\frac{5}{6}$	$3\frac{3}{7}$	2

2 Berechne zuerst im Kopf. Setze dann <, > oder = ein.

a) $\frac{1}{3} = \frac{1}{4}\cdot\frac{4}{3}$ < $\frac{2}{5}\cdot\frac{5}{3} = \frac{2}{3}$
b) $\frac{6}{1} = \frac{9}{4}\cdot\frac{8}{3}$ > $\frac{12}{7}\cdot\frac{7}{6} = \frac{2}{1}$
c) $\frac{2}{3} = \frac{14}{9}\cdot\frac{3}{7}$ < $\frac{15}{6}\cdot\frac{9}{10} = \frac{9}{4}$
d) $\frac{2}{9} = \frac{5}{12}\cdot\frac{8}{15}$ < $\frac{16}{27}\cdot\frac{36}{24} = \frac{8}{9}$
e) $\frac{1}{2} = \frac{21}{6}\cdot\frac{1}{7}$ < $\frac{45}{11}\cdot\frac{11}{60} = \frac{3}{4}$
f) $\frac{14}{15} = \frac{2}{5}\cdot\frac{7}{3}$ > $\frac{1}{2}\cdot\frac{8}{5} = \frac{4}{5}$

3 Berechne. Gib das Ergebnis als vollständig gekürzten Bruch an.

a) $\frac{3}{4}:\frac{1}{4} = \frac{3}{4}\cdot\frac{4}{1} = 4$
b) $\frac{3}{2}:\frac{3}{4} = \frac{3}{2}\cdot\frac{4}{3} = 2$
c) $5:\frac{1}{3} = 5\cdot\frac{3}{1} = 15$
d) $\frac{15}{2}:3 = \frac{15}{2}\cdot\frac{1}{3} = \frac{5}{2} = 2\frac{1}{2}$
e) $\frac{3}{5}:\frac{3}{4} = \frac{3}{5}\cdot\frac{4}{3} = \frac{4}{5}$
f) $\frac{2}{5}:\frac{9}{10} = \frac{2}{5}\cdot\frac{10}{9} = \frac{4}{9}$
g) $\frac{8}{9}:\frac{9}{8} = \frac{8}{9}\cdot\frac{8}{9} = \frac{64}{81}$
h) $0:\frac{3}{7} = 0$

4 Stimmt das Ergebnis? Wenn nicht, notiere das richtige Ergebnis.

a) 2,497 · 1000	= 2497	✓	b) 0,98 · 10	= 0,098	9,8	c) 11,11 · 1000	= 0,1111	11110
2,497 · 100	= 24,97	249,7	0,98 · 1000	= 98,00	980	11,11 · 100	= 1111	✓
2,497 · 10	= 24,97	✓	0,98 · 100	= 98,00	✓	11,11 · 10 000	= 111,1	111100

5 Ergänze den Merksatz zum Multiplizieren von Dezimalzahlen. Verwende dafür die Begriffe auf den Kärtchen.

Nachkommastellen | Faktoren | Ergebnis

Zuerst multipliziert man ohne auf das Komma zu achten. Dann setzt man das Komma so, dass das Ergebnis genauso viele Nachkommastellen hat wie beide Faktoren zusammen.

6 Rechne von innen nach außen.

a)
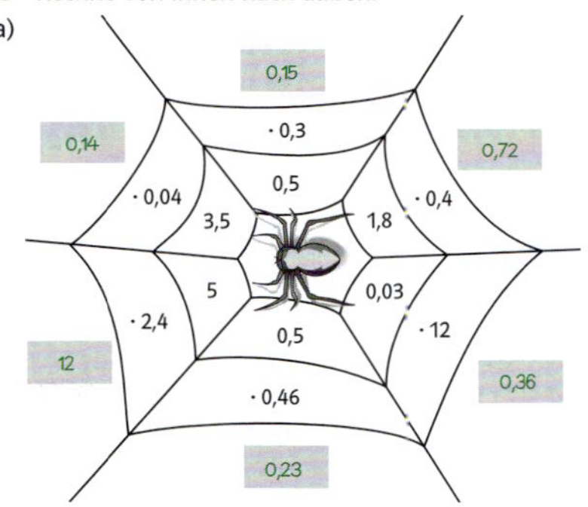

b)
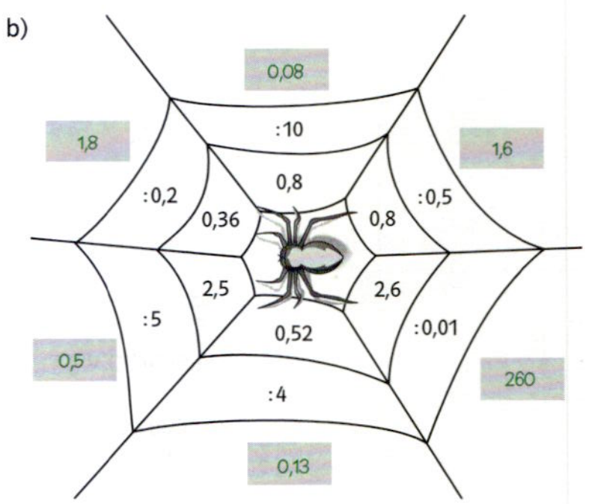

7 Überschlage das Ergebnis. Berechne dann genau.

a) Ü: $40 \cdot 3{,}5 = 140$ — $43{,}8 \cdot 3{,}4 =$ 148,92

b) Ü: $0{,}3 \cdot 6 = 1{,}8$ — $0{,}344 \cdot 5{,}86 =$ 2,01584

c) Ü: $56 : 7 = 8$ — $55{,}3 : 7 =$ 7,9

d) Ü: $18 : 6 = 3$ — $15{,}25 : 6{,}1 =$ 2,5

```
43,8 · 3,4        0,344 · 5,86      55,3 : 7 = 7,9     152,5 : 61 = 2,5
 1314               1720            49                 122
  1752               2752            63                 305
 148,92               2064           63                 305
                   2,01584            0                   0
```

8 Rechne geschickt. Denke an das Distributivgesetz (Verteilungsgesetz).

a) $\frac{1}{3} \cdot \frac{8}{9} + \frac{1}{3} \cdot \frac{1}{9} = \frac{1}{3} \cdot \left(\frac{8}{9} + \frac{1}{9}\right) = \frac{1}{3} \cdot 1 = \frac{1}{3}$

b) $\frac{4}{7} \cdot \left(\frac{7}{12} + \frac{7}{8}\right) = \frac{4}{7} \cdot \frac{7}{12} + \frac{4}{7} \cdot \frac{7}{8} = \frac{1}{3} + \frac{1}{2} = \frac{2}{6} + \frac{3}{6} = \frac{5}{6}$

c) $\frac{4}{5} \cdot \frac{7}{13} - \frac{4}{5} \cdot \frac{2}{13} = \frac{4}{5} \cdot \left(\frac{7}{13} - \frac{2}{13}\right) = \frac{4}{5} \cdot \frac{5}{13} = \frac{4}{13}$

d) $\frac{5}{12} \cdot \left(48 - \frac{36}{25}\right) = \frac{5}{12} \cdot 48 - \frac{5}{12} \cdot \frac{36}{25} = 20 - \frac{3}{5} = 19\frac{2}{5}$

9 Was gehört zusammen? Färbe oder markiere passende Karten und berechne.

Bilde die Summe aus $\frac{2}{3}$ und $\frac{3}{5}$ und multipliziere mit der Differenz aus $\frac{5}{6}$ und $\frac{3}{15}$.

$\left(\frac{2}{3} \cdot \frac{3}{5}\right) : \left(\frac{5}{6} + \frac{3}{15}\right) = \frac{2}{5} : \left(\frac{25}{30} + \frac{6}{30}\right) = \frac{2}{5} \cdot \frac{30}{31} = \frac{2}{5} : \frac{31}{30} = \frac{12}{31}$

$\left(\frac{2}{3} - \frac{3}{5}\right) \cdot \left(\frac{5}{6} + \frac{3}{15}\right) = \left(\frac{10}{15} - \frac{9}{15}\right) \cdot \left(\frac{25}{30} + \frac{6}{30}\right) = \frac{1}{15} \cdot \frac{31}{30} = \frac{31}{450}$

Dividiere das Produkt aus $\frac{3}{5}$ und $\frac{2}{3}$ durch die Summe von $\frac{5}{6}$ und $\frac{3}{15}$.

$\left(\frac{2}{3} + \frac{3}{5}\right) \cdot \left(\frac{5}{6} - \frac{3}{15}\right) = \left(\frac{10}{15} + \frac{9}{15}\right) \cdot \left(\frac{25}{30} - \frac{6}{30}\right) = \frac{19}{15} \cdot \frac{19}{30} = \frac{361}{450}$

Multipliziere die Differenz von $\frac{2}{3}$ und $\frac{3}{5}$ mit der Summe aus $\frac{5}{6}$ und $\frac{3}{15}$.

10 Löse mit der passenden Umkehraufgabe.

a) $\frac{2}{3} \cdot \frac{6}{7} = \frac{4}{7}$ — $\frac{4}{7} : \frac{2}{3} = \frac{4}{7} \cdot \frac{3}{2} = \frac{6}{7}$

b) $\frac{12}{5} \cdot \frac{5}{8} = 1\frac{1}{2}$ — $1\frac{1}{2} : \frac{5}{8} = \frac{3}{2} \cdot \frac{8}{5} = \frac{12}{5}$

c) $\frac{5}{6} : \frac{5}{12} = 2$ — $2 \cdot \frac{5}{12} = \frac{5}{6}$

d) $\frac{2}{3} : \frac{5}{12} = 1\frac{3}{5}$ — $\frac{2}{3} : 1\frac{3}{5} = \frac{2}{3} \cdot \frac{5}{8} = \frac{5}{12}$

11 Ein 50-Euro-Schein hat die Maße 140 mm × 77 mm × 0,1 mm und ein Gewicht von 0,92 g.

Für einen Stapel von $\frac{3}{4}$m Höhe benötigt man 7500 Scheine.

Dieser Stapel ist 6,9 kg schwer. Ein Stapel mit 1 Million Euro in 50-Euro-Scheinen ist mindestens 2 m hoch und 1,84 kg schwer.

75 cm : 0,01 cm = 7500
1000000 : 50 = 20000
20000 · 0,1 mm = 2000 mm = 2 m
20000 · 0,92 g = 18,4 kg

7500 · 0,92
67500
15000
6900,00

Relative Häufigkeiten und Kreisdiagramme

1 Bei einer Verkehrskontrolle wurden Fahrräder auf ihre Verkehrstüchtigkeit überprüft. Das Schaubild zeigt das Ergebnis der Kontrolle. Pro Fahrrad wurde nur der schwerwiegendste Mangel festgehalten.

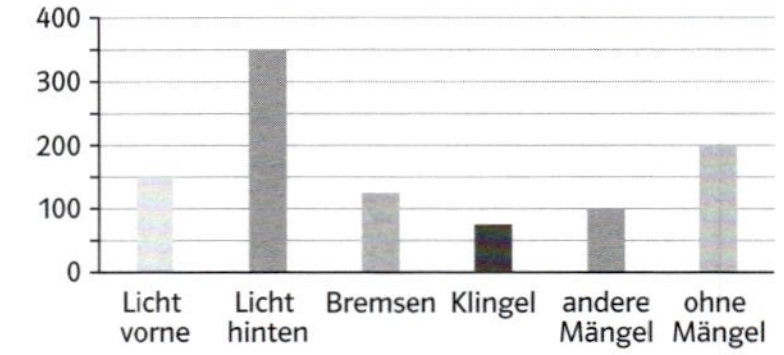

a) Trage die Werte aus dem Schaubild in die Tabelle ein.
b) Wie viele Fahrräder wurden überprüft? 1000

c) Berechne die relativen Häufigkeiten der Mängel auf drei Nachkommastellen genau.

	Licht vorne	Licht hinten	Bremsen	Klingel	andere Mängel	ohne Mängel
Anzahl	150	350	125	75	100	200
relative Häufigkeit	0,15	0,35	0,125	0,075	0,1	0,2

2 Bei einer Umfrage in einem Feriengebiet wurden Urlauber nach ihrer Zufriedenheit befragt.

	sehr zufrieden	zufrieden	überwiegend zufrieden	nicht zufrieden	enttäuscht	Summe
absolute Häufigkeit	220	334	246	142	58	1000
relative Häufigkeit	$\frac{220}{1000} = 0{,}22$	$\frac{334}{1000} = 0{,}334$	$\frac{246}{1000} = 0{,}246$	$\frac{142}{1000} = 0{,}142$	$\frac{58}{1000} = 0{,}058$	$\frac{1000}{1000} = 1{,}0$
relative Häufigkeit in %	22 %	33,4 %	24,6 %	14,2 %	5,8 %	100 %

a) Schreibe die relativen Häufigkeiten als Bruch und Dezimalbruch auf und trage sie in die Tabelle ein.

b) Wie viel Prozent der Urlauber waren nicht zufrieden oder sogar enttäuscht? 20 %

3 a) Trage die fehlenden Werte in die Tabelle der Lieblingsfarben der Klasse 5a ein. (Tipp: Balkendiagramm beachten.)

	Orange	Blau	Rot	Schwarz	Gelb	Grün	Sonstige	Summe
Anzahl	2	9	4	3	3	3	6	30

b) Vervollständige das Balkendiagramm anhand der in der Tabelle eingetragenen Werte.

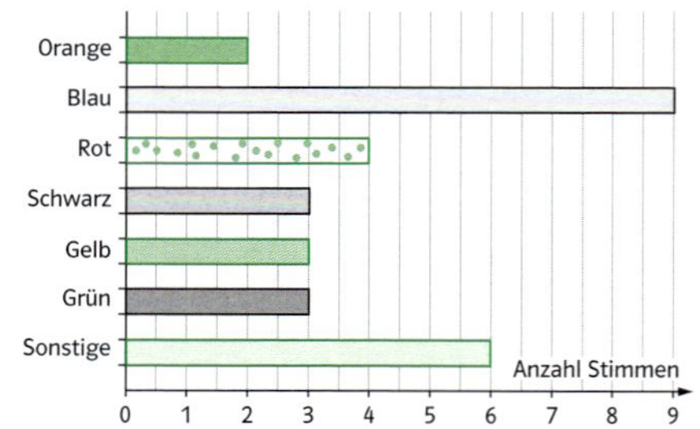

c) Stelle die Lieblingsfarben der Schülerinnen und Schüler auch in einem Kreisdiagramm dar. Von einem Unterteilungsstrich zum nächsten sind es 6°.

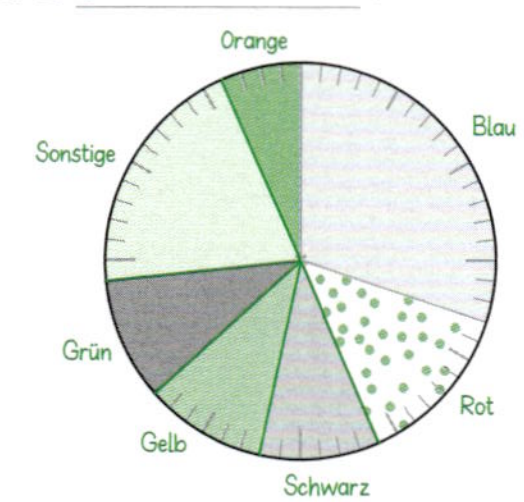

d) Vervollständige das zugehörige Streifendiagramm.

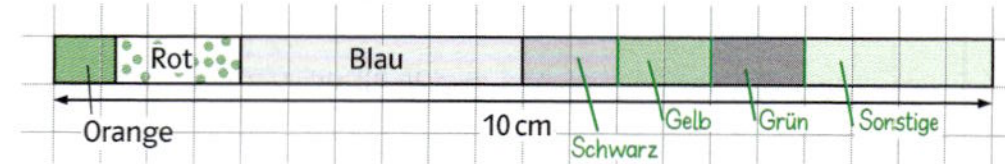

1 Trage jeweils die Zahlen in den Zahlenstrahl ein. Markiere dabei den Mittelwert und bestimme die Spannweite: 85; 28; 72; 78; 35; 33; 26

Spannweite: 85 − 26 = 59

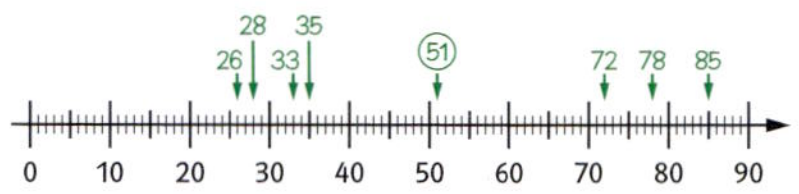

Berechnung des Mittelwerts:

26
28
33
35
72
78
85
357

357 : 7 = 51

2 Ergänze die Zahlenreihe mit dem Wert eines der Kärtchen so, dass der Mittelwert 75 beträgt.

~~83~~ ~~20~~ 85 15 ~~60~~ 80 0 90

a) 65; 67; 78; 82; 83

b) 20; 47; 63; 65; 80; 100; 150

c) 10; 45; 55; 60; 120; 160

3 Sieben Schwimmschüler einer Tauchschule veranstalten einen Wettkampf, wer am weitesten tauchen kann.

Der Mittelwert der Tauchweiten beträgt 196 : 7 = 28 m. Exakt erreicht hat niemand diesen Mittelwert. 3 Schüler sind weiter als der Mittelwert getaucht. Die Spannweite der Tauchweiten beträgt 24 m.

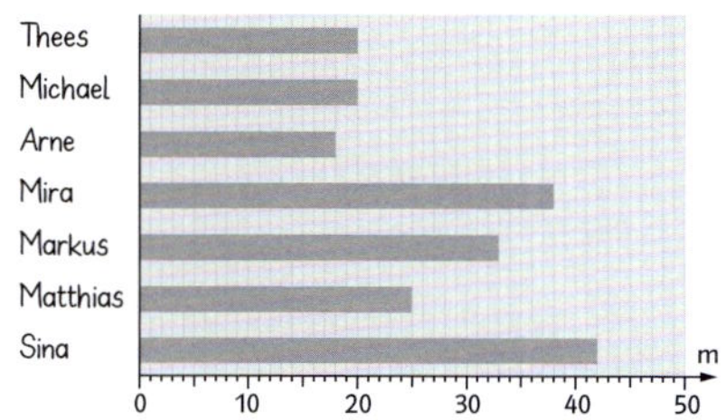

4 Jens, Aische und Leon haben an einem Spielkonsolenwettbewerb teilgenommen. In einer Vorrunde musste jeder in 8 Runden Punkte erzielen, von denen die besten 5 gewertet wurden.
Um eine Runde weiterzukommen, mussten sie jeweils einen Mittelwert von 111 Punkten übertreffen.

Runde	1	2	3	4	5	6	7	8
Jens	88	121	145	65	125	64	55	89
Aische	120	110	86	90	89	120	88	185
Leon	100	84	160	85	82	110	74	105

Für die nächste Runde qualifiziert: alle

(Mittelwert (aus 5):

Jens: (88 + 121 + 145 + 125 + 89) : 5 = 568 : 5 = 113,6;

Aische: (120 + 110 + 90 + 120 + 185) : 5 = 625 : 5 = 125;

Leon: (100 + 160 + 85 + 110 + 105) : 5 = 560 : 5 = 112)

Wer hätte sich qualifiziert, wenn der Mittelwert aus allen Runden gebildet worden wäre? Aische

(Mittelwert aus 8 Runden: Jens: 94; Aische: 111; Leon: 100)

5 In zwei Parallelklassen wurde die gleiche Arbeit geschrieben. Vergleiche die Ergebnisse mithilfe des

a) Modalwerts: 6a: 4 6b: 4

b) arithmetischen Mittels: 6a: 3,53 6b: 3,5

Note	1	2	3	4	5	6
6a	3	2	6	14	5	0
6b	0	4	10	13	3	0

Vergleich: Der Modalwert unterscheidet sich nicht, beim arithmetischen Mittel ist die 6b besser als die 6a.

1 Berechne das arithmetische Mittel und die Spannweite. Wandle vorher in eine geeignete Maßeinheit um.

a) 50 cm 200 cm 3,1 m 45 dm 70 cm

(50 + 200 + 310 + 450 + 70) : 5 = 216

Arithmetisches Mittel: 216 cm

Spannweite: (450 cm − 50 cm) = 400 cm

b) 1000 g 2 kg 500 g 250 g 2,3 kg

(1000 + 2000 + 500 + 250 + 2300) : 5 = 1210

Arithmetisches Mittel: 1210 g

Spannweite: 2300 g − 250 g = 2050 g

2 Der Mittelwert der Zahlen ist angegeben. Leider ist eine Zahl verloren gegangen. Wie muss sie heißen? Bestimme auch die Spannweite der Liste.

a) Mittelwert: 18 14 12 22 20 22 Spannweite: 22 − 12 = 10

b) Mittelwert: 20 28 25 16 21 22 28 0 Spannweite: 28 − 0 = 28

c) Mittelwert: 20 37 13 22 15 18 20 15 Spannweite: 37 − 13 = 24

d) Mittelwert: 20 33 16 21 21 18 11 Spannweite: 33 − 11 = 22

3 In einer Postfiliale wurden Postpakete gewogen.

a) Das leichteste Paket wog 0,6 kg, das schwerste 4,8 kg.

b) Es wurden 8 Pakete abgeliefert.

c) 6 Pakete wogen unter 3 kg.

d) Das mittlere Gewicht betrug 2,375 kg.

e) Die Spannweite betrug 4,8 − 0,6 = 4,2 kg.

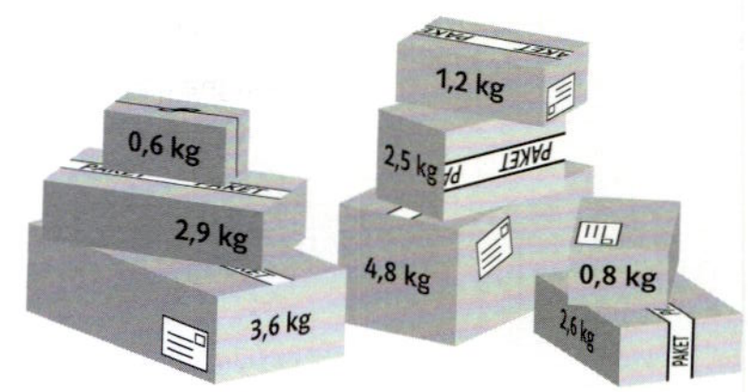

4 In einem fünften Jahrgang wurde eine Umfrage zu den im sechsten Jahrgang gewünschten Aktivitäten gemacht. Es wurden 120 Stimmen gezählt. Das Abstimmungsergebnis wurde sowohl in absoluten als auch in relativen Zahlen angegeben.
a) Bestimme die fehlenden Zahlen im Kreisdiagramm.
b) Erstelle für das Abstimmungsergebnis eine Reihenfolge beginnend mit der beliebtesten Aktivität.

120 Stimmen	100 %
12 Stimmen	10 %
3 Stimmen	2,5 %
27 Stimmen	22,5 %

Karl-May-Festspiele: 30; 25 %

Kino: 27; 22,5 %

Spaßbadbesuch: 21; 17,5 %

Theaterbesuch: 18; 15 %

Sportfest: 15; 12,5 %

Lesenacht: 9; 7,5 %

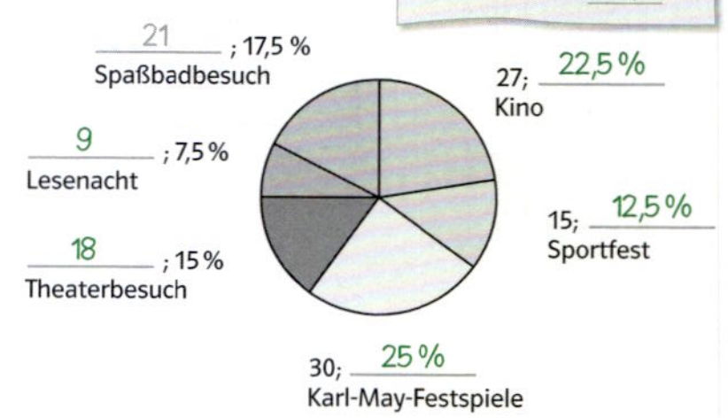

Training

○ **1** In der Klasse 6c haben die Schülerinnen und Schüler ihre Körpergrößen gemessen:

157 cm | 142 cm | 150 cm | 170 cm | 160 cm | 162 cm | 168 cm | 169 cm | 157 cm | 161 cm | 160 cm
160 cm | 169 cm | 157 cm | 160 cm | 175 cm | 150 cm | 155 cm | 149 cm | 158 cm | 156 cm | 159 cm

a) Ordne die Werte der Größe nach.

142 cm; 149 cm; 150 cm; 150 cm; 155 cm; 156 cm; 157 cm; 157 cm; 157 cm; 158 cm; 159 cm; 160 cm; 160 cm;
160 cm; 160 cm; 161 cm; 162 cm; 168 cm; 169 cm; 169 cm; 170 cm; 175 cm

b) Der kleinste Wert (Minimum) lautet 142 cm, der größte Wert (Maximum) ist 175 cm,

damit beträgt die Spannweite 33 cm.

c) Der Modalwert der Daten ist 160 cm.

○ **2** Simone und Corinna haben eine Umfrage zum Thema Fahrradfahren gemacht. Es wurden 500 Schülerinnen und Schüler befragt. Ergänze die Einträge in dem Kreisdiagramm durch die absoluten Zahlen.

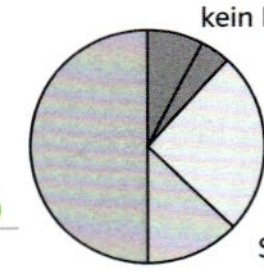

◐ **3** Übertrage die im Streifendiagramm angegebene Zusammensetzung einer Nuss-Nugat-Creme in das Kreisdiagramm.

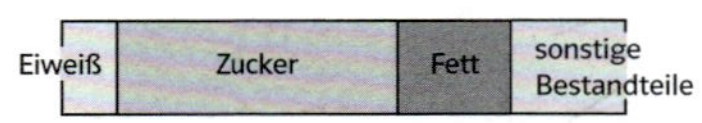

Zusammensetzung	Anteil	entspricht dem Winkel
Eiweiß	$\frac{6}{60}$	36°
Zucker	$\frac{30}{60}$	180°
Fett	$\frac{12}{60}$	72°
sonstige Bestandteile	$\frac{12}{60}$	72°

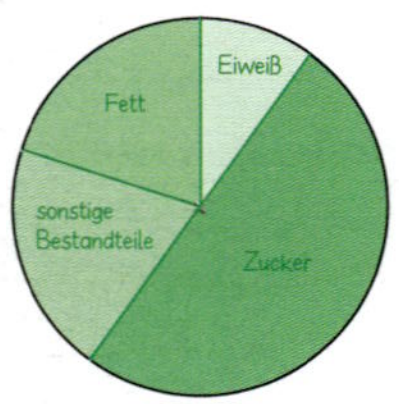

● **4** Die Trinkgewohnheiten in der Schule wurden für Schülerinnen und Schüler der 5. Klasse ausgewertet. Entscheide mithilfe des Kreisdiagramms, ob die Aussagen zutreffen oder nicht bzw. ob die Aussagen nicht mithilfe des Kreisdiagramms zu beantworten sind.

	wahr	falsch	?
a) Mindestens die Hälfte der Kinder trinkt regelmäßig Milch oder Kakao.	☒	○	○
b) Es wurden 120 Kinder befragt.	○	○	☒
c) Ein Viertel der Kinder hat kein Getränk dabei.	○	☒	○
d) Mindestens ein Drittel der Kinder trinkt regelmäßig Apfelschorle oder O-Saft.	☒	○	○
e) Kinder, die Apfelschorle trinken, mögen keinen Kakao.	○	○	☒
f) Über zwei Drittel der Kinder trinkt eines der angegebenen Getränke.	☒	○	○
g) Zu Hause trinken die meisten Kinder gerne Tee.	○	○	☒
h) Kakao ist beliebter als Apfelschorle.	○	☒	○
i) Über die Hälfte der Kinder trinkt ein Getränk mit Milch.	○	☒	○

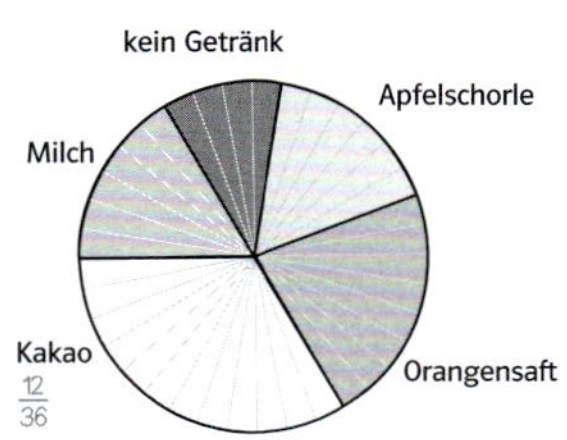

Beilage zum Arbeitsheft Lambacher Schweizer 6, Niedersachsen (G9)

ISBN: 978-3-12-733515-6
ISBN: 978-3-12-733516-3

www.klett.de

Illustrationen: Datex Gerd Blumenstein, Leipzig; Druckmedienzentrum, Gotha; imprint, Zusmarshausen; Annette Liese, Dortmund; media office gmbH, Kornwestheim; Dorothee Wolters, Köln
Satz: imprint, Zusmarshausen

1 Fülle die Tabelle aus.

Runde	62,235	0,091	23,887	50,005	9,991
auf die Einerstelle					
auf zwei Nachkommaziffern					
auf eine Nachkommaziffer					
auf Zehner					

2 Lars hat die Angaben zwar auf die richtige Stelle gerundet. Trotzdem hat er dabei einige Fehler gemacht. Finde und verbessere sie.

a) 344,24 kg ≈ ~~345 kg~~ f 344 kg

b) 2344,99 m ≈ 2345 m

c) 126,9 € ≈ 126 €

d) 34,09 dm ≈ 34,0 dm

e) 3994,9 ha ≈ 4000 ha

f) 654,874 kg ≈ 654,88 kg

3 Hanno denkt sich Zahlen aus und rundet diese mit einer Stelle weniger. Gib jeweils die Zahlenbereiche an, in denen die Zahlen liegen können.

	kleinste mögliche Zahl	gerundete Zahl	größt-mögliche Zahl
a)	7,75	7,8	7,84
b)		8,9	
c)		123,37	
d)		99,99	
e)		12,005	

4 Ist es hier sinnvoll zu runden? Kreuze an.

Aussage	ja	nein
a) Die Entfernung von Berlin nach München beträgt 584,5 km.	◯	◯
b) Der Stundenlohn eines Malers beträgt 21,34 €.	◯	◯
c) Ein Fußballspiel dauert ohne Verlängerung 1,5 h.	◯	◯
d) Das Leergewicht eines Kleinwagens beträgt 815,9 kg.	◯	◯
e) Der Weltrekord für 100 m Sprint bei den Herren beträgt 9,77 s.	◯	◯

5 Sortiere die Städte – mit diesem Stand der Einwohnerzahlen – ihrer Größe nach und runde die Einwohnerzahlen auf Millionen mit zwei Nachkommastellen.

Hamburg	1 746 342
Rostock	203 431
Berlin	3 421 829
Dortmund	575 944
Stuttgart	585 961
Kiel	241 533
München	1 407 836
Dresden	530 754
Köln	1 034 175
Leipzig	531 562

Rang	Stadt	Einwohner in Mio.
1	Berlin	3,42

○ **1** Berechne im Kopf.

a) $\frac{3}{8} + \frac{4}{8} = \frac{\square}{\square}$ b) $\frac{8}{9} - \frac{2}{9} = \frac{\square}{\square}$ c) $\frac{1}{6} + \frac{4}{6} = \frac{\square}{\square}$ d) $\frac{11}{12} - \frac{10}{12} = \frac{\square}{\square}$

e) 0,4 + 0,8 = ______ f) 3,5 − 2,6 = ______ g) 0,23 + 1,32 = ______ h) 12,34 − 2,04 = ______

○ **2** Addiere bzw. subtrahiere die Brüche. Bringe sie zunächst auf einen gemeinsamen Nenner.

a) $\frac{2}{5} + \frac{1}{2} = \frac{\square}{10} + \frac{\square}{10} = \frac{\square}{\square}$ b) $\frac{1}{2} - \frac{2}{7} = \frac{\square}{\square} - \frac{\square}{\square} = \frac{\square}{\square}$ c) $\frac{3}{11} + \frac{7}{33} = \frac{\square}{\square} + \frac{\square}{\square} = \frac{\square}{\square}$

d) $\frac{11}{25} + \frac{1}{5} = \frac{\square}{\square} + \frac{\square}{\square} = \frac{\square}{\square}$ e) $\frac{5}{7} - \frac{3}{8} = \frac{\square}{\square} - \frac{\square}{\square} = \frac{\square}{\square}$ f) $\frac{13}{14} - \frac{4}{21} = \frac{\square}{\square} - \frac{\square}{\square} = \frac{\square}{\square}$

○ **3** Runde auf die Einerstelle der angegebenen Einheit.

a) 23,8 kg ≈ ______ kg b) 67,8 m ≈ ______ m c) 3,51 s ≈ ______ s

d) 2 496 g ≈ ______ kg e) 129 345 m ≈ ______ km f) 853,99 g ≈ ______ kg

g) 121 399 kg ≈ ______ t h) 0,765 t ≈ ______ kg i) 123,89 dm ≈ ______ m

◒ **4** Sortiere vom kleinsten zum größten Ergebnis. Du erhältst ein Lösungswort.

C | 5,29 + 6,78 ______ K | 43,89 + 0,9 ______ I | 74,31 + 9,07 ______ O | 129,2 − 118,9 ______

T | 16,98 + 66,5 ______ C | 23,7 − 18,5 ______ P | 89,99 − 25,31 ______

Lösungswort: ___ ___ ___ ___ ___ ___ ___

◒ **5** Schreibe die Größen stellengerecht untereinander und berechne.
Gib das Ergebnis in der größten Einheit an.

a) 704,32 € + 25 € + 123 ct b) 72,932 kg − 15,8 kg − 932 g c) 129 km + 21,005 km + 76 m

◒ **6** Berechne zuerst beide Seiten (Bruchdarstellung). Setze dann das richtige Vergleichszeichen (<, =, >).

a) $\frac{\square}{\square} = \frac{1}{2} + \frac{1}{3}$ $\square$ $\frac{1}{3} + \frac{1}{4} = \frac{\square}{\square}$ b) $\frac{\square}{\square} = \frac{5}{6} - \frac{1}{7}$ $\square$ $\frac{5}{6} - \frac{1}{8} = \frac{\square}{\square}$ c) $\frac{\square}{\square} = \frac{3}{4} - \frac{1}{3}$ $\square$ $\frac{2}{6} + \frac{1}{12} = \frac{\square}{\square}$

d) $\frac{\square}{\square} = \frac{1}{2} - \frac{7}{15}$ $\square$ $\frac{1}{3} - \frac{2}{10} = \frac{\square}{\square}$ e) $\frac{\square}{\square} = \frac{2}{5} - \frac{1}{6}$ $\square$ $\frac{1}{5} + \frac{1}{15} = \frac{\square}{\square}$ f) $\frac{\square}{\square} = \frac{1}{4} + \frac{5}{6}$ $\square$ $\frac{2}{3} + \frac{3}{8} = \frac{\square}{\square}$

7 Ergänze das Zauberquadrat. Addiere.

a)

$\frac{4}{5}$		$\frac{2}{5}$
$\frac{3}{5}$		
$\frac{8}{5}$		

Magische Zahl: ______

b)

$\frac{1}{3}$	$\frac{1}{8}$	
	$\frac{5}{24}$	
	$\frac{7}{24}$	

Magische Zahl: ______

8 Wähle die passenden Zahlen für die Lücken.

a) ______ + 5,21 + 4,79 = 12,5

b) 32,7 − 13,4 − ______ = 11,7

c) 5,8 + ______ − 1,8 = 20

d) $\frac{1}{5}$ + ______ − 0,2 = $\frac{5}{6}$

e) $\frac{2}{3} - \frac{1}{4}$ + ______ = $2\frac{1}{2}$

f) 35,3 − (______ − 2,6) = 0

$\frac{5}{6}$ $\frac{25}{12}$ 7,6 37,9 2,5 16

9 Fasse geschickt zusammen.

a) 5,6 + 1,4 + 3,4 − 8,4 = ______

b) 16,08 + 8,88 − 1,08 + 1,12 = ______

c) $\frac{1}{2} + \frac{1}{3} - \frac{2}{3} + \frac{25}{50}$ = ______

10 Ergänze die Zahlenmauer, sodass über zwei Zahlen deren Summe steht.

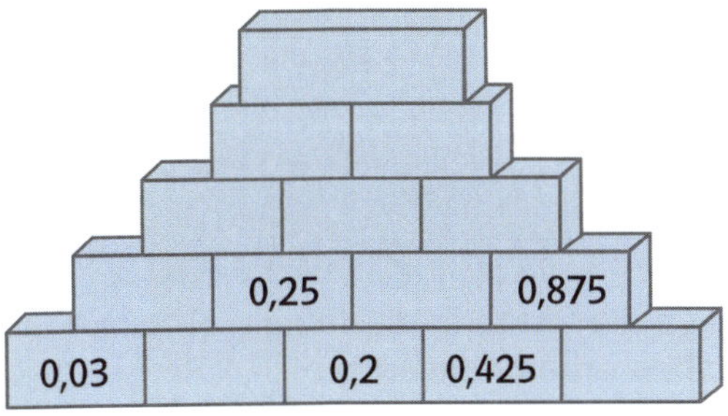

11 Ergänze die Zahlenmauer, sodass über zwei Zahlen deren Differenz steht.

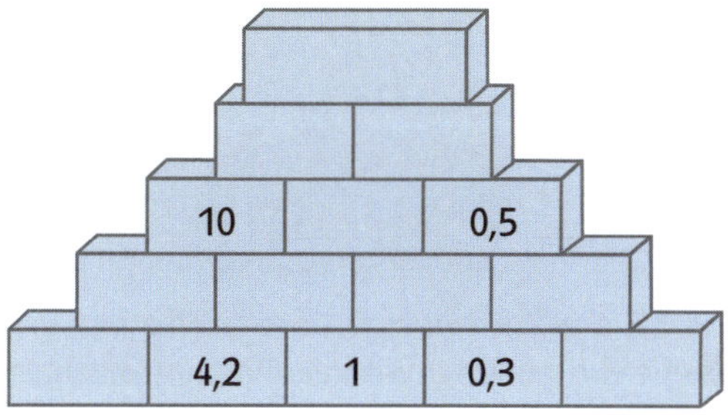

12 Karl und Nina haben mit ihren Eltern eine Fahrradtour gemacht. Karl hat ein Reisetagebuch geführt. Überschlage, welche Strecke sie insgesamt mit dem Fahrrad zurückgelegt haben, und berechne anschließend genau.

Überschlag: ______

> „Am Montag ging es los, wir fuhren mit unseren Eltern mit dem Auto zum 10 km entfernten Bahnhof, von dort reisten wir mit dem Zug nach Konstanz am Bodensee. Am ersten Tag radelten wir 33,46 km, am Dienstag waren es 21 500 m mehr, da wir gleich morgens losfahren konnten. Wären wir am Mittwoch noch 24 230 m weiter gefahren, hätten wir 100 km zurückgelegt, doch auch so war das schon sehr anstrengend. An den letzten beiden Tagen der Tour schafften wir insgesamt 120,82 km. Die letzten beiden Ferientage ruhten wir uns aus und genossen das Schwimmbad am See.

Sie haben ungefähr ______ km bzw. genau ______ km zurückgelegt.

Winkelbeziehungen an Geraden

1 Kennzeichne die Paare gleicher Winkel jeweils mit einer Farbe.

a) alle Scheitelwinkel

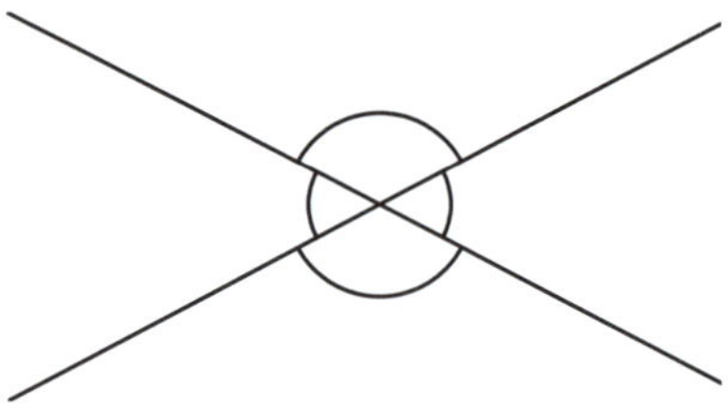

b) alle Stufenwinkel

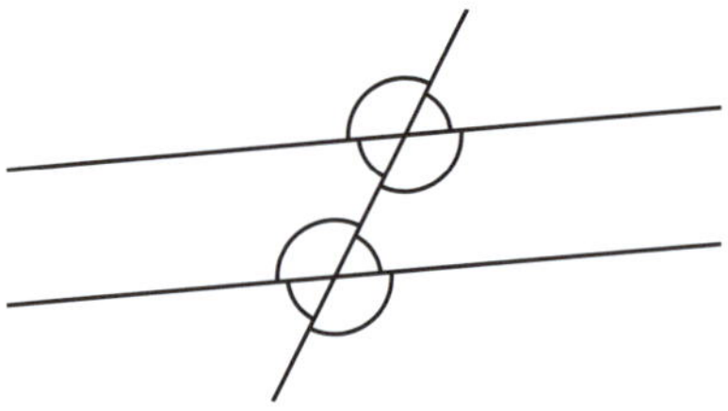

Scheitelwinkel und Stufenwinkel sind gleich groß.

2 In der Figur sind zwei Paare von Nebenwinkeln zu erkennen:

ε und ________ ; ________

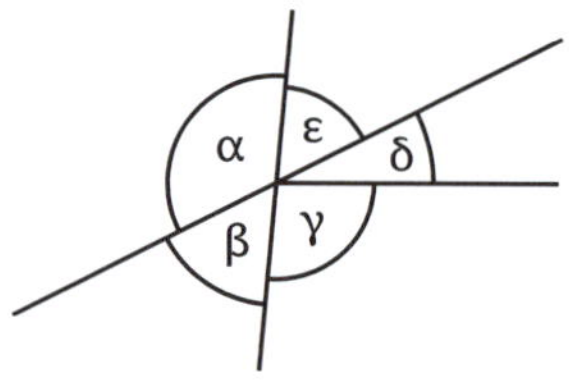

Nebenwinkel ergeben zusammen 180°.

3 Die Geraden g und h sind parallel. Wie groß sind die Winkel α und β?
Notiere, welche Winkelbeziehung (Nebenwinkel, Scheitelwinkel oder Stufenwinkel) du genutzt hast.

a)

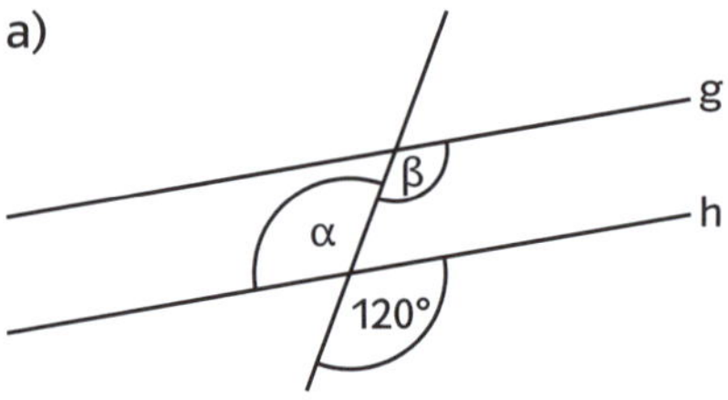

b)

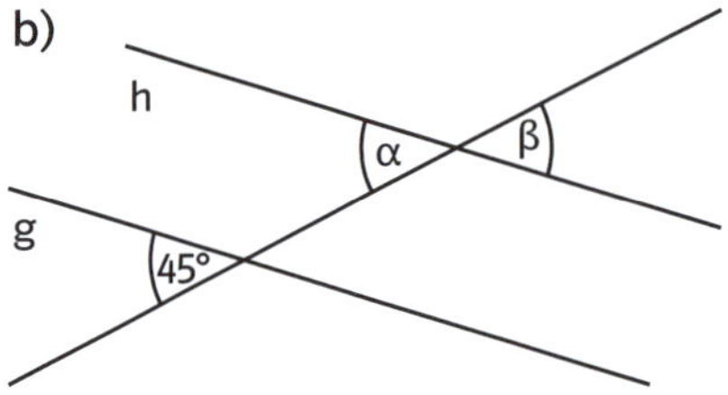

c)

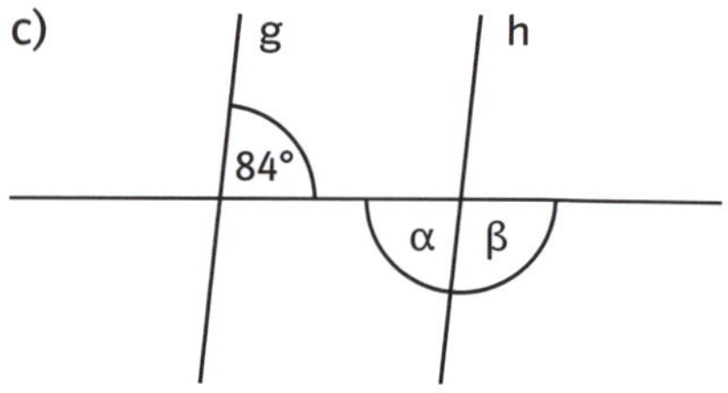

a) α = ______ als ________
β = ______ als ________

b) α = ______ als ________
β = ______ als ________

c) α = ______ als ________
β = ______ als ________

4 Bestimme für die Zeichnungen die Größe der Winkel α_1 bis α_8. Trage die Werte in die Tabelle ein und berechne jeweils die Lösungswinkel. Die zugehörigen Lösungsbuchstaben erhältst du so:
Lösungswinkel 13° steht für den 13. Buchstaben im Alphabet, also M.

Rechnung	Lösungs-winkel	Buch-stabe
$(\alpha_1 - 7°) : 5 = (72° - 7°) : 5$	13°	M
$\alpha_2 : 12 - 8° =$		
$(\alpha_3 - 12°) : 3 =$		
$(\alpha_4 - 33°) : 10 =$		
$(\alpha_5 - 4°) : 21 =$		
$\alpha_6 : 2 - 20° =$		
$(\alpha_7 - 10°) : 3 =$		
$(\alpha_8 + 24°) : 5 =$		

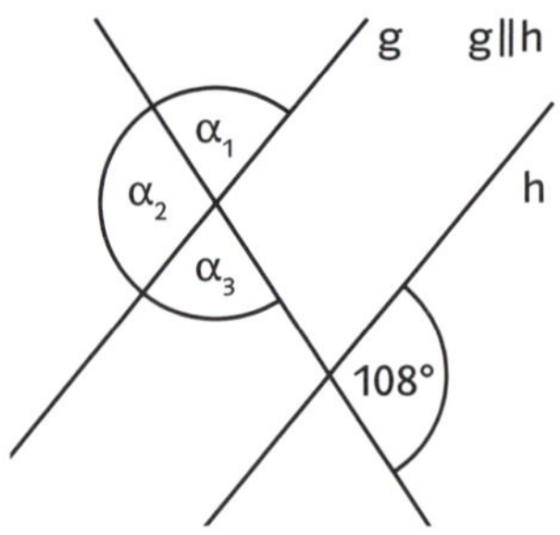

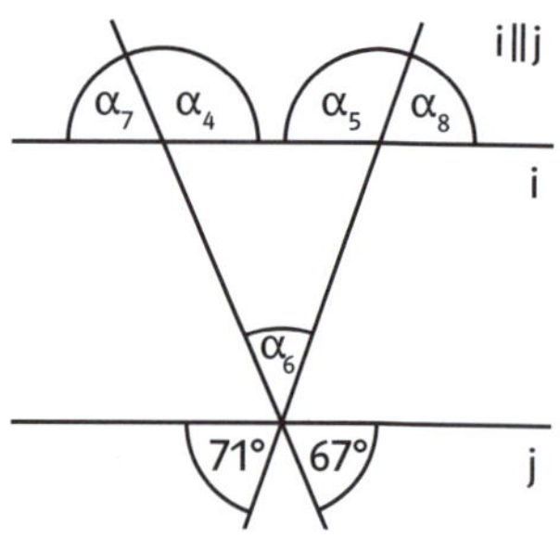

5 Sind die Geraden g und h parallel? Berechne die anderen Winkel, die du auf dem Blatt erkennst.
Trage die Winkel und ihre Größen ein.

a) g ______ h

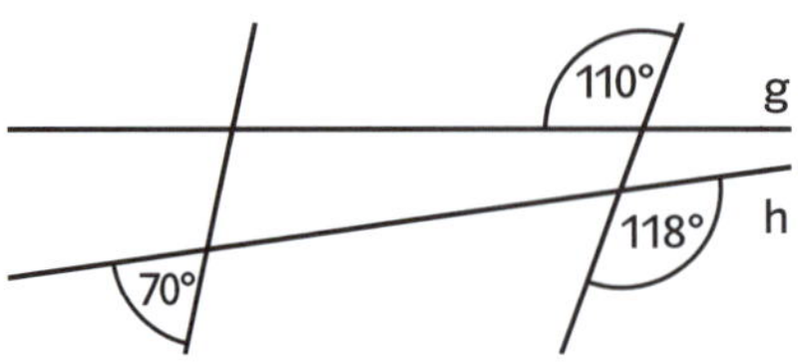

b) g ______ h

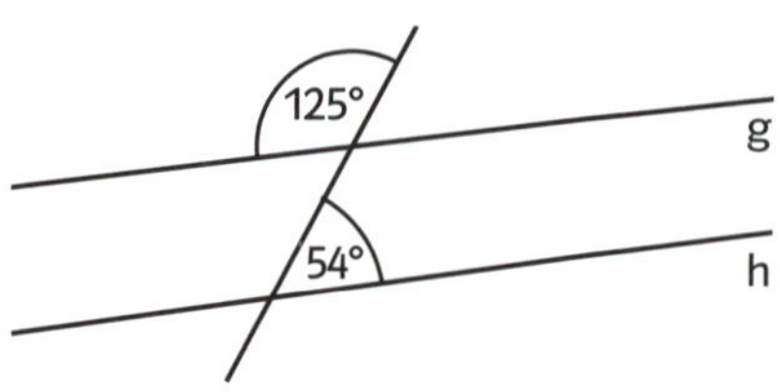

1 Berechne alle fehlenden Winkelgrößen und trage sie ein.

a)

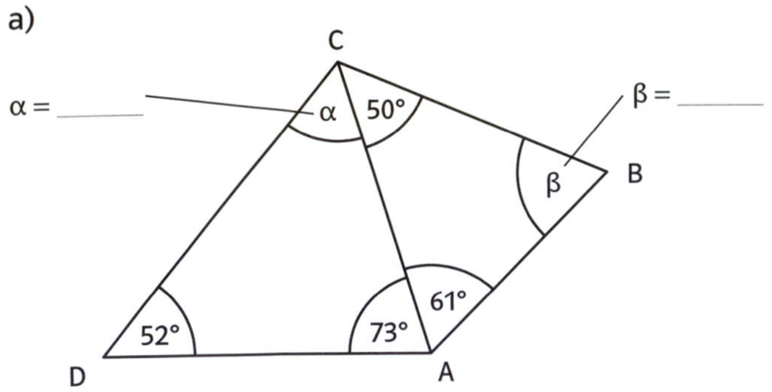

b)

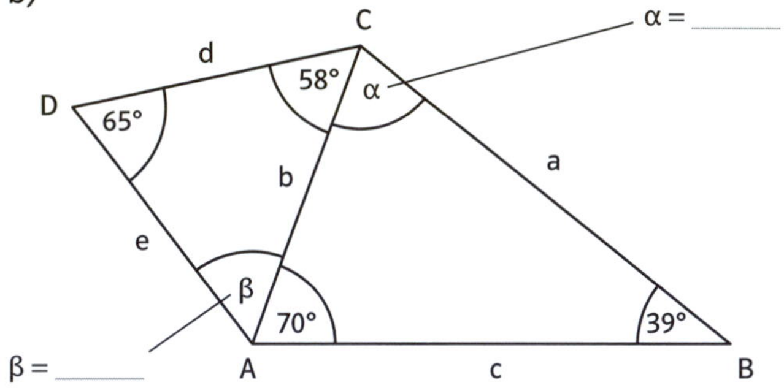

2 Berechne die fehlende Winkelgröße im Dreieck.

	α	β	γ
a)		90°	34°
b)	59°	86°	
c)	160°	18°	

3 Warum kann es kein Dreieck mit den Winkelgrößen $\alpha = 35°$ und $\beta = 145°$ geben?

4 Silvio, Astrid und Mika beschreiben ihre Dreiecke. Entscheide, ob ihre Aussagen richtig sein können, und begründe.

Silvio

„Mein Dreieck hat einen rechten und einen stumpfen Winkel."

Astrid

„Ich habe ein Dreieck mit einem stumpfen und zwei gleich großen Winkeln."

Mika

„Mein Dreieck hat zwei stumpfe und einen spitzen Winkel."

5 Berechne die Größen der markierten Winkel und notiere sie in der Zeichnung. w ist die Winkelhalbierende des rechten Winkels.

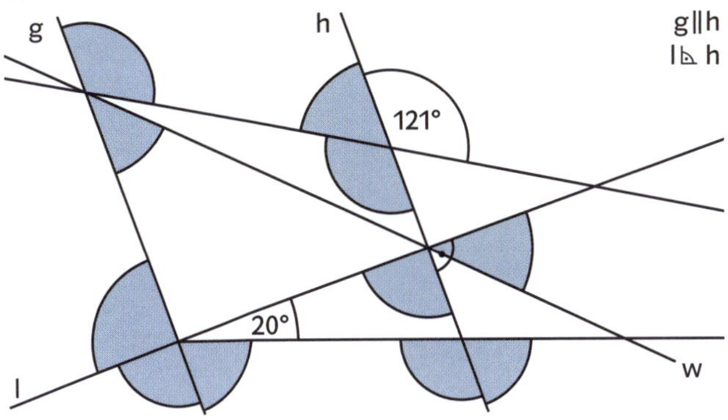

6 Berechne die fehlenden Winkelgrößen und trage sie in die Tabelle ein. w ist die Winkelhalbierende des Winkels.

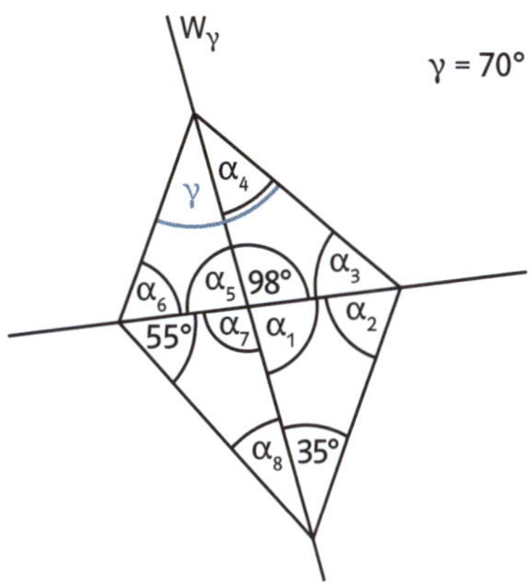

α_1	
α_2	
α_3	
α_4	
α_5	
α_6	
α_7	
α_8	

1 Notiere die fehlenden Winkelgrößen.

a)
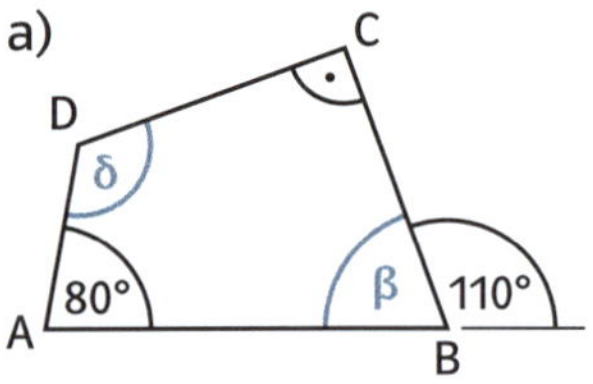

b)
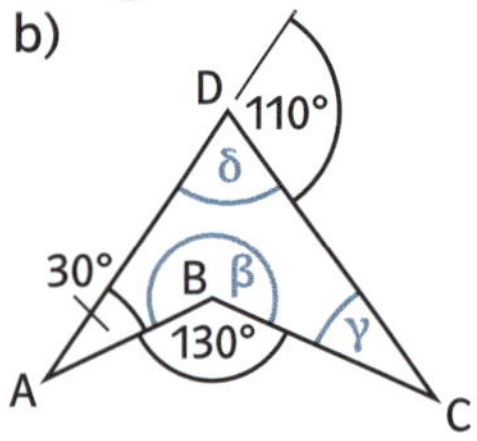

c) $\overline{AB} \parallel \overline{CD}$ und $\overline{BC} \parallel \overline{AD}$
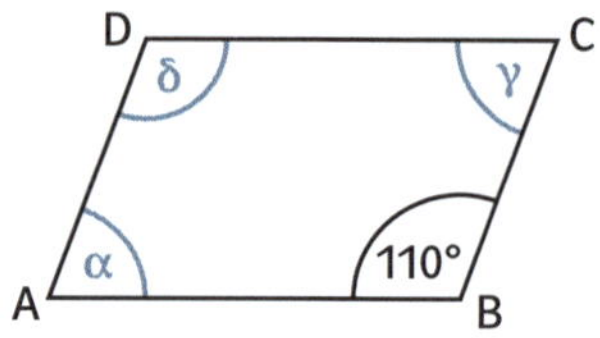

d) $\overline{AC}$ ist Symmetrieachse
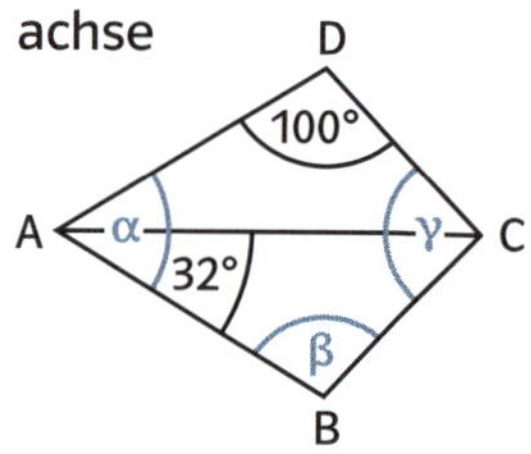

β = ______ ; δ = ______

2 Zeichne die Vierecke in das Koordinatensystem und miss die Winkelgrößen.
Kontrolliere die Winkelsumme. Welche Aussage zu dem Viereck ist richtig? Streiche falsche Aussagen.

a) A(2,5 | 1), B(3 | 3), C(1,5 | 4), D(1 | 2)

α = ______ ; β = ______

Kontrolle: ______

Das Viereck ist konkav/ein Parallelogramm/
ein Quadrat.

b) A(4 | 0), B(6 | 2), C(5 | 5), D(5 | 2,5)

Das Viereck ist konvex/konkav/ein Parallelogramm.

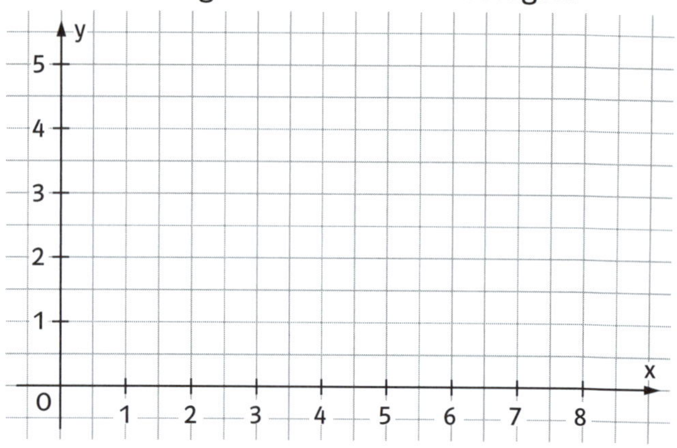

3 Berechne die fehlenden Winkelgrößen.

a)
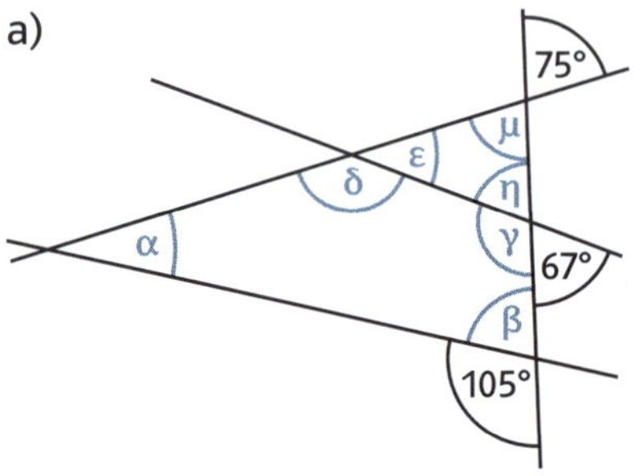

α	
β	
γ	
δ	
ε	
η	
μ	

b)
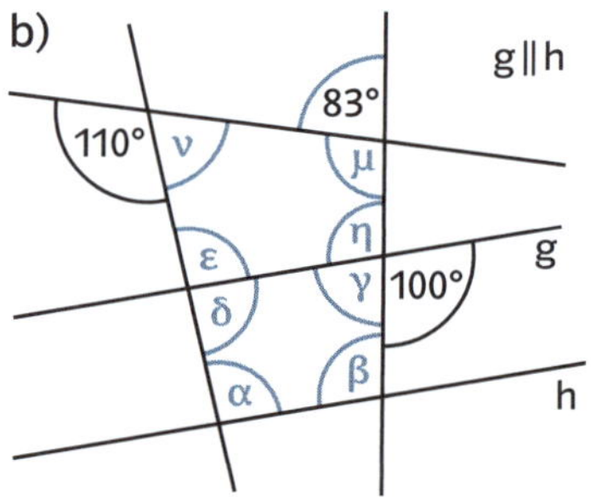

α	
β	
γ	
δ	
ε	
η	
μ	
ν	

4 Die Winkelsumme im Fünfeck beträgt ______°.

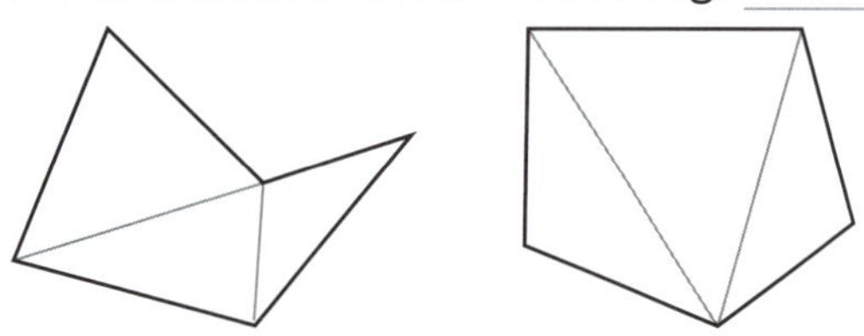

Trage auch hier die fehlenden Winkel ein.

5-Eck	α	β	γ	δ	ε
a)		90°	34°	145,2°	212,3°
b)	90°	90°	115°		122,3°
c)	98,8°		73,2°	45°	245°

5 a) Wie viele Ecken besitzt ein Vieleck mit einer Winkelsumme von 720°? ______

b) Wie groß wird die Winkelsumme, wenn zwei Ecken hinzukommen? ______

c) Gibt es ein Vieleck mit der Winkelsumme 39 960°? Begründe. ______

Achsenspiegelungen

1 Hier sind beim Spiegeln einige Fehler unterlaufen. Verbessere die blauen Spiegelbilder.

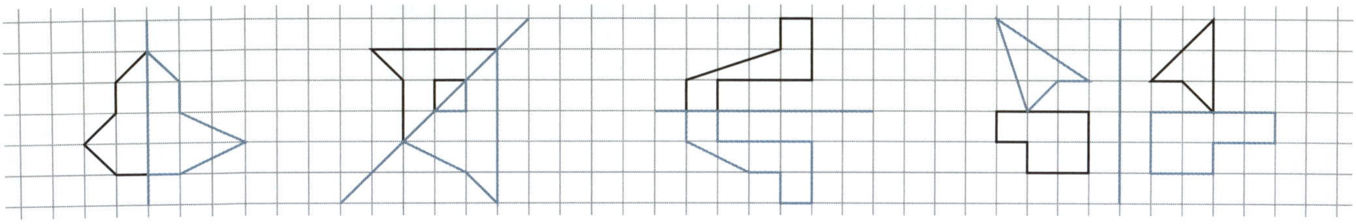

2 Vervollständige die Figuren im Quadratgitter durch Spiegeln an den eingezeichneten Achsen.

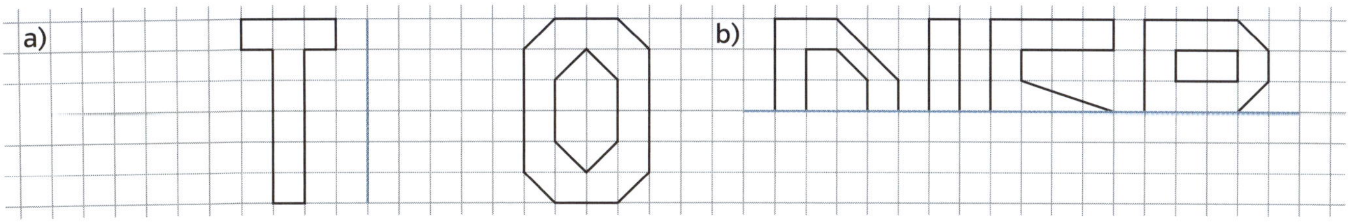

3 Spiegle die Figuren jeweils an der eingezeichneten Spiegelachse.

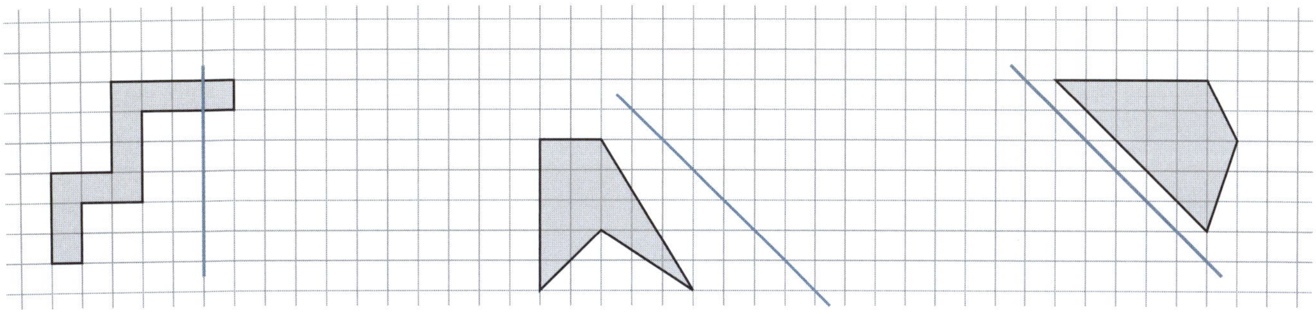

4 a) Spiegle den Pinguin so, dass der Punkt B in den Punkt B′(12 | 12) übergeht.
b) Bestimme die Koordinaten der übrigen Bildpunkte.

A′(|), C′(|) und D′(|)

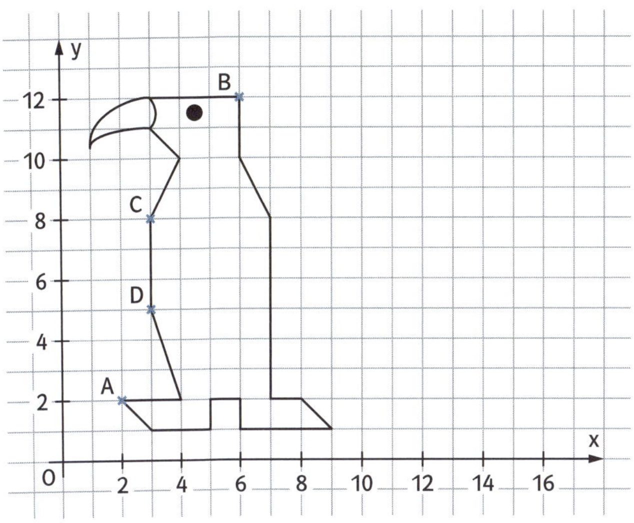

5 Ergänze das Muster im Quadrat so, dass die beiden eingezeichneten Achsen Symmetrieachsen für das Quadrat mit seinem Muster sind.

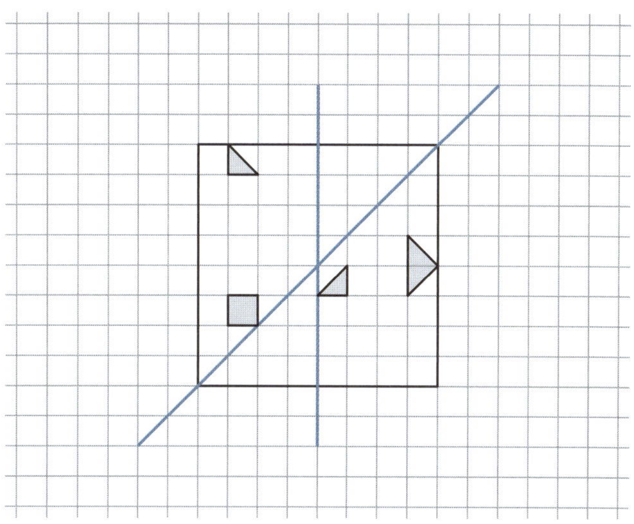

1 Bei welchem kleinstmöglichen Drehwinkel wird das Rad auf sich selbst abgebildet?

Beachte die Drehrichtung:

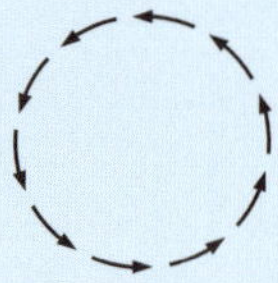

a) 

α = ____

b) 

α = ____

c) 

α = ____

2 Die grauen Figuren können durch Drehen auf die blauen abgebildet werden.
Markiere das Drehzentrum und gib den Drehwinkel an.

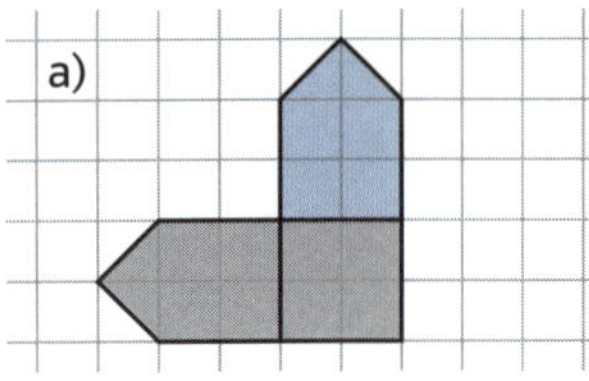

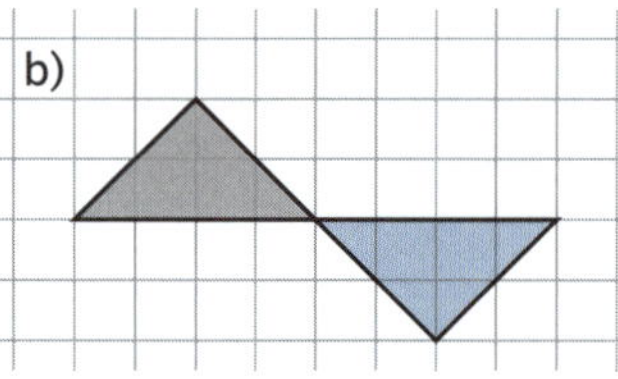

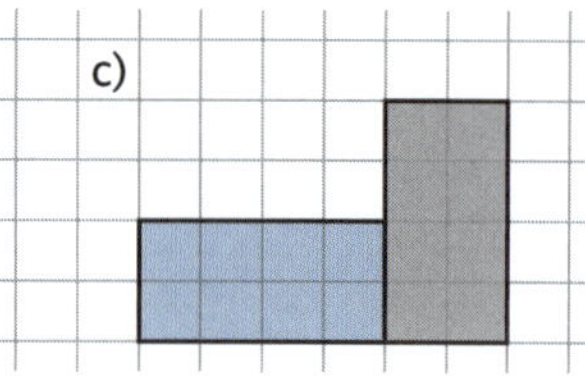

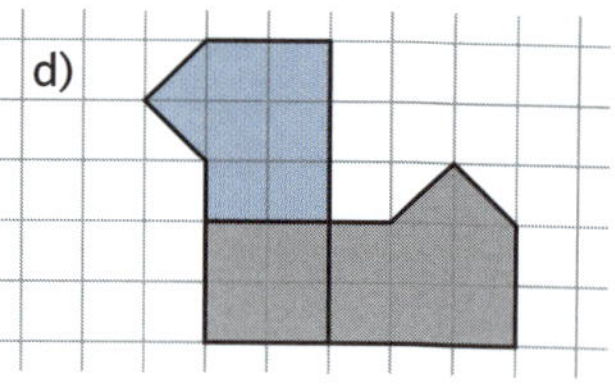

α = ____ α = ____ α = ____ α = ____

3 a) Trage das Drehzentrum Z(6 | 4) sowie das Dreieck ABC durch A(9 | 6), B(4 | 6) und C(8 | 4) in das Koordinatensystem ein.
b) Konstruiere das Bilddreieck A′B′C′ bei einer Drehung um Z mit dem Drehwinkel 120°. Fülle dann die Tabelle aus. Miss die Längen auf dem Blatt.

c) Was fällt dir auf? ____

____

____

Länge der Strecke	$\overline{AB}$ =	$\overline{A'B'}$ =	Größe des Winkels	∢ BAC =	∢ B′A′C′ =
	$\overline{BC}$ =	$\overline{B'C'}$ =		∢ CBA =	∢ C′B′A′ =
	$\overline{CA}$ =	$\overline{C'A'}$ =		∢ ACB =	∢ A′C′B′ =

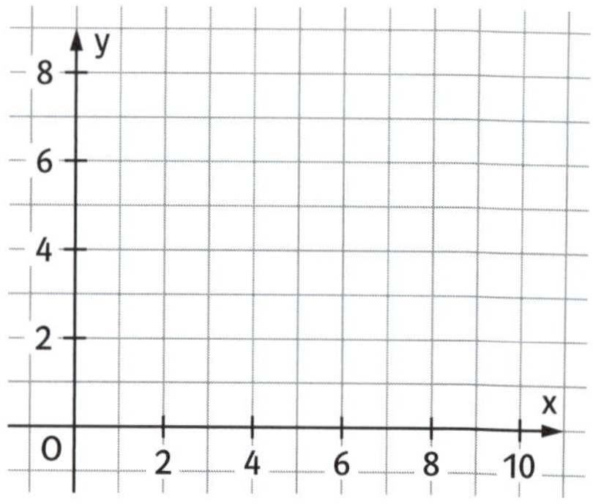

4 Färbe die Figuren unterschiedlich so ein, dass sie bei einer Vierteldrehung um den Mittelpunkt auf sich selbst abgebildet werden.

a) 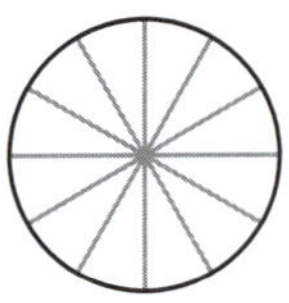
b) 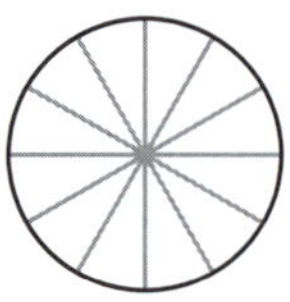
c) 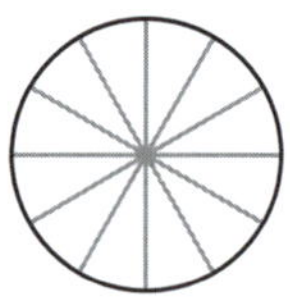
d) 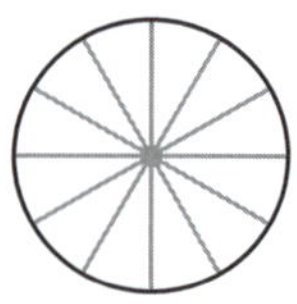
e) 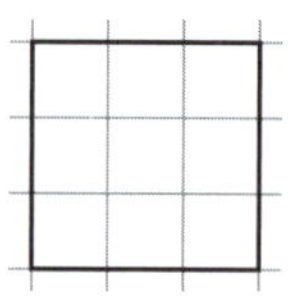
f) 

g) 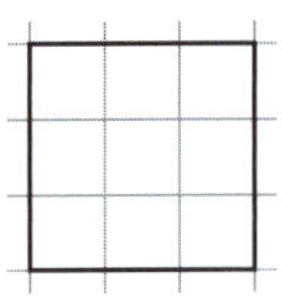
h) 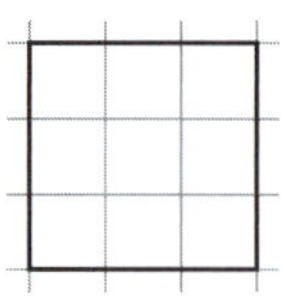
i) 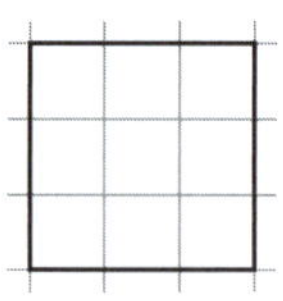
j) 
k) 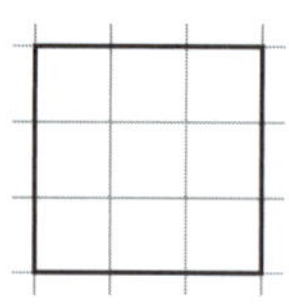
l) 

1 a) Trage die Punkte A(1|1), B(7|1), C(7|3), D(3|3), E(3|9) und F(1|9) in das Koordinatensystem ein und verbinde sie in dieser Reihenfolge zu einer Figur.
b) Verschiebe A, B, C, D, E und F so, dass aus F der Bildpunkt F'(2|10) wird.
c) Verbinde jeden Punkt mit seinem Bildpunkt und die Bildpunkte in alphabetischer Reihenfolge.

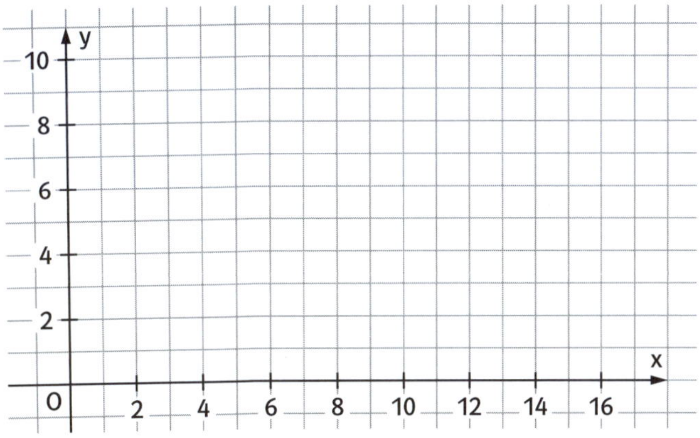

2 Verschiebe wie durch den Pfeil angegeben.

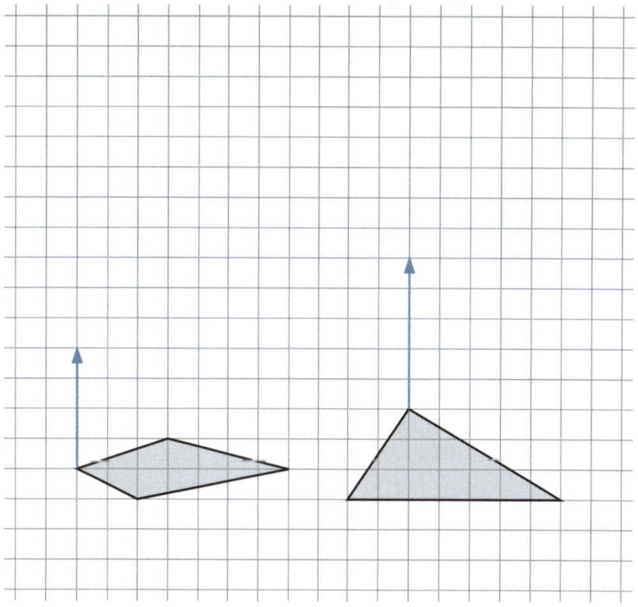

3 Verschiebe jede dieser Figuren dreimal. Zeichne die entstehenden Bilder jeweils in einer anderen Farbe.

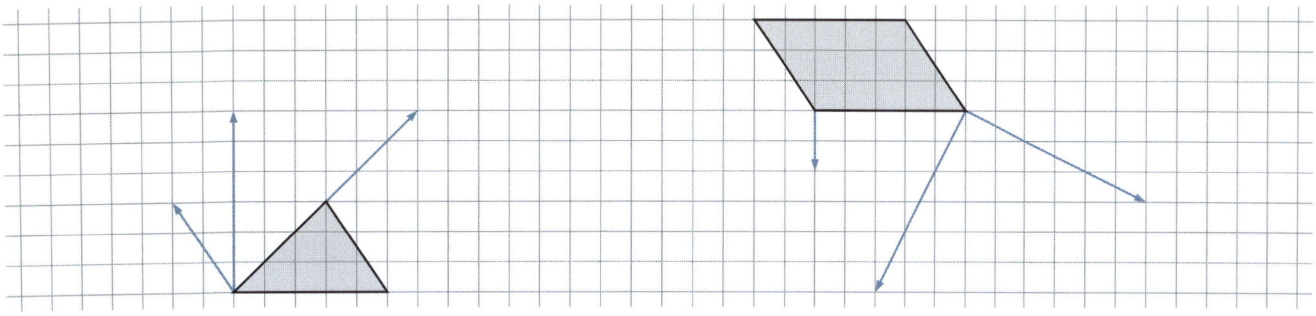

4 a) Verschiebe die Figur wie durch den Pfeil angegeben.
b) Vervollständige die Tabelle.
c) Wie lauteten die Koordinaten eines Punktes P(45|65), der nach der gleichen Vorschrift verschoben würde?

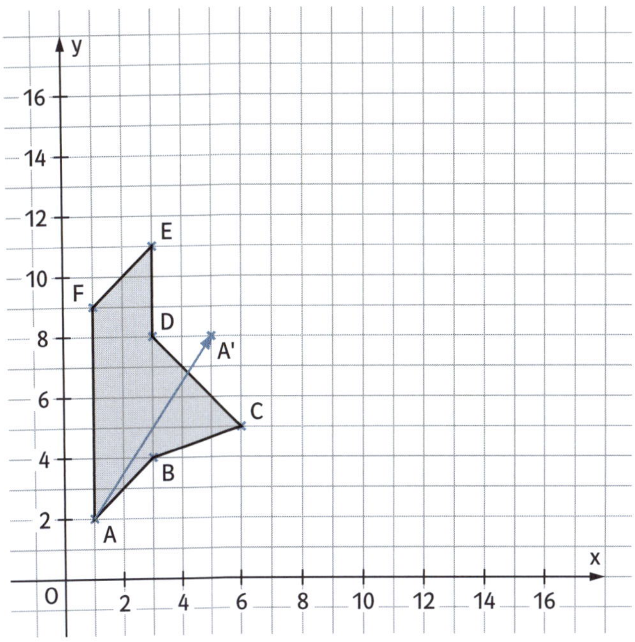

Punkt	Bildpunkt
A(1|2)	A'(|)
B(|)	B'(|)
C(|)	C'(|)
D(|)	D'(|)
E(|)	E'(|)
F(|)	F'(|)
P(45|65)	P'(|)

1 Zeichne alle Symmetrieachsen und alle Symmetriezentren ein.
Markiere gleich große Winkel in einer Figur mit derselben Farbe.

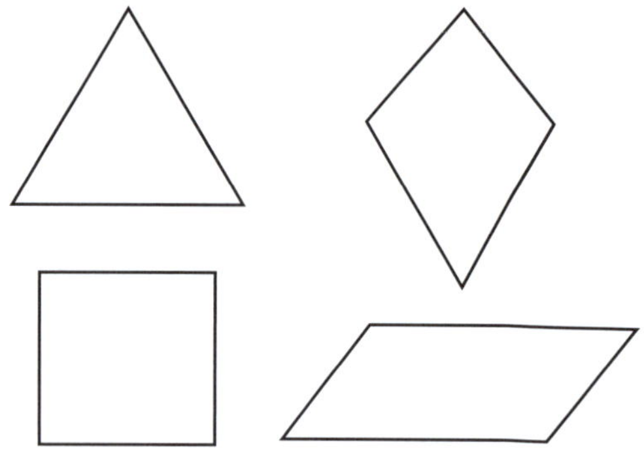

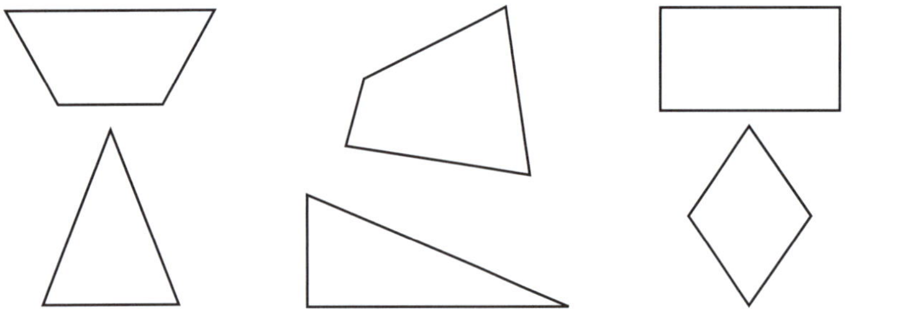

2 Zeichne mit der vorgegebenen Basis ein gleichschenkliges Dreieck ABC.
Miss die fehlenden Winkelgrößen.

a) Die Schenkel sind 3 cm lang.

b) Der Basiswinkel α ist 55°.

α = ____ ; β = ____ ; γ = ____

β = ____ ; γ = ____

3 a) Welche Vierecke lassen sich aus zwei gleich großen gleichschenkligen Dreiecken legen?
b) Welche Vierecke lassen sich aus zwei gleich großen gleichseitigen Dreiecken legen?
Zeichne deine Ergebnisse und notiere die Namen der entstandenen Vierecke.

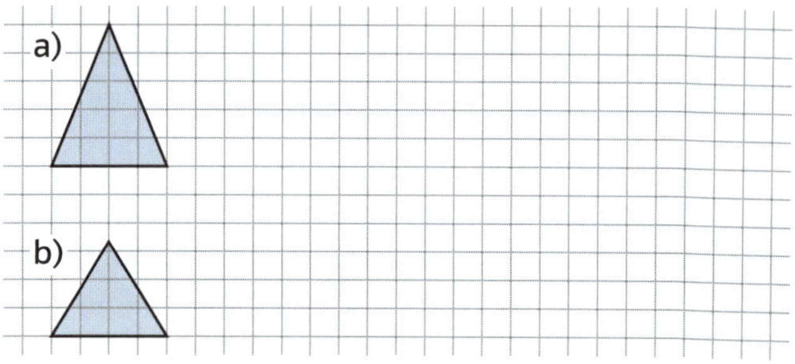

4 Zeichne ein Viereck, das folgende Bedingungen erfüllt:
a) Das Viereck hat ein Paar paralleler Seiten und eine Symmetrieachse.
b) Die Figur ist punktsymmetrisch, aber nicht achsensymmetrisch.
c) Genau zwei Symmetrieachsen und vier gleich lange Seiten kennzeichnen dieses Viereck.
d) Eine Diagonale halbiert die andere und genau ein Paar gegenüberliegender Winkel ist gleich groß.

5 Prüfe, ob die Aussage wahr oder falsch ist. Begründe oder gib ein Gegenbeispiel an.

Aussage	wahr	falsch	Begründung oder Gegenbeispiel
a) Wenn ein Viereck vier gleich lange Seiten hat, dann ist es ein Quadrat.			
b) Jedes Parallelogramm ist ein Drachen.			
c) Wenn ein Viereck zwei gleich lange Diagonalen hat, die sich halbieren, dann ist es ein Rechteck.			
d) Wenn ein Viereck genau zwei gleich große Winkel hat, dann ist es ein Drachenviereck.			
e) Wenn gegenüberliegende Winkel im Viereck gleich groß sind, dann ist es ein Parallelogramm.			

○ **1** a) Benenne die dargestellten Winkelarten.

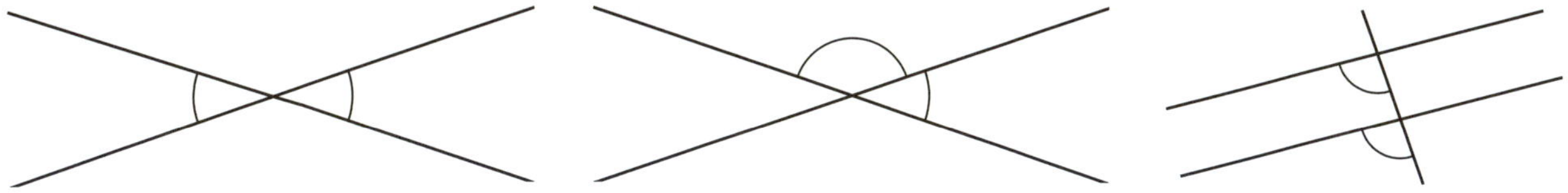

_______________ _______________ _______________

b) Ergänze mit den Begriffen der Kärtchen.

Stufenwinkel | Scheitelwinkel | Nebenwinkel

_______________ und _______________

an parallelen geschnittenen Geraden sind gleich groß. _______________ ergänzen sich zu 180°.

○ **2** Berechne die fehlenden Winkel im gleichschenkligen Dreieck. γ ist kein Basiswinkel.

	α	β	γ
a)	45°		
b)	77°		
c)		14°	
d)	60°		
e)			98°
f)			27°
g)		36°	

◒ **3** a) Die Winkelsumme im Viereck beträgt: _______

b) Bestimme die fehlenden Winkelgrößen.

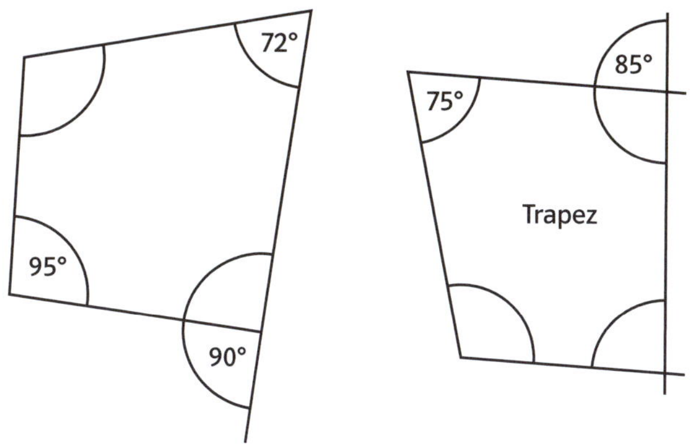

◒ **4** Bestimme die farbig markierten Winkel. In Teilaufgabe b) sind je zwei Geraden parallel.

a)

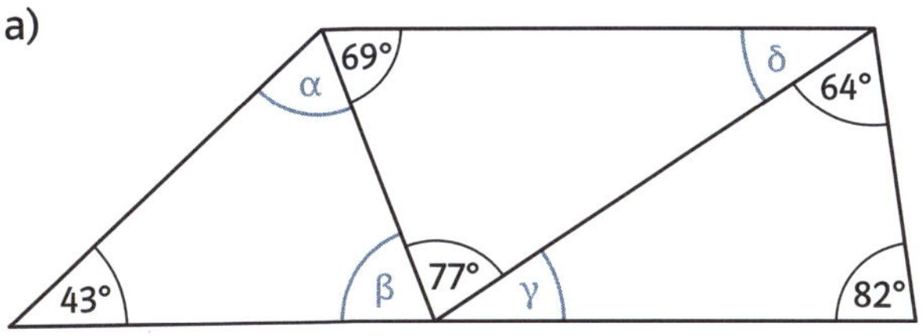

α = _____ β = _____ γ = _____ δ = _____

b)

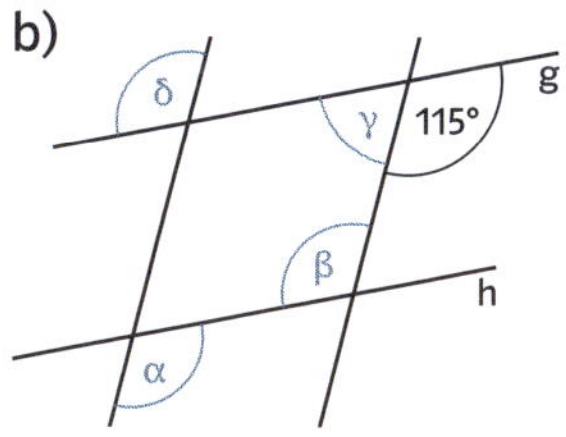

α = _______________

β = _______________

γ = _______________

δ = _______________

◒ **5** Spiegle die Figur an der Achse a.

a)

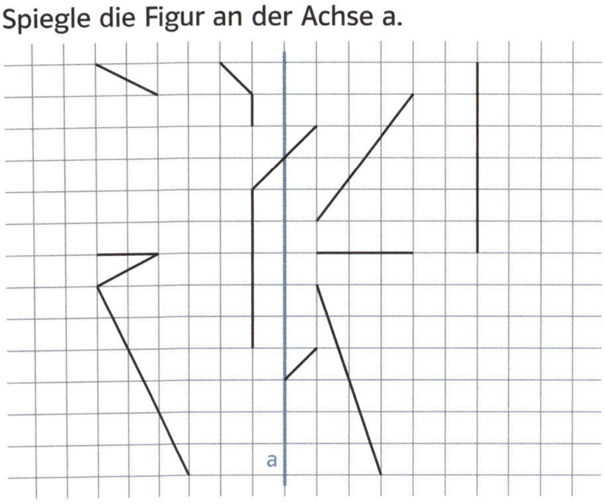

b)

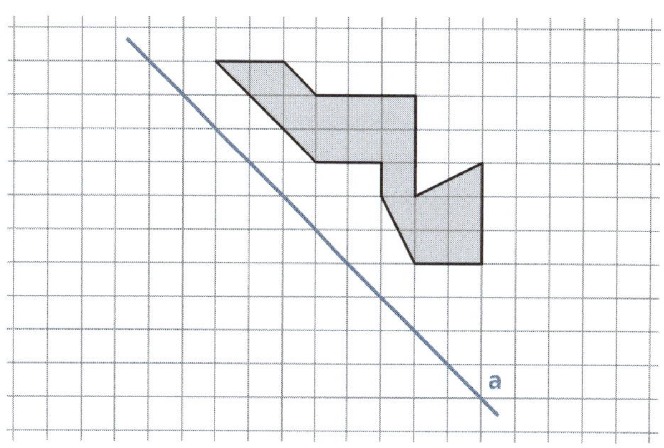

6 Zeichne alle Symmetrieachsen ein und bestimme ihre Anzahl. Zeichne, falls vorhanden, das Drehzentrum ein.

a) 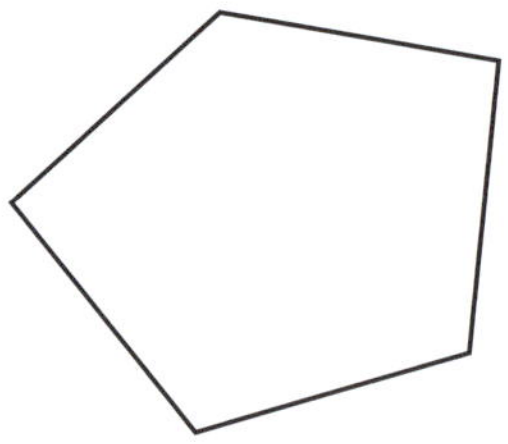

Symmetrieachsen: ____

b) 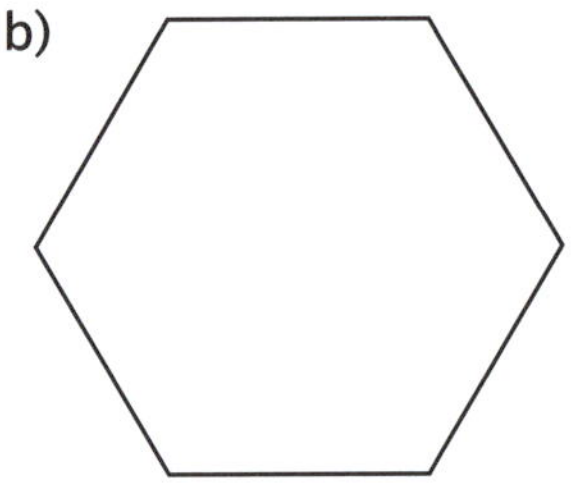

Symmetrieachsen: ____

c) 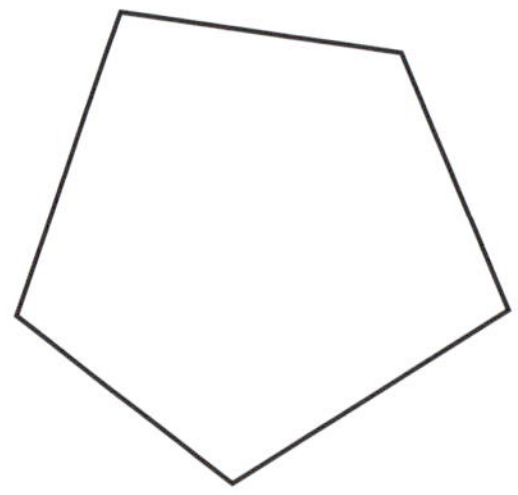

Symmetrieachsen: ____

d) 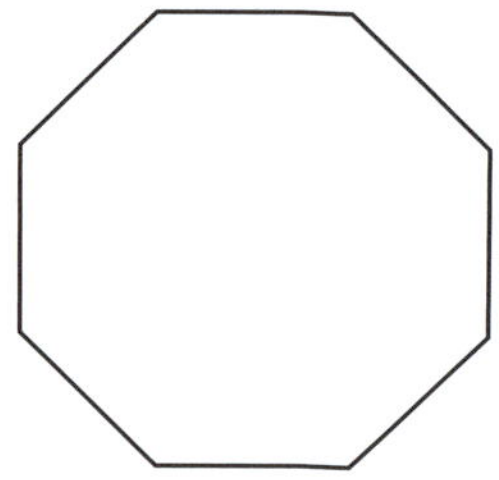

Symmetrieachsen: ____

7 Bei einer Verschiebung wird der Punkt D in den Punkt D′(3,5 | 2) verschoben.

a) Verschiebe nun die ganze Figur.

b) Wie lauten die Koordinaten der Punkte und ihrer Bildpunkte?

Punkt	Bildpunkt
A(|)	A′(|)
B(|)	B′(|)
C(|)	C′(|)
D(|)	D′(3,5 | 2)

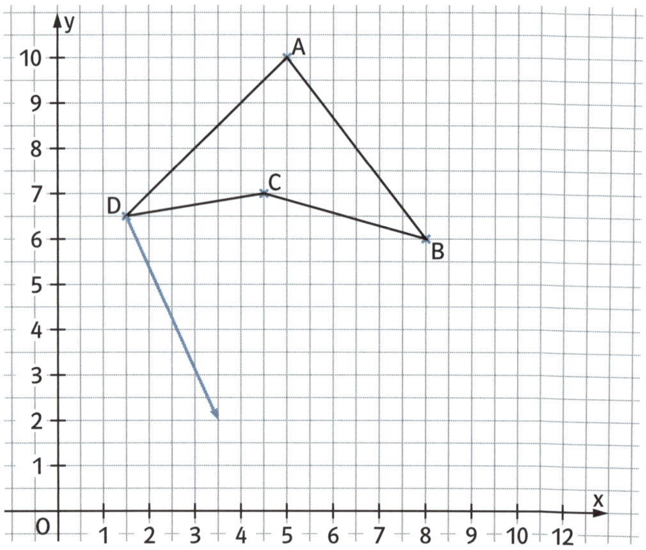

8 Welche der Fähnchen B bis F könnten durch

a) Achsenspiegelung: ____

b) Verschiebung: ____

c) Drehung: ____

aus Figur A entstanden sein?

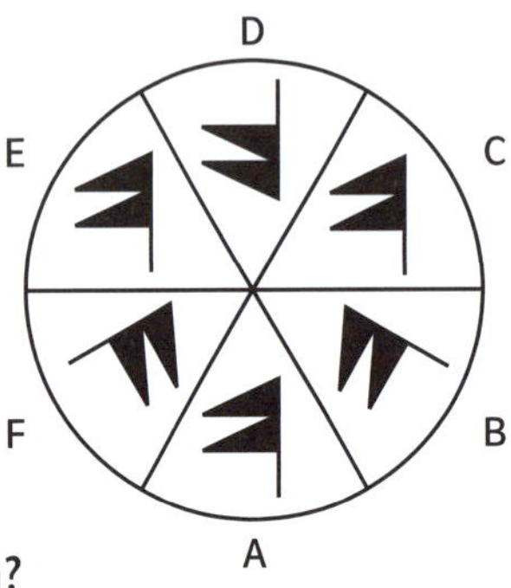

9 Ergänze zu drehsymmetrischen Figuren.

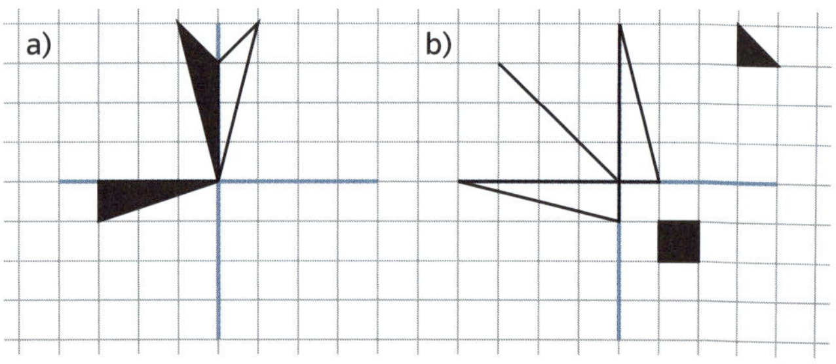

10 Jedes Parallelogramm ist ein Trapez. Entscheide, ob die Aussage wahr oder falsch ist. Begründe.

____
____
____
____
____
____

11 Ergänze zu drehsymmetrischen Kreisbildern.

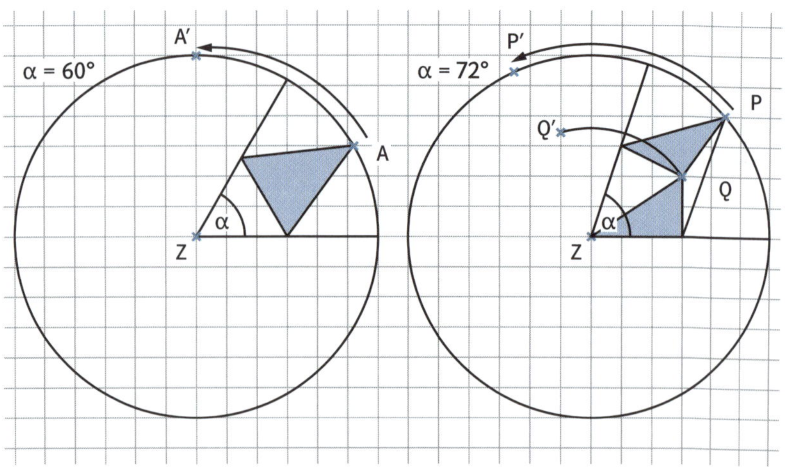

Vervielfachen und Teilen von Brüchen

1 Markiere den angegebenen Anteil in vier Farben und lies dann das Ergebnis der Aufgabe ab.

a) $4 \cdot \frac{2}{9} =$ ______

b) $4 \cdot \frac{3}{5} =$ ______

2 Berechne die Aufgabe und veranschauliche sie mithilfe eines Rechteckbildes.

a) $\frac{6}{7} : 3 = \frac{\square}{\square} = \frac{\square}{\square}$

b) $\frac{3}{5} : 2 = \frac{\square}{\square} : 2 = \frac{\square}{\square} = \frac{\square}{\square}$

3 Berechne im Kopf und trage den Buchstaben der Aufgabe über ihrem Ergebnis ein. Als Lösung ergibt sich ein Land Mittelamerikas.

A | $\frac{1}{5} \cdot 3$ T | $3 \cdot \frac{2}{7}$ A | $\frac{6}{7} : 2$ G | $\frac{8}{11} : 4$ A | $\frac{2}{9} \cdot 4$ M | $\frac{1}{14} \cdot 5$

U | $\frac{3}{7} : 2$ E | $\frac{3}{5} : 3$ L | $\frac{5}{7} : 10$

Lösungswort: $\frac{2}{11}$ $\frac{3}{14}$ $\frac{8}{9}$ $\frac{6}{7}$ $\frac{1}{5}$ $\frac{5}{14}$ $\frac{3}{7}$ $\frac{1}{14}$ $\frac{3}{5}$

4 Vervollständige die Rechenschlange.

$\frac{6}{7}$ → :3 → ☐ → :5 → ☐ → ·6 → ☐ → :4 → ☐ → ·3 → ☐ → :9 → ☐ → ·5 → ☐ → ·3 → ☐ → :☐ → $\frac{3}{28}$

5 Gib das Ergebnis in der nächstkleineren Einheit an.

a) Teile eine halbe Stunde durch 3. ______

b) Berechne den vierten Teil von $\frac{1}{5}$kg. ______

c) Teile $\frac{1}{4}$ Minute durch 3. ______

d) Berechne die Hälfte von $\frac{3}{4}$ Liter. ______

e) Berechne ein Fünftel von einem $\frac{1}{2}$ Kilometer. ______

6 Wenn du vier verschiedene Brüche richtig auswählst, findest du zu jedem dieser Brüche zwei Partner. Einer davon entsteht durch Erweitern, der andere durch Vervielfachen derselben Zahl. Verbinde jeden der vier Brüche mit seinen beiden Partnern.

Beispiel: $\frac{2}{5} \cdot 3 = \frac{6}{5}$ und $\frac{2}{5}$ **erweitert mit 3** ergibt $\frac{6}{15}$.

$\frac{4}{15}$ $\frac{6}{5}$ $\frac{5}{3}$ $\frac{6}{15}$ $\frac{6}{20}$ $\frac{2}{5}$ $\frac{3}{5}$ $\frac{12}{45}$ $\frac{1}{3}$ $\frac{4}{5}$ $\frac{5}{15}$ $\frac{3}{10}$

1 Veranschauliche die Aufgabe und ergänze das Ergebnis.

a) $\frac{2}{3}$ von $\frac{5}{6} = \frac{5}{6} \cdot \frac{2}{3} = \frac{\square}{\square}$

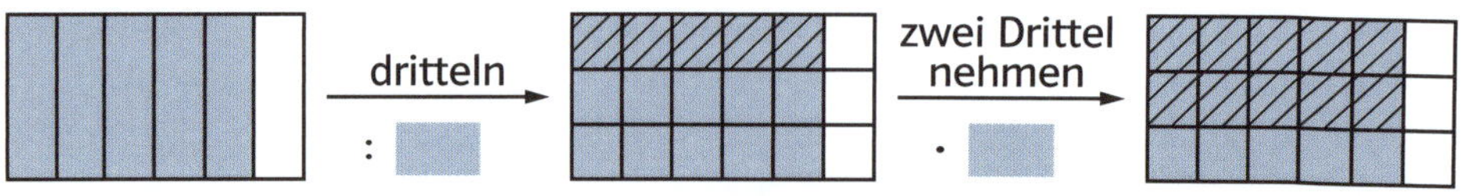

b) $\frac{3}{4}$ von $\frac{3}{5} = \frac{3}{5} \cdot \frac{3}{4} = \frac{\square}{\square}$

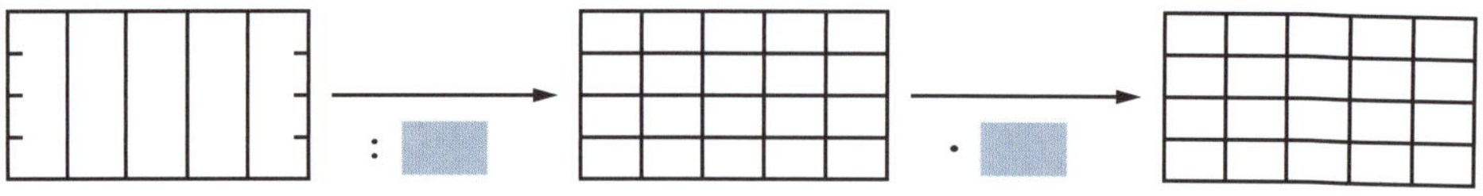

c) $\frac{1}{3}$ von $\frac{2}{5} = \frac{2}{5} \cdot \frac{1}{3} = \frac{\square}{\square}$

2 Berechne. Kürze vor dem Multiplizieren.

a) $\frac{5}{8} \cdot \frac{4}{3} = \frac{5 \cdot 4}{8 \cdot 3} = \frac{5 \cdot \not{4}}{2 \cdot \not{4} \cdot 3} = \frac{5}{6}$

b) $\frac{7}{8} \cdot \frac{8}{9} =$ ______

c) $\frac{6}{7} \cdot \frac{4}{9} =$ ______

d) $\frac{1}{12} \cdot \frac{9}{5} =$ ______

e) $\frac{3}{4} \cdot \frac{8}{15} =$ ______

f) $\frac{10}{9} \cdot \frac{6}{15} =$ ______

g) $\frac{7}{8} \cdot \frac{16}{21} =$ ______

h) $\frac{35}{36} \cdot \frac{27}{49} =$ ______

A | $\frac{8}{21}$ B | $\frac{4}{9}$ A | $\frac{2}{3}$ D | $\frac{15}{28}$ S | $\frac{2}{5}$ S | $\frac{3}{20}$ P | $\frac{7}{9}$ S | $\frac{5}{6}$

Lösungswort: S _ _ _ _ _ _ _

3 Berechne die Anteile von Größen.

a) $\frac{2}{3}$ von $\frac{1}{4}$ Stunde ______

b) $\frac{1}{4}$ von $\frac{1}{2}$ Kilogramm ______

c) $\frac{1}{6}$ von $\frac{3}{4}$ Meter ______

d) $\frac{4}{5}$ von $\frac{1}{2}$ Liter ______

4 a) Eine $\frac{3}{4}$-l-Flasche ist noch zu $\frac{2}{3}$ mit Apfelsaftschorle gefüllt. Wie viel Liter Schorle sind in der Flasche?

______ Antwort: ______

b) In $\frac{1}{6}$ des $240\,m^2$ großen Gartens pflanzt Familie Peters Gemüse an. $\frac{1}{8}$ von dieser Fläche nutzt sie für Möhren.

Welcher Anteil am Garten ist das? ______ Antwort: ______

Wie viele Quadratmeter sind das? ______ Antwort: ______

5 Markiere den Fehler und rechne darunter richtig.

a) $\frac{4}{9} \cdot \frac{5}{9} = \frac{20}{9}$

b) $3 \cdot \frac{2}{5} = \frac{6}{15}$

c) $\frac{3}{4} \cdot \frac{7}{9} = \frac{10}{13}$

6 Setze die passenden Zahlen ein.

a) $\frac{1}{\square} \cdot \frac{5}{12} = \frac{5}{48}$

b) $\frac{24}{5} \cdot \frac{3}{\square} = \frac{9}{20}$

c) $\frac{5}{6} \cdot \frac{\square}{11} = \frac{15}{22}$

d) $\frac{\square}{\square} \cdot \frac{2}{5} = \frac{2}{7}$

e) $\frac{6}{5} \cdot \frac{2}{\square} = \frac{\square}{25}$

f) $\frac{\square}{5} \cdot \frac{7}{36} = \frac{49}{30}$

1 Veranschauliche die Aufgabe an einem Rechteck und gib das Ergebnis an.

a) $\frac{2}{3}$ von $\frac{1}{5} = \frac{2}{3} \cdot \frac{1}{5} =$ $\frac{2}{15}$

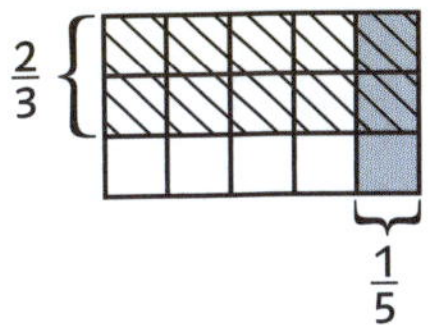

b) $\frac{1}{4}$ von $\frac{1}{5} = \frac{1}{4} \cdot \frac{1}{5} =$ ____

c) $\frac{3}{4}$ von $\frac{5}{7} =$ ____

2 Notiere die dargestellte Multiplikationsaufgabe. Lies auch das Ergebnis ab.

a) 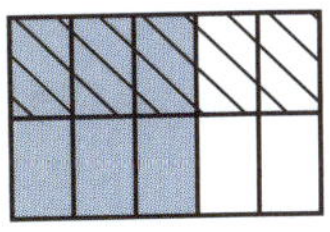

b) 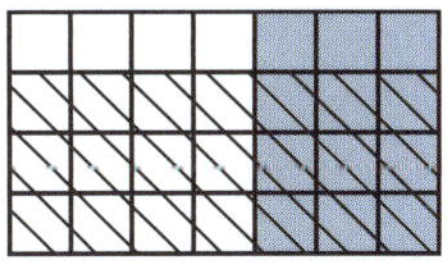

c) 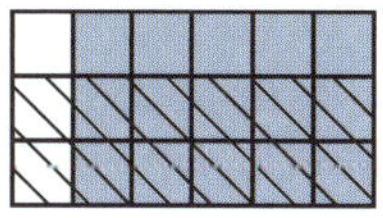

3 Berechne. Denke an das Kürzen und gib das Ergebnis gegebenenfalls als gemischte Zahl an. Wenn du die Lösungen nach ihrer Größe ordnest, erhältst du ein Lösungswort.

a) $\frac{2}{3} \cdot \frac{9}{4} = \frac{2 \cdot 9}{3 \cdot 4} = \frac{1 \cdot 3}{1 \cdot 2} = \frac{3}{2} = 1\frac{1}{2}$ P

b) $3\frac{1}{4} \cdot \frac{2}{3} =$ ____ I

c) $\frac{24}{5} \cdot \frac{3}{32} =$ ____ A

d) $\frac{6}{25} \cdot \frac{15}{22} =$ ____ C

e) $\frac{2}{5} \cdot \frac{9}{10} =$ ____ H

f) $2\frac{1}{6} \cdot \frac{15}{26} =$ ____ M

g) $3\frac{1}{3} \cdot 4\frac{1}{2} =$ ____ N

h) $5\frac{1}{7} \cdot \frac{14}{27} =$ ____ O

Ergebnisse: ___ < ___ < ___ < ___ < ___ < ___ < ___ < ___ Lösungswort: _ _ _ _ _ _ _ _

4 Ergänze die Rechenschlange mit gekürzten Brüchen. Achte auf die Rechenart.

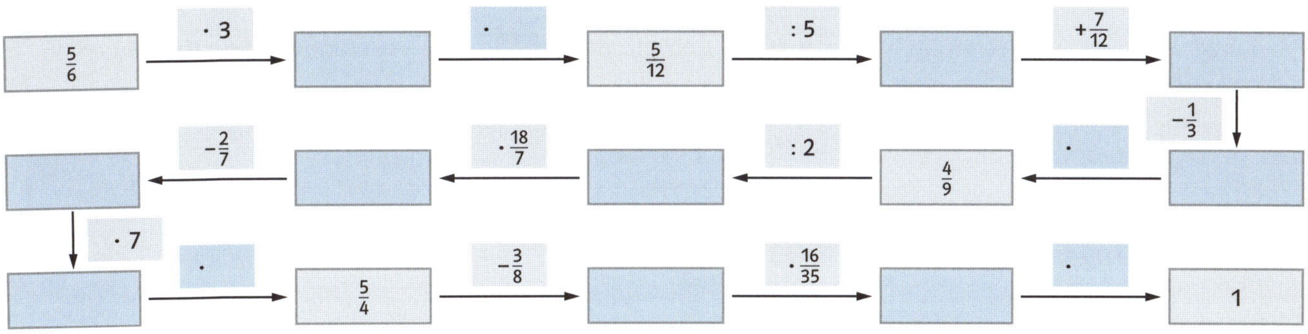

5 Für eine Wanderung hat Familie Müller einen Rundweg am Torfhaus im Harz ausgesucht. Die Kinder schaffen es in $\frac{4}{5}$ der angegebenen Zeit, die Großeltern benötigen für den Weg $\frac{5}{6}$ der Zeit.
Wie lange brauchen sie? Gib das Ergebnis in Stunden und Minuten an.

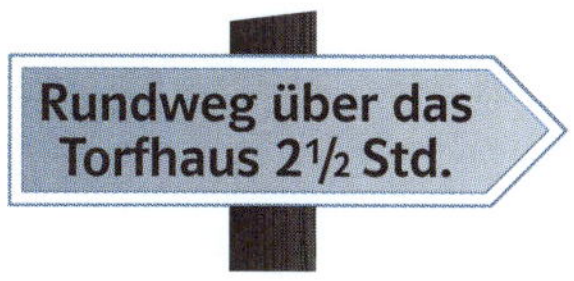

Dividieren durch Brüche (1)

1 Veranschauliche die Aufgabe in der Figur und gib das Ergebnis an.

a) Wie oft passt $\frac{1}{2}$ in $\frac{6}{2}$ (= 3)?

$\frac{6}{2} : \frac{1}{2} =$ ____

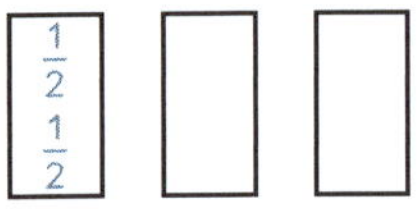

Statt zu dividieren kann man auch mit dem Kehrwert multiplizieren:

$\frac{6}{2} \cdot \frac{2}{1} =$ ____

b) Wie oft passt $\frac{1}{4}$ in $\frac{6}{2}$?

$\frac{6}{2} : \frac{1}{4} =$ ____

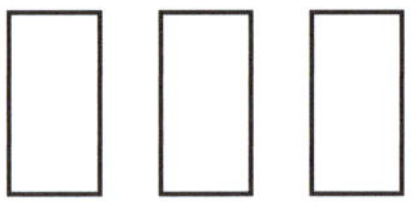

Statt zu dividieren kann man auch mit dem Kehrwert multiplizieren:

____

c) Wie oft passt $\frac{3}{4}$ in $\frac{6}{2}$?

$\frac{6}{2} : \frac{3}{4} =$ ____

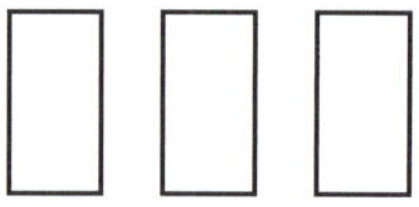

Statt zu dividieren kann man auch mit dem Kehrwert multiplizieren:

____

2 a) Aus einer Karaffe mit 2 Litern Traubensaft sollen Gläser mit dem Fassungsvermögen von $\frac{1}{5}$ Liter befüllt werden. Wie viele Gläser mit Traubensaft erhält man? Löse zeichnerisch und rechnerisch.

$2 : \frac{1}{5} = 2 \cdot \frac{\square}{\square} =$ ____

Man erhält ____ Gläser Traubensaft.

b) Wenn man größere Gläser mit dem Fassungsvermögen von $\frac{1}{4}$ Liter nimmt, kann man dann mehr oder weniger Gläser mit dem Inhalt der Karaffe befüllen? ____

3 Schreibe und rechne wie im Beispiel.

a) $\frac{3}{4} : \frac{2}{5} = \frac{3}{4} \cdot \frac{5}{2} = \frac{3 \cdot 5}{4 \cdot 2} = \frac{15}{8} = 1\frac{7}{8}$

b) $\frac{1}{4} : \frac{3}{2} = \frac{\square}{\square} \cdot \frac{\square}{\square} = \frac{\square \cdot \square}{\square \cdot \square} = \frac{\square}{\square} = \frac{\square}{\square}$

c) $\frac{3}{5} : \frac{2}{7} = \frac{\square}{\square} \cdot \frac{\square}{\square} = \frac{\square \cdot \square}{\square \cdot \square} = \frac{\square}{\square} = \frac{\square}{\square}$

d) $\frac{4}{5} : \frac{7}{3} = \frac{\square}{\square} \cdot \frac{\square}{\square} = \frac{\square \cdot \square}{\square \cdot \square} = \frac{\square}{\square}$

e) $\frac{2}{9} : \frac{1}{10} = \frac{\square}{\square} \cdot \frac{\square}{\square} = \frac{\square \cdot \square}{\square \cdot \square} = \frac{\square}{\square} = \frac{\square}{\square}$

f) $\frac{7}{11} : \frac{9}{2} = \frac{\square}{\square} \cdot \frac{\square}{\square} = \frac{\square \cdot \square}{\square \cdot \square} = \frac{\square}{\square}$

4 Kürze während der Rechnung wie im Beispiel und gib das Ergebnis als vollständig gekürzten Bruch an.

a) $\frac{8}{9} : \frac{2}{3} = \frac{8 \cdot 3}{9 \cdot 2} = \frac{\cancel{2} \cdot 4 \cdot \cancel{3}}{3 \cdot \cancel{3} \cdot \cancel{2}} = \frac{4}{3} = 1\frac{1}{3}$

b) $\frac{48}{49} : \frac{66}{35} = \frac{48 \cdot 35}{49 \cdot 66} = \frac{\cancel{6} \cdot 8 \cdot 5 \cdot \cancel{7}}{\cancel{7} \cdot 7 \cdot \cancel{6} \cdot 11} = \frac{\square}{\square}$

c) $\frac{42}{45} : \frac{14}{63} = \frac{\square \cdot \square}{\square \cdot \square} = \frac{\square}{\square} = \frac{\square}{\square} =$ ____ $\frac{\square}{\square}$

d) $\frac{90}{91} : \frac{15}{7} = \frac{\square \cdot \square}{\square \cdot \square} = \frac{\square}{\square} = \frac{\square}{\square}$

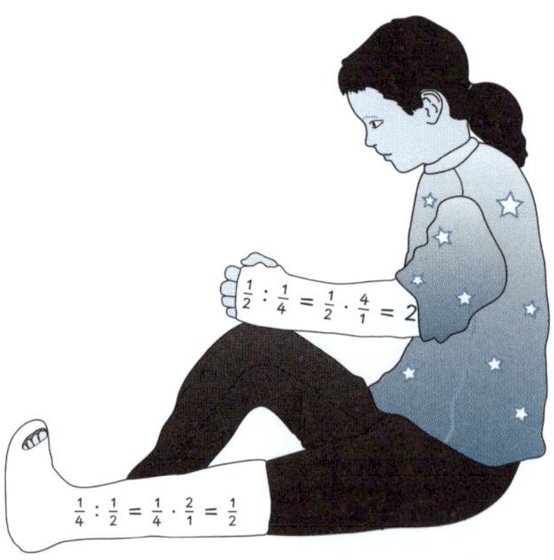

5 Rechne im Kopf.

a) $\frac{1}{3} : \frac{1}{2} = \frac{\square}{\square}$ b) $\frac{1}{3} : \frac{2}{1} = \frac{\square}{\square}$ c) $\frac{2}{3} : \frac{1}{3} = \frac{\square}{\square}$ d) $\frac{2}{3} : \frac{1}{2} = \frac{\square}{\square}$ e) $\frac{1}{6} : \frac{2}{3} = \frac{\square}{\square}$ f) $\frac{5}{6} : 6 = \frac{\square}{\square}$

Dividieren durch Brüche (2)

1 Fülle die Lücken aus. Rechne im Kopf.

a) 2 $\xrightarrow{:\frac{2}{3}}$ ☐ $\xrightarrow{:\frac{3}{4}}$ ☐ $\xrightarrow{:\frac{4}{5}}$ ☐ $\xrightarrow{:\frac{5}{6}}$ ☐

b) $\frac{1}{5}$ $\xrightarrow{:\frac{2}{3}}$ ☐ $\xrightarrow{:\frac{3}{4}}$ ☐ $\xrightarrow{:\frac{4}{5}}$ ☐ $\xrightarrow{:\frac{5}{6}}$ ☐

c) $\frac{2}{7}$ $\xrightarrow{:\frac{3}{2}}$ ☐ $\xrightarrow{:\frac{4}{3}}$ ☐ $\xrightarrow{:\frac{5}{4}}$ ☐ $\xrightarrow{:\frac{6}{5}}$ ☐

2 a) Ein Viertel aller Schüler der Klasse 6a spielt gerne Fußball, das sind 7 Schüler. Also hat die Klasse insgesamt $7 : \frac{1}{4} = 7 \cdot \frac{☐}{☐}$ = ____ Schüler.

b) $\frac{3}{4}$ l Apfelsaft kosten 1,20 €. Dann kostet 1 l Apfelsaft $1{,}20\,€ : \frac{3}{4} = 1{,}20\,€ \cdot \frac{☐}{☐}$ = ____ €.

c) Nach $\frac{2}{3}$ der Gesamtstrecke machen wir endlich eine Pause, immerhin sind wir schon 8 km gewandert. Insgesamt ist unser Rundweg

$8\,\text{km} : \frac{☐}{☐} = 8\,\text{km} \cdot \frac{☐}{☐}$ = ____ km lang.

3 Berechne und ordne anschließend die Ergebnisse von klein nach groß. Die Buchstaben auf den Kärtchen verraten dir dann, was Bruch auf Lateinisch heißt.

a) $4\frac{2}{3} : 4 = \frac{14}{3} : \frac{4}{1} = \frac{14}{3} \cdot \frac{1}{4} = \frac{\not{2} \cdot 7}{3 \cdot \not{2} \cdot 2} = \frac{7}{6} = 1\frac{1}{6}$

b) $3\frac{3}{8} : 2\frac{1}{4}$ = ☐ : ☐ = ☐ · ☐ = ☐ = ☐ = ☐

c) $5\frac{5}{6} : 4\frac{2}{3}$ = ☐ : ☐ = ☐ · ☐ = ☐ = ☐ = ☐

d) $2\frac{4}{9} : 1\frac{1}{3}$ = ☐ : ☐ = ☐ · ☐ = ☐ = ☐ = ☐

e) $2\frac{1}{3} : 3\frac{1}{2}$ = ☐ : ☐ = ☐ · ☐ = ☐ = ☐ = ☐

f) $6\frac{3}{7} : 3\frac{6}{7}$ = ☐ : ☐ = ☐ · ☐ = ☐ = ☐ = ☐

g) $4\frac{2}{5} : 3\frac{3}{10}$ = ☐ : ☐ = ☐ · ☐ = ☐ = ☐ = ☐

Kärtchen: R | $1\frac{5}{6}$ E | $1\frac{1}{5}$ F | $\frac{2}{3}$ U | $1\frac{2}{3}$ K | $1\frac{1}{3}$ T | $1\frac{1}{2}$ M | $\frac{3}{4}$ A | $1\frac{1}{4}$ R | $1\frac{1}{6}$

☐ < ☐ < ☐ < ☐ < ☐ < ☐ < ☐

Lösungswort: _ _ _ _ _ _ _

4 Entscheide, welche Rechnung zu welcher Aufgabe passt, und berechne dann die Aufgabe. Zwei Rechenausdrücke rechts bleiben übrig.

a) $\frac{2}{3}$ der Schüler möchten am Wandertag in einen Freizeitpark. In der Klasse sind 30 Schüler. D

b) $\frac{2}{3}$ der im Angebot gekauften Äpfel sind faul, das sind immerhin 30 Stück. ____

c) $\frac{2}{3}$ der Schüler eines Gymnasiums sind in der Sekundarstufe I, von diesen schafft nur jeder 30. einen Einserdurchschnitt im Zeugnis.
Das entspricht welchem Bruchteil aller Schüler? ____

d) Welcher Bruchteil von $\frac{2}{3}$ ist $\frac{1}{30}$? ____

B $\frac{2}{3} \cdot \frac{1}{30}$ = ☐

C $30 : \frac{2}{3}$ = ☐

F $\frac{1}{30} : \frac{2}{3}$ = ☐

D $30 \cdot \frac{2}{3}$ = ☐

A $\frac{2}{3} : 30$ = ☐

E $\frac{3}{2} \cdot 30$ = ☐

1 Rechne im Kopf. Tipp: Rechne zuerst ohne Komma im Kopf und überlege dann, wo das Komma gesetzt werden muss.

a) 0,2 · 0,3 = ________ b) 12 · 0,6 = ________ c) 1,01 · 2,1 = ________ d) 5,2 · 2,02 = ________

e) 4,5 · 0,8 = ________ f) 0,04 · 1,6 = ________ g) 0,09 · 1,5 = ________ h) 1,3 · 1,2 = ________

2 Setze das Komma an die richtige Stelle. Ein Überschlag kann hilfreich sein.

a) 1,4 · 2,55 = 357 b) 5,25 · 12,4 = 651 c) 80,5 · 25,2 = 20286 d) 12,3 · 45,6 = 56088

e) 0,06 · 907 = 5442 f) 0,8 · 1250 = 1000000 g) 62,5 · 3,2 = 2000000 h) 0,05 · 500 = 250000

3 Bei diesen Zahlenmauern werden die benachbarten Zahlen multipliziert. Rechne schriftlich im Heft.

a)

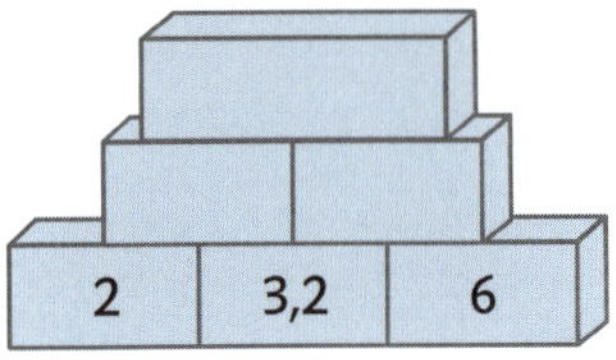

b)

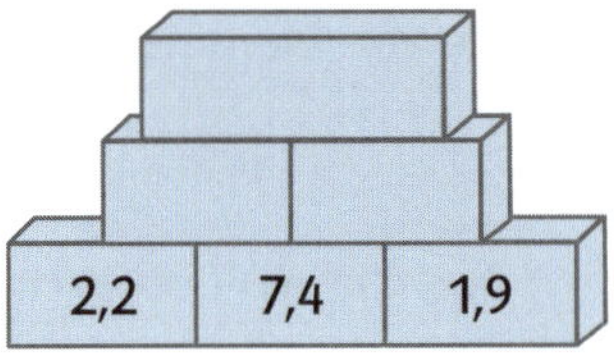

c)

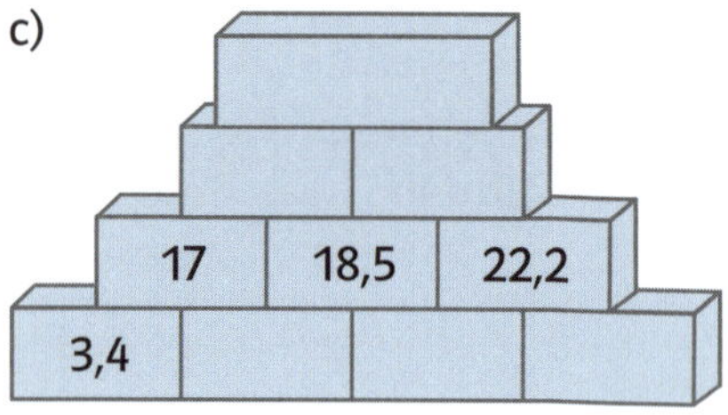

4 Achtung, hier haben sich einige Fehler eingeschlichen. Finde und markiere die Fehler, löse die Aufgaben daneben korrekt.

a)
```
7,09 · 5        7,09 · 5
 3,545
```

b)
```
34,51 · 7,8     34,51 · 7,8
  241,57
  276,08
  1
  517,55
```

5 Berechne die durchschnittlichen Mietpreise in Deutschland.

a) Familie Klein zahlt in ihrer 82,5 m² großen Wohnung (1) einen Quadratmeterpreis von 6,80 €.
Frau Klein sieht in der Zeitung eine 95 m² große Wohnung (2) für 608 €. Vergleiche die beiden Angebote.

Wohnung ___ ist günstiger, da ____

____.

b) Wie teuer ist eine 85 m² große Wohnung im Durchschnitt? Trage in die Tabelle ein.

	Quadratmeterpreis	Wohnungspreis
München		
Stuttgart		
Köln		
Dresden		
Berlin-West		
Berlin-Ost		

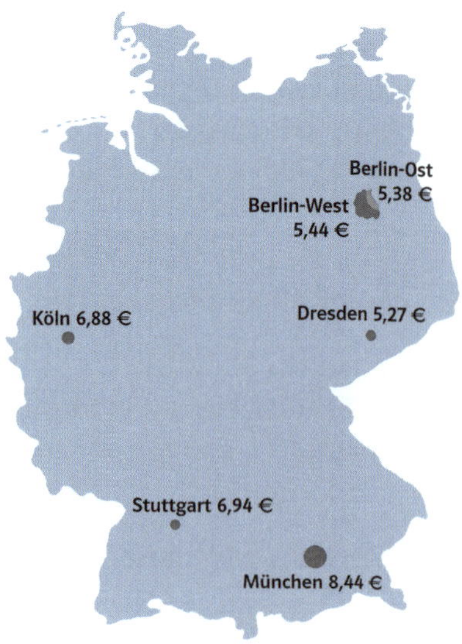

c) Der teuerste Durchschnittswert für eine 85 m² große Wohnung liegt mit ________ € in ________________. Der Unterschied zur günstigsten Wohnung in ________________ beträgt ________ €.

1 Berechne jeweils nur eine Aufgabe. Bestimme mit diesem Ergebnis die anderen im Kopf.

a) 6936 : 8 =
69,36 : 8 =
6,936 : 8 =

b) 3291,6 : 6 =
32,916 : 6 =
3,2916 : 6 =

c) 158,01 : 23 =
15 801 : 23 =
15,801 : 23 =

d) 515,7 : 18 =
5,157 : 18 =
51,57 : 18 =

2 Wurde richtig gerechnet? Kreise den passenden Buchstaben ein. Richtig gelesen erhältst du ein Lösungswort.

Aufgabe	richtig	falsch
148,8 : 12 = 12,4	N	U
30,3 : 15 = 20,2	L	E
0,4 : 0,2 = 0,2	M	N
10,2 : 0,1 = 102	O	E
132,44 : 2 = 6,622	N	I

Aufgabe	richtig	falsch
12,96 : 3,6 = 4,16	A	S
0,10 : 0,5 = 0,2	I	N
0,2 : 0,5 = 0,1	A	V
3 : 0,75 = 4,5	T	I
1,5 : 5 = 0,3	D	A

Lösungswort: __ __ __ __ __ __ __ __ __ __

3 Berechne. Denke an die Kommaverschiebung.

a) 14,4 : 2,88 = ______
Ü: ______

b) 4,374 : 0,06 = ______
Ü: ______

c) 364,80 : 1,2 = ______
Ü: ______

d) 861,8 : 12,4 = ______
Ü: ______

1440 : 288 =

1 Bilde alle möglichen Aufgaben. Schreibe sie mit Ergebnissen auf.

2,4 | 1,8 | 0,5 **:** 0,2 | 5 | 0,5 **=** 48 | 3,6

12 | 3,6 | 0,25 | 0,2 | 1 | 0,9 | 0,12 | 3,8 | 0,1 | 9 | 0,48 | 1,2

___ : ___ = ___ ___ : ___ = ___
___ : ___ = ___ ___ : ___ = ___
___ : ___ = ___ ___ : ___ = ___

2 Berechne jeweils den Preis für eine Flasche.

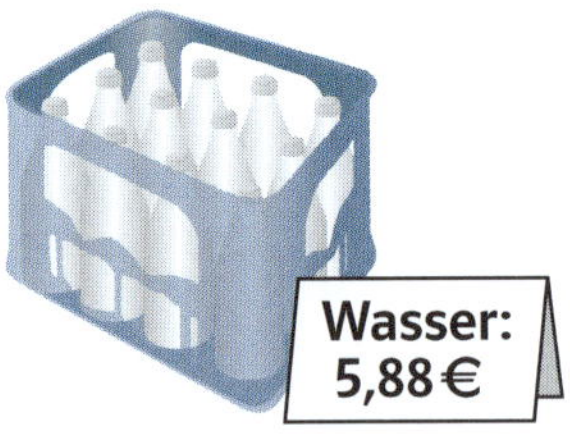

Eine Flasche Wasser kostet ________ €, eine Flasche Saft kostet ________ €.

3 a) Ein Hochhaus hat 12 Stockwerke und eine Höhe von 30 m. In einem solchen Hochhaus wäre

eine Etage ________ m hoch.

b) Seit 2012 ist das höchste Wohn- bzw. Bürogebäude in Europa der Mercury City Tower in Moskau. Die Architektengruppe um Frank Williams entwarf das mit 75 Stockwerken 339 m hohe Gebäude. Im Mercury City Tower ist jede Etage durschnittlich

rund ________ m hoch.

c) Der höchste Turm in Deutschland ist der Fernsehturm in Berlin mit 368 m. Ein Hochhaus von der Höhe des Berliner Fernsehturms hätte bei einer Etagenhöhe von 3,5 m

________ Stockwerke. Runde, wenn nötig, sinnvoll.

4 Wie viele Blätter hat eine Küchentücherrolle? Eine Rolle Küchentücher hat eine Länge von etwa 12,5 m. Ein Blatt hat eine Länge von 0,26 m.

Eine Rolle hat ________ Blätter.

5 Vergleiche die beiden Wohnungsanzeigen.

A

Whg., 98,5 m^2,
4 Zimmer mit Balkon,
KM 512,20 € + NK

B

5-Zimmer-Whg., 102,5 m^2
in ruhiger Lage für
553,50 € KM + NK

Wohnung A kostet ______ € pro m^2, Wohnung B kostet ______ € pro m^2. Wohnung ______ ist günstiger.

Abbrechende und periodische Dezimalbrüche

1 Einen Bruch kann man genau dann in einen abbrechenden Dezimalbruch umwandeln, wenn man ihn so erweitern kann, dass im Nenner eine Zehnerpotenz steht (also 10, 100, 1000, 10 000, ...).
a) Bei welchen Aufgaben ist das möglich?
b) Wandle die anderen Brüche durch Division in einen periodischen Dezimalbruch um.

Bruch	$\frac{1}{3}$	$\frac{1}{4}$	$\frac{1}{5}$	$\frac{1}{6}$	$\frac{1}{8}$	$\frac{1}{9}$	$\frac{1}{11}$	$\frac{3}{20}$	$\frac{4}{25}$	$\frac{1}{90}$	$\frac{5}{16}$	$\frac{5}{11}$	$\frac{5}{22}$
erweiterter Bruch	–	$\frac{25}{100}$											
Dezimalbruch	$0{,}\overline{3}$	0,25											

2 Runde die periodischen Dezimalbrüche auf die in der letzten Zeile angegebene Stelle.

	$\frac{1}{3} = 0{,}\overline{3}$	$\frac{1}{6} = 0{,}1\overline{6}$	$\frac{1}{7} = 0{,}\overline{142857}$	$\frac{12}{99} = 0{,}\overline{12}$	$\frac{15}{11} = 1{,}\overline{36}$	$\frac{7}{13} = 0{,}\overline{538461}$
≈						
Runde auf...	Zehntel	Tausendstel	Hunderttausendstel	Zehntausendstel	Tausendstel	Hundertstel

3 Berechne schrittweise. Vermeide dabei periodische Dezimalbrüche.

a) $0{,}5 + \frac{1}{3} = \frac{1}{2} + \frac{1}{3} = \frac{3}{6} + \frac{2}{6} = \frac{5}{6}$

b) $\frac{2}{3} \cdot 0{,}2 =$ ____________

c) $\frac{7}{9} - 0{,}7 =$ ____________

d) $12 : \frac{1}{11} =$ ____________

4 Vergleiche. Setze das richtige Zeichen ein: =, > oder <.

a) $1{,}333\ldots$ ☐ $1{,}\overline{3}$
b) $2{,}2\overline{4}$ ☐ $2{,}24$
c) $1{,}03$ ☐ $1{,}0\overline{3}$
d) $2{,}\overline{17}$ ☐ $2{,}1\overline{7}$
e) $6{,}666\ldots$ ☐ $6{,}7$
f) $3{,}9\overline{9}$ ☐ $3{,}\overline{9}$
g) $4{,}1\overline{2}$ ☐ $4{,}123$
h) $2{,}0\overline{6}$ ☐ $2{,}\overline{06}$

5 a) Berechne die Perioden der Brüche $\frac{1}{11}; \frac{2}{11}; \frac{3}{11}; \frac{4}{11} \ldots$

$\frac{1}{11} =$ ______ $\frac{2}{11} =$ ______ $\frac{3}{11} =$ ______

$\frac{4}{11} =$ ______ $\frac{5}{11} =$ ______

b) Erkennst du eine Regelmäßigkeit? Notiere.

____

____

1 Berechne. Vertausche dazu die Faktoren möglichst geschickt. Kürze, wenn möglich.

a) $\frac{2}{3} \cdot \frac{7}{5} \cdot \frac{12}{4} \cdot \frac{25}{14}$ $= \frac{2}{3} \cdot \frac{12}{4} \cdot \frac{7}{5} \cdot \frac{25}{14}$ ______

b) $\frac{12}{54} \cdot \frac{70}{11} \cdot 3 \cdot \frac{121}{140} \cdot \frac{12}{36} =$ ______

c) $\frac{2}{10} \cdot \frac{4}{5} + \frac{6}{10} \cdot \frac{4}{5}$ $=$ ______

d) $\frac{15}{27} : \frac{25}{9} \cdot \frac{5}{35}$ $=$ ______

2 Welchen Rechenvorteil würdest du aus dem Angebot wählen? Kannst du die Aufgaben dann im Kopf rechnen? Die Buchstaben in der Reihenfolge der Aufgaben ergeben ein Lösungswort.

a) $4 \cdot (2{,}5 + 1{,}1) =$ ______ ☐

b) $12{,}25 + 3{,}17 + 2{,}83 =$ ______ ☐

c) $0{,}25 \cdot 0{,}29 \cdot 4 =$ ______ ☐

d) $80 \cdot 1{,}5 \cdot 0{,}125 =$ ______ ☐

e) $63{,}7 + 12{,}8 + 36{,}3 =$ ______ ☐

f) $2{,}33 \cdot 7 + 2{,}33 \cdot 3 =$ ______ ☐

g) $2{,}4 \cdot 0{,}5 \cdot 2 =$ ______ ☐

h) $\left(\frac{11}{3} - \frac{7}{6}\right) \cdot 6 =$ ______ ☐

- **Addiere zuerst die beiden letzten Summanden. | A**
- **Multipliziere zuerst die beiden letzten Faktoren. | I**
- **Vertausche erst die Summanden. | H**
- **Klammere zuerst einen gemeinsamen Faktor aus. | E**
- **Vertausche erst die Faktoren. | N**
- **Multipliziere aus. | M**

3 Rechne die Aufgaben auf zwei Arten. Kreuze an, welche Rechnung für dich vorteilhafter war.

	Zuerst ausmultiplizieren (Distributivgesetz anwenden)		Klammer zuerst berechnen	
a)	$12 \cdot \left(\frac{1}{2} + \frac{1}{6} - \frac{1}{3}\right) =$		$12 \cdot \left(\frac{1}{2} + \frac{1}{6} - \frac{1}{3}\right) =$	
b)	$\frac{3}{8} \cdot (48 + 56) =$		$\frac{3}{8} \cdot (48 + 56) =$	
c)	$\frac{2}{3} \cdot \left(\frac{1}{2} + \frac{3}{18} + \frac{1}{6}\right) =$		$\frac{2}{3} \cdot \left(\frac{1}{2} + \frac{3}{18} + \frac{1}{6}\right) =$	

4 Lars und Anna kaufen für einen Obstsalat ein: 2 kg Bananen, 1,6 kg Äpfel und 1,4 kg Birnen, 1,5 kg Erdbeeren und 1 kg Kirschen.
Stelle einen Term auf und berechne geschickt, was sie zahlen müssen.

Term: ______

Bananen	2,49 Euro/kg
Äpfel	1,59 Euro/kg
Birnen	1,59 Euro/kg
Erdbeeren	3,75 Euro/500 g
Kirschen	4,75 Euro/kg

Sie müssen insgesamt ______ € bezahlen.

1 Berechne. Notiere den Buchstaben über der richtigen Lösung und du erhältst ein Lösungswort.

R: $5 \cdot \frac{3}{4}$ E: $\frac{1}{3} \cdot 6$ O: $\frac{3}{5} : 6$ G: $\frac{2}{7} : 4$ I: $3 \cdot \frac{5}{18}$ A: $\frac{8}{15} : 4$ N: $8 \cdot \frac{3}{7}$ B: $\frac{5}{6} : 3$ I: $\frac{2}{9} \cdot 12$

Lösungswort: _ _ _ _ _ _ _ _ _

$\frac{2}{15}$ $\frac{5}{18}$ $\frac{1}{10}$ $3\frac{3}{4}$ $2\frac{2}{3}$ $\frac{1}{14}$ $\frac{5}{6}$ $3\frac{3}{7}$ 2

2 Berechne zuerst im Kopf. Setze dann <, > oder = ein.

a) $\frac{1}{3} = \frac{1}{4} \cdot \frac{4}{3}$ < $\frac{2}{5} \cdot \frac{5}{3} = \frac{2}{3}$

b) ___ $= \frac{9}{4} \cdot \frac{8}{3}$ ___ $\frac{12}{7} \cdot \frac{7}{6} =$ ___

c) ___ $= \frac{14}{9} \cdot \frac{3}{7}$ ___ $\frac{15}{6} \cdot \frac{9}{10} =$ ___

d) ___ $= \frac{5}{12} \cdot \frac{8}{15}$ ___ $\frac{16}{27} \cdot \frac{36}{24} =$ ___

e) ___ $= \frac{21}{6} \cdot \frac{1}{7}$ ___ $\frac{45}{11} \cdot \frac{11}{60} =$ ___

f) ___ $= \frac{2}{5} \cdot \frac{7}{3}$ ___ $\frac{1}{2} \cdot \frac{8}{5} =$ ___

3 Berechne. Gib das Ergebnis als vollständig gekürzten Bruch an.

a) $\frac{3}{4} : \frac{1}{4} =$ ___ b) $\frac{3}{2} : \frac{3}{4} =$ ___ c) $5 : \frac{1}{3} =$ ___ d) $\frac{15}{2} : 3 =$ ___

e) $\frac{3}{5} : \frac{3}{4} =$ ___ f) $\frac{2}{5} : \frac{9}{10} =$ ___ g) $\frac{8}{9} : \frac{9}{8} =$ ___ h) $0 : \frac{3}{7} =$ ___

4 Stimmt das Ergebnis? Wenn nicht, notiere das richtige Ergebnis.

a) 2,497 · 1000	= 2497	✓	b) 0,98 · 10	= 0,098	___	c) 11,11 · 1000	= 0, 1111	___
2,497 · 100	= 24,97	___	0,98 · 1000	= 98,00	___	11,11 · 100	= 1111	___
2,497 · 10	= 24,97	___	0,98 · 100	= 98,00	___	11,11 · 10 000	= 111,1	___

5 Ergänze den Merksatz zum Multiplizieren von Dezimalzahlen. Verwende dafür die Begriffe auf den Kärtchen.

Nachkommastellen | Faktoren | Ergebnis

Zuerst multipliziert man ______________________. Dann setzt man das Komma so, dass ______________________________________.

6 Rechne von innen nach außen.

a)

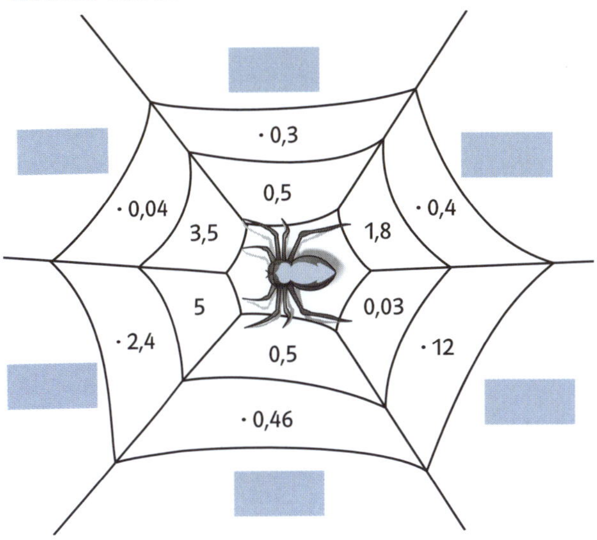

b)

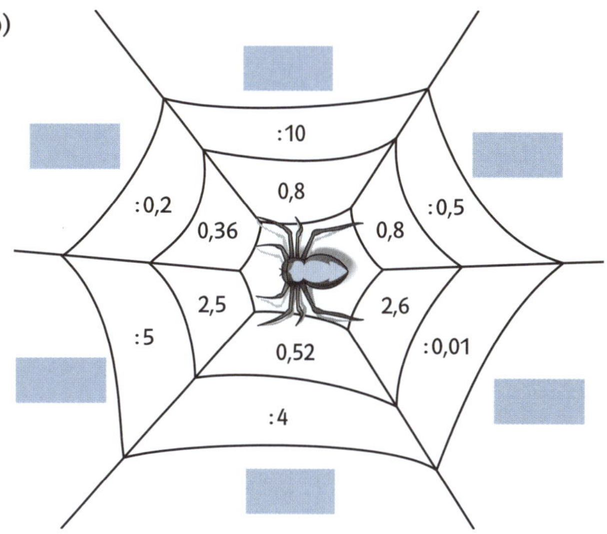

7 Überschlage das Ergebnis. Berechne dann genau.

a) Ü: ______ $43{,}8 \cdot 3{,}4 =$ ______

b) Ü: ______ $0{,}344 \cdot 5{,}86 =$ ______

c) Ü: ______ $55{,}3 : 7 =$ ______

d) Ü: ______ $15{,}25 : 6{,}1 =$ ______

8 Rechne geschickt. Denke an das Distributivgesetz (Verteilungsgesetz).

a) $\frac{1}{3} \cdot \frac{8}{9} + \frac{1}{3} \cdot \frac{1}{9} =$ ______

b) $\frac{4}{7} \cdot \left(\frac{7}{12} + \frac{7}{8}\right) =$ ______

c) $\frac{4}{5} \cdot \frac{7}{13} - \frac{4}{5} \cdot \frac{2}{13} =$ ______

d) $\frac{5}{12} \cdot \left(48 - \frac{36}{25}\right) =$ ______

9 Was gehört zusammen? Färbe oder markiere passende Karten und berechne.

- **Bilde die Summe aus $\frac{2}{3}$ und $\frac{3}{5}$ und multipliziere mit der Differenz aus $\frac{5}{6}$ und $\frac{3}{15}$.**
- $\left(\frac{2}{3} \cdot \frac{3}{5}\right) : \left(\frac{5}{6} + \frac{3}{15}\right) =$ ______
- $\left(\frac{2}{3} - \frac{3}{5}\right) \cdot \left(\frac{5}{6} + \frac{3}{15}\right) =$ ______
- **Dividiere das Produkt aus $\frac{3}{5}$ und $\frac{2}{3}$ durch die Summe von $\frac{5}{6}$ und $\frac{3}{15}$.**
- $\left(\frac{2}{3} + \frac{3}{5}\right) \cdot \left(\frac{5}{6} - \frac{3}{15}\right) =$ ______
- **Multipliziere die Differenz von $\frac{2}{3}$ und $\frac{3}{5}$ mit der Summe aus $\frac{5}{6}$ und $\frac{3}{15}$.**

10 Löse mit der passenden Umkehraufgabe.

a) $\frac{2}{3} \cdot \frac{\square}{\square} = \frac{4}{7}$ $\quad \frac{4}{7} : \frac{2}{3} =$ ______

b) $\frac{\square}{\square} \cdot \frac{5}{8} = 1\frac{1}{2}$ ______

c) $\frac{\square}{\square} : \frac{5}{12} = 2$ ______

d) $\frac{2}{3} : \frac{\square}{\square} = 1\frac{3}{5}$ ______

11 Ein 50-Euro-Schein hat die Maße 140 mm × 77 mm × 0,1 mm und ein Gewicht von 0,92 g.

Für einen Stapel von $\frac{3}{4}$m Höhe benötigt man ______ Scheine.

Dieser Stapel ist ______ kg schwer. Ein Stapel mit 1 Million Euro in 50-Euro-Scheinen ist mindestens ______ m hoch und ______ kg schwer.

Relative Häufigkeiten und Kreisdiagramme

1 Bei einer Verkehrskontrolle wurden Fahrräder auf ihre Verkehrstüchtigkeit überprüft. Das Schaubild zeigt das Ergebnis der Kontrolle. Pro Fahrrad wurde nur der schwerwiegendste Mangel festgehalten.

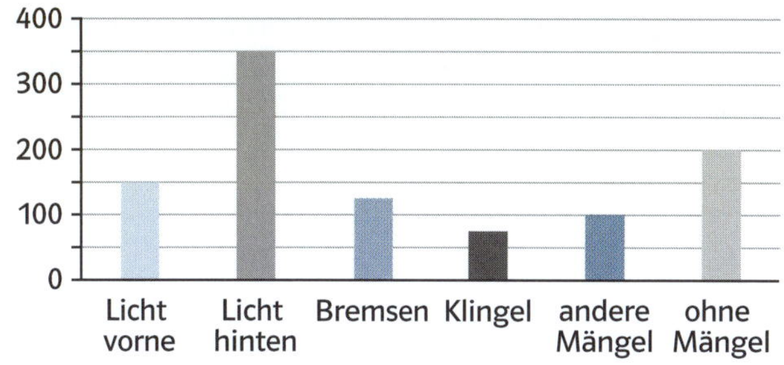

a) Trage die Werte aus dem Schaubild in die Tabelle ein.
b) Wie viele Fahrräder wurden überprüft?

______

c) Berechne die relativen Häufigkeiten der Mängel auf drei Nachkommastellen genau.

	Licht vorne	Licht hinten	Bremsen	Klingel	andere Mängel	ohne Mängel
Anzahl	150					
relative Häufigkeit	0,15					

2 Bei einer Umfrage in einem Feriengebiet wurden Urlauber nach ihrer Zufriedenheit befragt.

	sehr zufrieden	zufrieden	überwiegend zufrieden	nicht zufrieden	enttäuscht	Summe
absolute Häufigkeit	220	334	246	142	58	
relative Häufigkeit	$\frac{220}{1000} = 0{,}22$					
relative Häufigkeit in %	22 %					

a) Schreibe die relativen Häufigkeiten als Bruch und Dezimalbruch auf und trage sie in die Tabelle ein.

b) Wie viel Prozent der Urlauber waren nicht zufrieden oder sogar enttäuscht? ______

3 a) Trage die fehlenden Werte in die Tabelle der Lieblingsfarben der Klasse 5a ein. (Tipp: Balkendiagramm beachten.)

	Orange	Blau	Rot	Schwarz	Gelb	Grün	Sonstige	Summe
Anzahl	2		4		3		6	30

b) Vervollständige das Balkendiagramm anhand der in der Tabelle eingetragenen Werte.

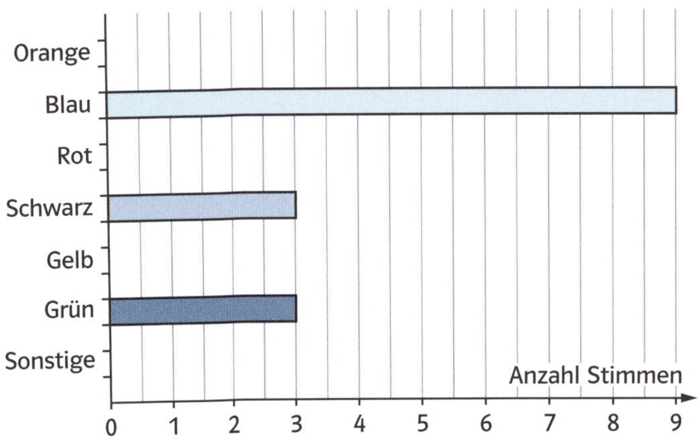

c) Stelle die Lieblingsfarben der Schülerinnen und Schüler auch in einem Kreisdiagramm dar. Von einem Unterteilungsstrich zum nächsten sind es ______ .

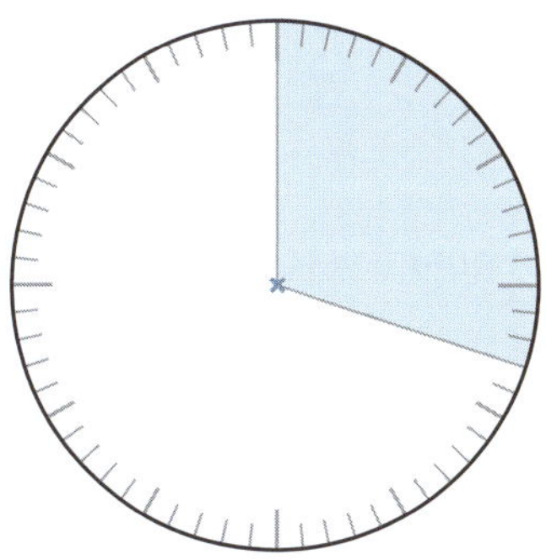

d) Vervollständige das zugehörige Streifendiagramm.

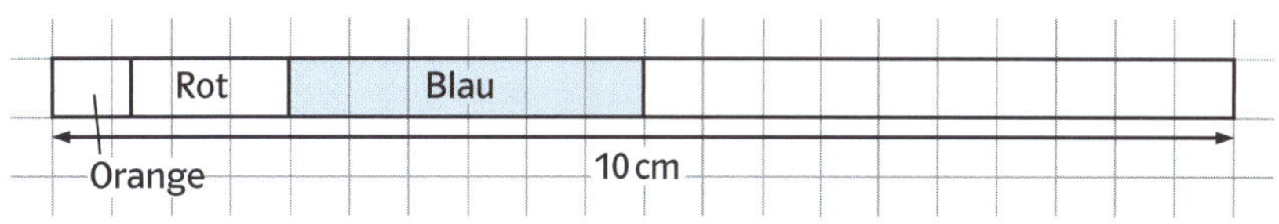

1 Trage jeweils die Zahlen in den Zahlenstrahl ein. Markiere dabei den Mittelwert und bestimme die Spannweite: 85; 28; 72; 78; 35; 33; 26

Spannweite: ______________________

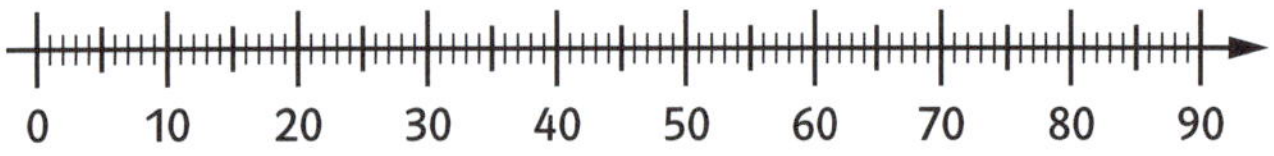

2 Ergänze die Zahlenreihe mit dem Wert eines der Kärtchen so, dass der Mittelwert 75 beträgt.

83 | 20 | 85 | 15 | 60 | 80 | 0 | 90

a) 65; 67; 78; 82; ___ b) ___; 47; 63; 65; 80; 100; 150 c) 10; 45; 55; ___; 120; 160

3 Sieben Schwimmschüler einer Tauchschule veranstalten einen Wettkampf, wer am weitesten tauchen kann.

Der Mittelwert der Tauchweiten beträgt ___________ m. Exakt erreicht hat ___________ diesen Mittelwert. ___ Schüler sind weiter als der Mittelwert getaucht. Die Spannweite der Tauchweiten beträgt ___________.

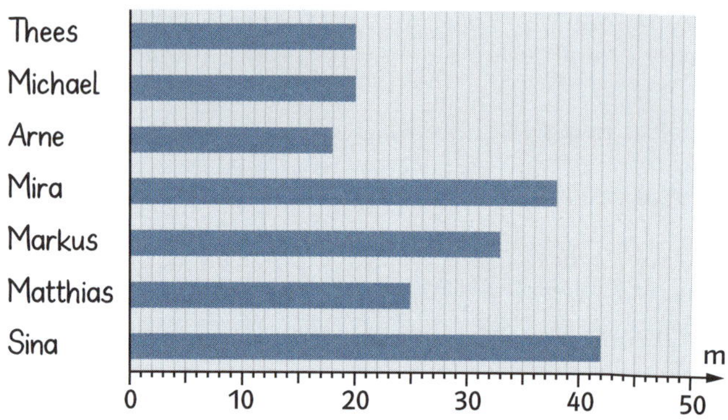

4 Jens, Aische und Leon haben an einem Spielkonsolenwettbewerb teilgenommen. In einer Vorrunde musste jeder in 8 Runden Punkte erzielen, von denen die besten 5 gewertet wurden.
Um eine Runde weiterzukommen, mussten sie jeweils einen Mittelwert von 111 Punkten übertreffen.

Runde	1	2	3	4	5	6	7	8
Jens	88	121	145	65	125	64	55	89
Aische	120	110	86	90	89	120	88	185
Leon	100	84	160	85	82	110	74	105

Für die nächste Runde qualifiziert:

Wer hätte sich qualifiziert, wenn der Mittelwert aus allen Runden gebildet worden wäre?

5 In zwei Parallelklassen wurde die gleiche Arbeit geschrieben. Vergleiche die Ergebnisse mithilfe des

a) Modalwerts: 6a: ________ 6b: ________

b) arithmetischen Mittels: 6a: ________ 6b: ________

Vergleich: ______________________

Note	1	2	3	4	5	6
6a	3	2	6	14	5	0
6b	0	4	10	13	3	0

1 Berechne das arithmetische Mittel und die Spannweite. Wandle vorher in eine geeignete Maßeinheit um.

a) 50 cm | 200 cm | 3,1 m | 45 dm | 70 cm

b) 1000 g | 2 kg | 500 g | 250 g | 2,3 kg

(50 +): 5 =

2 Der Mittelwert der Zahlen ist angegeben. Leider ist eine Zahl verloren gegangen. Wie muss sie heißen? Bestimme auch die Spannweite der Liste.

a) Mittelwert: 18 | 14 | 12 | 22 | 20 | ____

b) Mittelwert: 20 | 28 | 25 | 16 | 21 | 22 | 28 | ____

c) Mittelwert: 20 | 37 | 13 | 22 | 15 | 18 | 20 | ____

d) Mittelwert: 20 | 33 | 16 | 21 | 21 | 18 | ____

3 In einer Postfiliale wurden Postpakete gewogen.

a) Das leichteste Paket wog ________ kg, das schwerste ________ kg.

b) Es wurden ________ Pakete abgeliefert.

c) ________ Pakete wogen unter 3 kg.

d) Das mittlere Gewicht betrug ____________ kg.

e) Die Spannweite betrug ______________ kg.

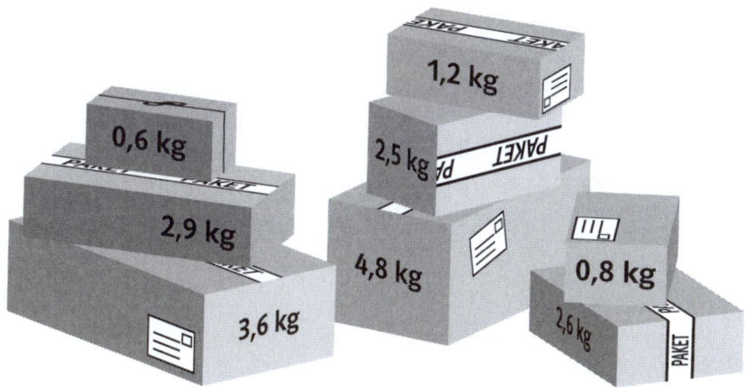

4 In einem fünften Jahrgang wurde eine Umfrage zu den im sechsten Jahrgang gewünschten Aktivitäten gemacht. Es wurden 120 Stimmen gezählt. Das Abstimmungsergebnis wurde sowohl in absoluten als auch in relativen Zahlen angegeben.

a) Bestimme die fehlenden Zahlen im Kreisdiagramm.

b) Erstelle für das Abstimmungsergebnis eine Reihenfolge beginnend mit der beliebtesten Aktivität.

120 Stimmen	100 %
12 Stimmen	10 %
3 Stimmen	2,5 %
27 Stimmen	____ %

21 ; 17,5 %
Spaßbadbesuch

27; ________
Kino

______ ; 7,5 %
Lesenacht

15; ________
Sportfest

______ ; 15 %
Theaterbesuch

30; ________
Karl-May-Festspiele

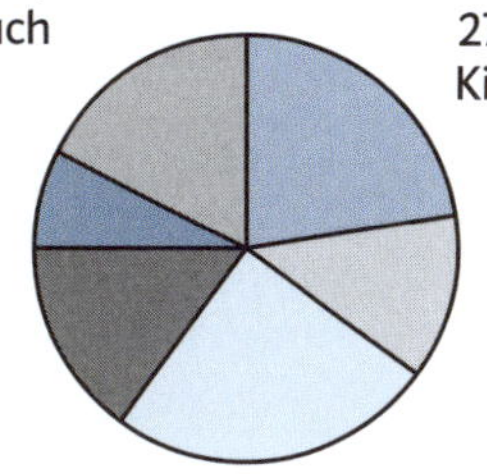

○ **1** In der Klasse 6c haben die Schülerinnen und Schüler ihre Körpergrößen gemessen:

157 cm 142 cm 150 cm 170 cm 160 cm 162 cm 168 cm 169 cm 157 cm 161 cm 160 cm
160 cm 169 cm 157 cm 160 cm 175 cm 150 cm 155 cm 149 cm 158 cm 156 cm 159 cm

a) Ordne die Werte der Größe nach.

____

____

b) Der kleinste Wert (Minimum) lautet ______ cm, der größte Wert (Maximum) ist ______ cm,

damit beträgt die Spannweite ______ cm.

c) Der Modalwert der Daten ist ________ cm.

○ **2** Simone und Corinna haben eine Umfrage zum Thema Fahrradfahren gemacht. Es wurden 500 Schülerinnen und Schüler befragt. Ergänze die Einträge in dem Kreisdiagramm durch die absoluten Zahlen.

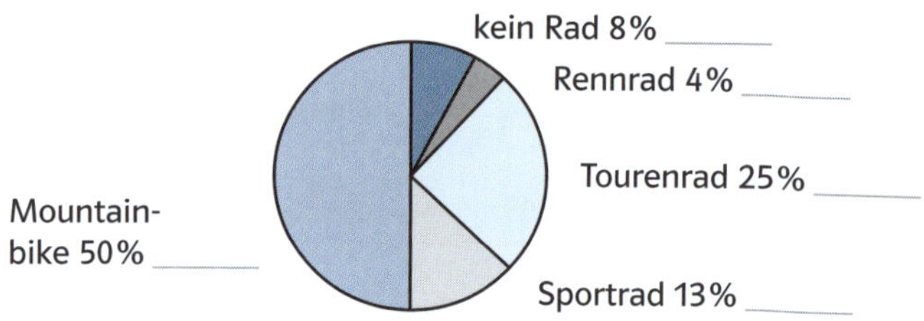

◒ **3** Übertrage die im Streifendiagramm angegebene Zusammensetzung einer Nuss-Nugat-Creme in das Kreisdiagramm.

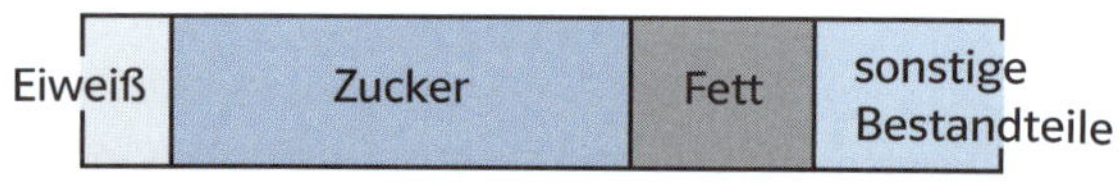

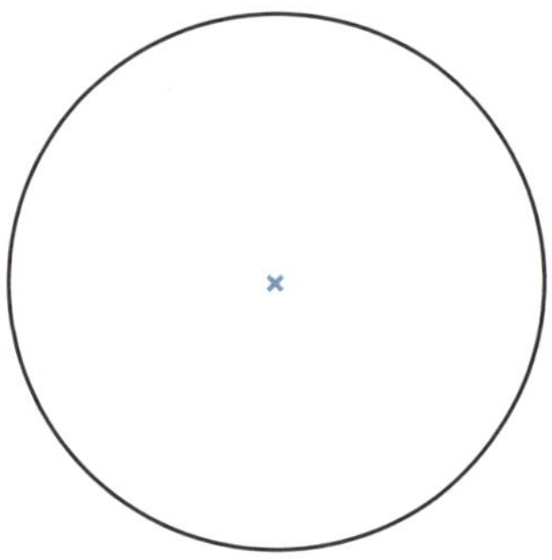

Zusammensetzung	Anteil	entspricht dem Winkel
Eiweiß	$\frac{\square}{60}$	
Zucker	$\frac{\square}{60}$	
Fett	$\frac{\square}{60}$	
sonstige Bestandteile	$\frac{\square}{60}$	

● **4** Die Trinkgewohnheiten in der Schule wurden für Schülerinnen und Schüler der 5. Klasse ausgewertet. Entscheide mithilfe des Kreisdiagramms, ob die Aussagen zutreffen oder nicht bzw. ob die Aussagen nicht mithilfe des Kreisdiagramms zu beantworten sind.

	wahr	falsch	?
a) Mindestens die Hälfte der Kinder trinkt regelmäßig Milch oder Kakao.	○	○	○
b) Es wurden 120 Kinder befragt.	○	○	○
c) Ein Viertel der Kinder hat kein Getränk dabei.	○	○	○
d) Mindestens ein Drittel der Kinder trinkt regelmäßig Apfelschorle oder O-Saft.	○	○	○
e) Kinder, die Apfelschorle trinken, mögen keinen Kakao.	○	○	○
f) Über zwei Drittel der Kinder trinkt eines der angegebenen Getränke.	○	○	○
g) Zu Hause trinken die meisten Kinder gerne Tee.	○	○	○
h) Kakao ist beliebter als Apfelschorle.	○	○	○
i) Über die Hälfte der Kinder trinkt ein Getränk mit Milch.	○	○	○

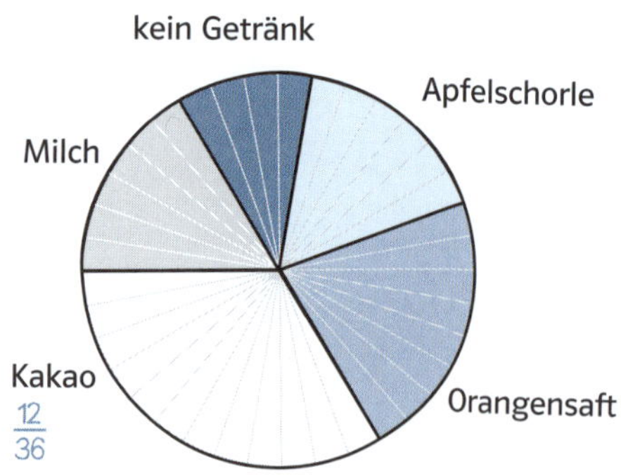